普通高校"十四五"规划教材

U0168037

飞机装配工艺

徐峰悦　编著

北京航空航天大学出版社

内 容 简 介

本书介绍飞机装配技术的基本原理和工艺方法,全书共分为 11 章,包括飞机装配的基本问题、铆接技术、螺纹连接技术、焊接技术、胶接技术、复合材料连接技术、装配工艺设计、飞机装配中的互换与协调、飞机装配型架、飞机总装配及装配检测、飞机数字化装配技术等内容。书中将传统工艺制造与现代先进制造技术相结合,力图通过典型装配示例阐明飞机装配的基本原理和关键技术,以帮助读者更好地理解和应用所学的理论知识。

本书可作为高等学校飞行器制造工程专业本科生的教材,也可作为相关专业技术人员的参考用书。

图书在版编目(CIP)数据

飞机装配工艺 / 徐峰悦编著. -- 北京 :北京航空航天大学出版社,2021.8

ISBN 978 - 7 - 5124 - 3556 - 8

Ⅰ. ①飞… Ⅱ. ①徐… Ⅲ. ①飞机—装配(机械)—高等学校—教材 Ⅳ. ①V262.4

中国版本图书馆 CIP 数据核字(2021)第 135880 号

飞机装配工艺

徐峰悦 编著

策划编辑 龚 雪 责任编辑 王慕冰

*

北京航空航天大学出版社出版发行

北京市海淀区学院路 37 号(邮编 100191) http://www.buaapress.com.cn
发行部电话:(010)82317024 传真:(010)82328026
读者信箱:goodtextbook@126.com 邮购电话:(010)82316936
北京富资园科技发展有限公司印装 各地书店经销

*

开本:710×1 000 1/16 印张:16.75 字数:357 千字
2021 年 8 月第 1 版 2025 年 02 月第 5 次印刷 印数:4 001~5 000 册
ISBN 978 - 7 - 5124 - 3556 - 8 定价:59.00 元

前　　言

　　飞机制造可分为毛坯制造、零件加工、装配安装和试验 4 个阶段。其中，飞机的装配安装工作在飞机制造中占有重要的地位，是保证飞机产品质量稳定、长寿命可靠运行的重要保障。因此，对于飞行器制造工程相关专业的学生和相关行业的技术人员，有必要系统掌握飞机装配的基本原理和工艺方法，并将其与先进制造技术相结合，进一步提高飞机装配和安装技术，以及飞机制造工艺的水平。

　　本书基于飞行器制造专业人才培养和飞机制造企业的实际需求，结合高等学校本科教学特点进行编写。全书共分为 11 章。第 1 章为飞机装配的基本问题，在介绍飞机研制过程的基础上，阐述飞机结构分解和飞机装配准确度等相关基本概念，并简要介绍飞机结构装配图的基本识读方法。第 2 章为铆接技术，主要介绍制孔技术、普通铆接、密封铆接、干涉配合铆接、特种铆接以及电磁铆接等内容，此外，还简要介绍了自动铆接技术和铆接质量检查。第 3 章为螺纹连接技术，主要包括连接形式、典型安装工艺、螺纹连接定力和螺接质量检查等内容。第 4 章为焊接技术，主要介绍点焊原理、工艺过程以及胶接点焊等知识。第 5 章为胶接技术，一方面，阐述胶接机理、胶黏剂选择、胶接接头设计、典型胶接工艺过程、胶接质量检测和性能测试等知识点；另一方面，简要介绍了蜂窝夹层结构以及复合连接结构。第 6 章为复合材料连接技术，主要介绍复合材料制孔技术、切割技术、常用结构紧固件以及连接工艺等内容。第 7 章为装配工艺设计，主要包括部件装配工艺设计、装配协调方案设计、装配基准选择、外形误差分析、装配定位方法选择以及飞机装配补偿方法等内容。另外，本章列举了典型结构件的装配协调方案设计示例，以便加深理解。第 8 章为飞机装配中的互换与协调，在介绍互换性和协调性的基础上，针对保证互换协调准确度的基本方法、互换图表设计、标准工艺装备、模线-样板协调技术、飞机装配容差分析等内容进行详细阐述。第 9 章为飞机装配型架，主要包括装配型架结构、装配型架技术要求、装配型架设计、装配型架骨架结构形式、常用型架定位件以及装配型架安装方法等内容。第 10 章为飞机总装配及装配检测，主要介绍总装配内容、工艺设计以及装配检测方法等。第 11 章为飞机数字化装配技术，主要包括数字化装配内涵、关键技术、装配仿真、数字化柔性装配工装以及数字化装配生产线规划等内容。

本书可作为高等学校飞行器制造工程专业本科生的教材,也可作为相关专业技术人员的参考用书。

本书的编写得到了贵州省高等学校省级一流本科专业建设点(贵州理工学院,飞行器制造工程)项目的支持,同时也得到了许多同行专家的支持和帮助;另外,贵州理工学院王黔彧、康军、杨旭参与了本书的资料整理和插图绘制,在此表示衷心的感谢!

由于编者知识和水平有限,书中难免存在错误或不妥之处,恳请读者批评指正。

作　者

2021 年 3 月

目　　录

第1章 飞机装配的基本问题

1.1 飞机研制的一般过程

飞机研制工作是一个非常复杂的过程,从最初设计方案的提出、试制到飞机最后的投产使用,一般要经过几年甚至十几年的时间。通常情况下,可将飞机研制工作的一般过程大致归纳为如图 1.1 所示的几个阶段。

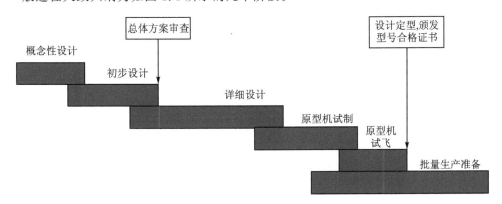

图 1.1 飞机研制的一般过程

根据飞机设计工作内容的粗细程度和先后次序,可将飞机设计工作划分为 3 个阶段,即概念性设计阶段、初步设计阶段和详细设计阶段,各阶段具体内容和关系如图 1.2 所示。

1. 概念性设计阶段

在飞机开始进行设计之前,首先由使用部门提出或由使用部门与设计部门共同拟定飞机的设计要求;然后就进入飞机的概念性设计阶段,在此阶段,应对飞机的设计要求进行充分的分析、研究和论证。

概念性设计阶段的任务是:根据飞机设计要求,对飞机进行全面构思,粗略形成关于飞机设计方案的基本概念,并草拟一个或多个能满足飞机设计要求的初步设计方案。具体工作内容主要包括:初步选定飞机的形式,对气动外形进行布局;初步选定飞机的主要基本参数;选定发动机和主要机载设备;初步确定各主要部件的几何参数;对飞机的三面草图进行初步绘制;初步考虑飞机的总体布置方案,对飞机性能进行初步估算,并检查是否符合飞机设计要求所给定的性能指标,然后修改和整理拟定的初步方案,并进行专门的评比和论证,选定最合理的方案,经主管部门批准后,再继

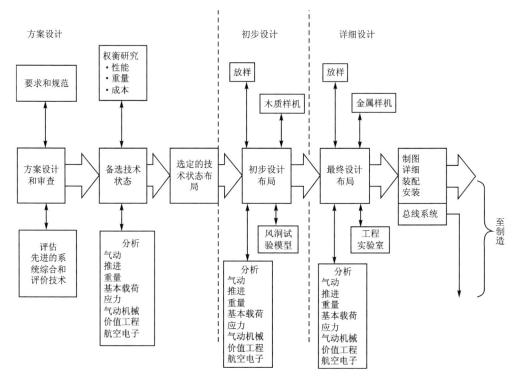

图 1.2　飞机研制各阶段内容和关系

续进行下一阶段的设计工作。

通常来说,概念性设计阶段的工作多限于纸面,无需做很多实验,使用经费较少。此外,为缩短设计周期,可以采用计算机辅助设计方法,通过程序系统进行参数选择、性能估算以及外形布局的修改。因此,在此阶段,可以选择多个方案进行对比,经过充分论证后,从中选出最理想的初步方案。该方案要具有足够的先进性和可行性,并以此作为进一步设计的基础。需要注意,虽然该阶段工作费用和耗时都不很多,但却非常重要,一般对飞机设计工作具有全局性影响的重大决策,有很大一部分都是在这个阶段做出的。

2. 初步设计阶段

初步设计阶段的主要任务是:对概念性设计阶段草拟的飞机设计方案进行修改和补充,使其进一步明确和具体化,最终给出完整的飞机总体设计方案。这一阶段的主要工作包括:对飞机的几何外形设计进行修改、补充和完善,给出完整的飞机三面图和理论外形;对各种机载设备、各个系统和有效载荷进行全面的布置安排;对飞机结构的承力系统和主要的承力构件进行初步布置;开展较为详细的重量计算和重心定位工作;进行比较精确的气动力性能计算和操纵性、稳定性计算;给出详细的飞机总体布置图。

通常来说,在初步设计阶段,需针对飞机及其各系统开展一系列的试验研究工作,如制造风洞模型并进行大量的风洞试验。有时甚至还需要制造全尺寸的样机,用于协调各系统和内部装载布置。因此,与概念性设计阶段相比,初步设计阶段所需时间和费用要多得多,而且需要各有关专业部门的参加和配合,对设计中遇到的各种技术问题进行协调解决。最后,经过多次反复,给出完整的飞机总体设计方案。由于各种图纸和技术文件已经过多轮修改,且得到了专项试验的验证,故可作为正式方案提交审查和论证。论证通过后,飞机总体方案的设计工作便告一段落,可以转入下一阶段进行详细设计。

3. 详细设计阶段

详细设计(也称"生产设计")阶段的主要工作是进行飞机结构设计,包括部件设计和零构件设计,需在设计完成后给出飞机各部件和系统的总图、装配图和零件图,而且还需提供详细的重量和强度计算报告。此外,还要进行许多试验,如静强度试验、动强度试验、寿命试验和各系统的地面台架试验等。

在详细设计阶段后,接下来的工作就是试制原型机,并开展地面试验,包括全机静、动力试验和各系统地面试验等。若发现问题,则要对原型机进行修改,待问题解决后,再进行试飞。试飞合格后,按照实际和试飞的情况,对设计进行最后修改。最后,申请设计定型,由国家有关部门审查,颁发型号合格证书,至此,整个设计过程完成。下一步则转入批量生产。需要注意的是,飞机研制工作阶段的划分与各飞机公司工程部门的组织分工有关,因此,各阶段的名称和内涵通常也不统一。

1.2　飞机结构分解

1.2.1　分离面的概念

飞机装配一般过程是指将大量的飞机零件,按一定的组合和顺序(按图纸、技术条件),逐步装成组合件、板件、段件和部件,最后将各部件对接成整架飞机的机体。这些飞机零件、组合件、板件、段件和部件都可称为装配单元,而两个相邻装配单元间的对接处或结合面即为分离面。根据功用和特点的不同,分离面可分为设计分离面和工艺分离面两大类。

设计分离面是设计人员根据使用功能、结构特点、维护维修和方便运输等需求而确定的分离面,如飞机的机翼、襟翼、副翼、舵面、机身、发动机和各种舱门等。设计分离面一般都采用可卸连接(如螺栓连接、铰链接合等),而且一般要求它们具有互换性。图 1.3 所示为按设计分离面绘出的 F-16 飞机结构分解图。

工艺分离面是工艺人员为满足飞机装配过程中的工艺要求而确定的分离面。工艺分离面一般采用不可拆卸连接,例如将机翼划分为前缘、翼尖和翼盒等组合件,又如将机身划分为机身壁板、隔框、大梁等,如图 1.4 所示。需要注意的是,工艺分离面

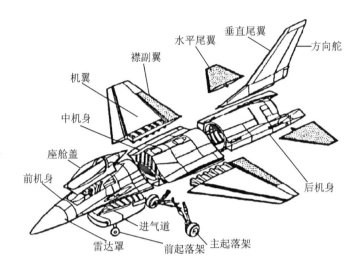

图 1.3　按设计分离面绘出的 F - 16 飞机结构分解图

有时与设计分离面一致,有时与设计分离面不一致。

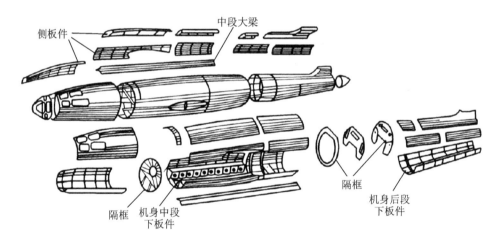

图 1.4　机身划分为板件和组合件示意图

1.2.2　装配件分类

　　飞机装配件是指可以独立进行装配的部分。零件是不需要做装配的基本单位,由两个以上的零件装配成可拆或不可拆的飞机的组成部分,即组成了装配件。通常情况下,飞机装配件的分类方法及种类有以下几种:

1. 按分解层次及功能分类

　　① 部件,是有独立功能和完整结构的装配单元,例如机身、机翼、垂尾、平尾、起

落架、发动机短舱等。

② 分部件,有时也称为"段件"或"部件",是构成部件的一部分,其相对独立、完整并具有一定的功能,例如机身的前段、中段、后段;机翼的中翼、中外翼、外翼、襟翼、副翼;尾翼中的水平安定面、垂直安定面、升降舵、方向舵等。

③ 板件,一般由部件或段件的一部分蒙皮以及内部纵向、横向骨架元件(如长桁、翼肋或隔框的一部分)组成,有时还包括安装在上面的导管、电缆及设备,如机翼中段的上下壁板、机身的上下左右板件。

④ 组合件,是由两个或两个以上零件组成的装配件,在工艺分解时,通常由段件或板件进一步划分得到,如壁板、梁、框、肋等。

2. 按结构工艺特点分类

① 翼面类部件或分部件,主要指机翼或机翼各段、水平安定面、垂直安定面、襟翼、副翼、方向舵、升降舵等。

② 机身类部件或分部件,主要指机身或机身各段、起落架舱、发动机舱等。

③ 平面类组合件,是由平面腹板及加强件组成的组合件,例如平面框、肋、梁、地板、隔墙等。

④ 壁板类组件,通常由蒙皮及骨架零件组成。根据蒙皮形状不同,又分为单曲度壁板和双曲度壁板,如机身壁板、机翼壁板等。

⑤ 立体类组件,除平面类和壁板类组件外,均属于此类组件,如翼面前缘、后缘、翼尖、各种门、盖、机头罩、尾罩、整流罩以及内部成品支架等。

1.2.3　结构分解

为满足飞机的使用、维护以及生产工艺上的要求,整架飞机的机体需分解成许多大小不同的装配单元。例如,飞机机体可分解成若干部件,包括前机身、后机身、机翼、垂直安定面、水平尾翼、方向舵、副翼和主起落架等,如图 1.5 所示。当然,根据生产工艺的需要,有些部件还需进一步分解为段件、板件和组合件,比如,某机翼可划分为机翼前段、机翼后段、副翼、翼尖、上下板件、翼肋和梁等,如图 1.6 所示。

根据工艺要求,合理地按照工艺分离面对飞机结构进行分解,主要有以下优点:增加了平行装配工作面,缩短了装配周期;减少了复杂部件装配型架数量;改善了装配工作的开敞性,提高了装配质量。

需要注意的是,在将飞机部件、段件进一步划分为组合件时,应尽量提高装配单元的板件化程度。一方面,板件化的划分可提高装配工作的机械化和自动化程度;另一方面,板件化的划分有利于提高连接质量。在部件划分为板件后,装配工作的开敞性好,连接工作可采用机械化设备。以铆接为例,可用压铆代替锤铆,因而改善劳动条件,提高产品质量,缩短装配周期。统计资料表明,飞机结构中某些部件的板件化程度高达 90%,这可将劳动生产率提高 1.35~3.3 倍,连接工作的机械化系数提高到 80%。

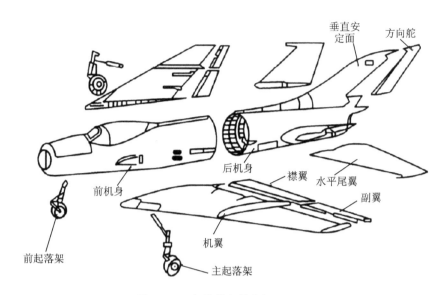

图 1.5　飞机结构部件分解图

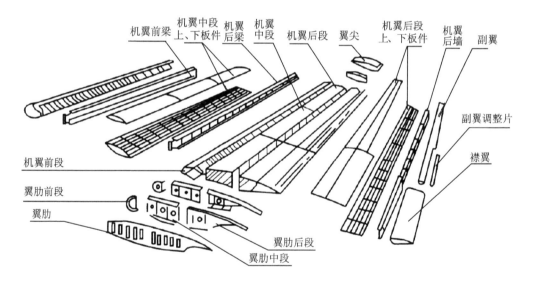

图 1.6　机翼工艺分解图

　　飞机结构的划分是一项极为重要的设计任务,不仅要满足结构上和使用上的要求,还要满足生产上的要求。不仅如此,飞机结构的划分结果还会涉及强度、重量和气动方面的问题。因此,在决定划分方案时,必须综合研究各方面因素,分析矛盾的各个方面,以求得最合理的结构划分方案。

　　应当指出,在飞机设计时,应从成批生产的要求出发,考虑工艺分离面的部位、形式和数量。因为在试制以后,再考虑成批生产,增减或修改各种分离面的部位和形式,将会造成很大的困难,甚至是不可能的。另外,对于飞机结构上已具备的工艺分离面,在实际生产中是否加以利用,也就是在生产上是否按此分离面将工件进行分散装配,还需综合考虑技术经济分析结果。例如,在机翼装配时,若结构上前、后梁处存在工艺分离面,在成批生产时,可将前、后两段分别在两个装配型架上装配;但是,在试制生产或小批量生产时,为减少装配型架的品种和数量,其装配工作可都在机翼总装型架上完成。

1.3　飞机装配准确度

1.3.1　准确度基本要求

保证飞机装配准确度与保证一般机械产品装配准确度存在很大的区别。一般机械产品零件的刚度大、连接变形小,产品装配准确度主要取决于零件的制造准确度。然而,飞机零件大多为钣金件或薄壁机械加工件,一般刚度较小且数量巨大;此外,飞机装配过程中还有定位和连接产生的应力和变形。因此,在飞机制造中要采取一定的方法和措施,以保证飞机装配的准确度。一般来说,飞机装配准确度的基本要求和主要内容如表 1.1 所列。

表 1.1　飞机装配准确度的主要内容

项　目	具体内容
部件气动力外形准确度	外形值要求:部件实际切面外形相对理论切面外形的偏差
	外形波纹度要求:一定范围内波高的偏差,即相邻波峰、波谷差值与波长的比值。外形波纹度包括横向波纹度和纵向波纹度
	表面平滑度要求:蒙皮口盖对缝间隙及阶差,注意顺气流和垂直方向的偏差有不同要求;螺栓(钉)头、彻钉头、焊点相对蒙皮凸凹量偏差
部件间相对位置准确度	机翼、尾翼位置要求:上(下)反角、后掠角、安装角的偏差以及对称性偏差
	操纵面位置要求:操纵面相对定翼面的外形阶差、剪刀差、缝隙间隙偏差,通常称为操纵面的吻合性要求
部件内部结构件位置准确度	基准轴线位置要求:隔框轴线、翼肋轴线、大梁轴线、长桁轴线的实际位置与理论位置的偏差,即框、肋、梁、长桁装配位置要求

项　　目	具 体 内 容
结构件间配合准确度	不可卸零件间配合要求：零件贴合面之间的间隙偏差
	叉耳式对接接头配合要求：沿耳宽方向叉耳之间的间隙偏差；对接孔的同轴度偏差
	围框式对接接头配合要求：对接面之间的间隙偏差；对接孔的同轴度偏差
部件功能性准确度	重量、重心、重量平衡、清洁度、密封性、接触电阻、表面保护、操纵性等；产品图样和设计技术条件所规定的装配技术要求

1. 部件气动力外形准确度

对于不同类型的飞机，外形准确度的要求是不同的，一般来说，翼面部件比机身部件要求高，部件最大剖面之前比最大剖面之后要求高。

外形波纹度是指一定范围内的波高误差，主要包括横向外形波纹度和纵向外形波纹度。图 1.7 所示为等距卡板检测部件外形波纹度示意图，据此可得此时的外形波纹度 λ 为

$$\lambda = \frac{h}{L} \tag{1.1}$$

$$h = y_{n+1} - \frac{y_n + y_{n+2}}{2} \tag{1.2}$$

式中：L 为部件外形波纹的波长；y_n、y_{n+1}、y_{n+2} 为实际外形的波峰（或波谷）位置与等距卡板工作外缘的距离。

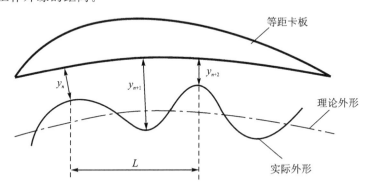

图 1.7　部件外形波纹度

飞机部件的表面平滑度要求包括铆钉、螺钉、焊点处的局部凸凹缺陷，蒙皮对缝间隙和阶差等，如图 1.8 所示。需要注意的是，蒙皮对缝间隙允许值根据平行和垂直气流方向分别规定；对缝阶差允许值则根据顺气流和逆气流方向分别规定。对于结构比较复杂、难以保证精密配合的部位，则根据具体情况制定允许值。

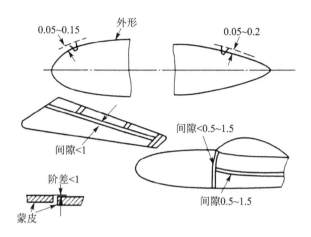

图 1.8　表面平滑度要求示例

2. 部件间相对位置准确度

　　部件间相对位置准确度一般包括机翼、尾翼位置要求和操纵面位置要求(又称操纵面吻合性要求)。表示飞机尾翼相对于机身位置准确度的参数是上反角(或下反角)β、安装角 α 和后掠角,一般将其允许值换算成线性尺寸在飞机水平测量时检验,即将各部件的相对位置,按设计基准通过装配型架转换成部件表面上测量点的相对位置,然后用水平仪、经纬仪来测量这些测量点的位置,以此检查各部件间的相对位置是否满足要求。图 1.9 所示为机翼、平尾安装角的测量示意图。

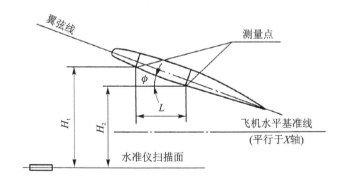

图 1.9　机翼、平尾安装角测量示意图

　　从图 1.9 可知,机翼、平尾安装角的公差值,按两个测量点的高度差与该两点在平行于 X 轴的水平投影距离 L 的比值,换算成角度分值给定。据此,可得安装角公差值计算公式为

$$\delta_{\phi}=\frac{\delta_{H_1-H_2}}{L}\times\frac{180\times60}{\pi} \tag{1.3}$$

式中:δ_ϕ 为安装角公差值;$\delta_{H_1-H_2}$ 为两个测量点的高度差。

操纵面位置要求(又称操纵面吻合性要求)表示各操纵面相对于固定翼面的位置准确度,相关参数有阶差、剪刀差和间隙,如图 1.10 所示。表示机身各段间的相对位置准确度参数是同轴度,同轴度本身的要求并不高,一般在几毫米以内,但必须保证各段对接处的阶差不超过表面平滑度的要求。

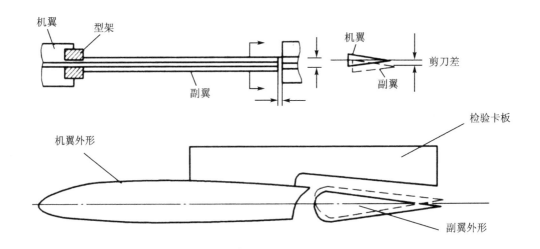

图 1.10　副翼相对于机翼的位置准确度要求

3. 结构件间配合准确度

在飞机结构的装配连接过程中,一般采用的接头有叉耳式接头或围框式(凸缘式)接头,如图 1.11 所示,两种接头的配合要求如下:

叉耳式接头配合要求:孔与螺栓一般为间隙配合(H8/h7 或 H9/f9 等);在叉耳宽度方向上,当配合尺寸有公称间隙时,间隙值一般为 0.2～1.0 mm;当无公称间隙时,一般为间隙配合。

围框式接头配合要求:孔与螺栓的配合通常留有间隙,即孔径公称尺寸比螺栓公称尺寸一般大 0.2～0.5 mm;接头对接面允许局部存在 0.1～0.2 mm 的间隙,但接触面积之和占总面积的百分比一般不低于 70%。

4. 部件内部结构件位置准确度

部件内部结构件位置准确度主要是指基准轴线的位置要求,如大梁轴线、翼肋轴线、隔框轴线和长桁轴线等实际装配位置相对于理论轴线位置的偏差。一般规定梁轴线允许的位置偏差和不平度范围为 ±0.5～±1.0 mm,普通肋轴线的位置偏差范围为 ±1～±2 mm,长桁的位置偏差为 ±2 mm 等。

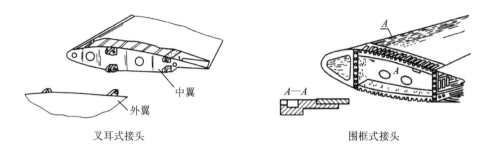

图 1.11　叉耳式接头和围框式接头

1.3.2　制造准确度和协调准确度

飞机零件、组合件或部件的实际形状和尺寸与飞机图纸上所规定的公称尺寸相符合的程度称为制造准确度。符合程度越高,则制造准确度越高,相应的制造误差越小。

协调准确度是指两个相配合的零件、组合件或部件之间配合部分的实际形状和尺寸相符合的程度。符合程度越高,则协调准确度越高,相应的协调误差越小。

例如,中翼和外翼之间的对接接头在设计时规定前梁和后梁的接头之间的距离为 L_0,而实际装配时,两结构件对接接头相应位置的实际尺寸分别为 L_1 和 L_2,如图 1.12 所示。据此,可得两结构件对接接头尺寸 L 的制造误差分别为

$$\Delta_1 = L_1 - L_0 \tag{1.4}$$
$$\Delta_2 = L_2 - L_0 \tag{1.5}$$

实际装配后,两结构件对接接头尺寸 L 的协调误差为

$$\nabla = L_1 - L_2 = \Delta_1 - \Delta_2 \tag{1.6}$$

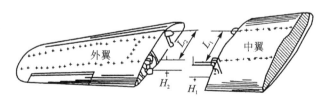

图 1.12　中翼和外翼的对接接头尺寸

从上述分析可知,保证两个相配合零部件在配合部分的协调准确度主要有两种方式:一种是分别控制相配合零部件的制造准确度,使得配合部分的制造误差足够小;另一种是放宽两配合零部件配合部分的制造准确度要求,尽量保证配合部分的实际尺寸足够接近,即可不必过分要求实际尺寸与理论尺寸接近。一般的机械制造主要采用第一种方式控制协调准确度,因为一般机械制造中的各个零部件都是独立地根据图纸尺寸制造的,配合尺寸之间的协调准确度主要是通过独立地控制各零部件

的制造准确度达到的。

　　然而,飞机结构尺寸大、形状复杂,如果以零部件更高的制造准确度来保证协调准确度要求,不仅在经济上不合理,而且在技术上也存在很大的困难。因此,在飞机制造中首要的是保证协调准确度。例如,图 1.12 所示中翼和外翼的前梁和后梁叉形接头中心距尺寸 L 和后梁上的螺栓孔距离 H 的制造误差较大时,对结构的强度和部件之间的相对位置影响不大;而配合部分之间实际尺寸 L 和 H 的协调误差较大时,在部件对接中,将由于强迫连接而在结构中产生很大的内应力,或根本对接不上,达不到互换要求。

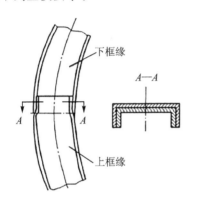

图 1.13　机身隔框结构

　　在飞机装配中,协调准确度的要求包括工件与工件之间的协调和工件与装配夹具(型架)之间的协调。例如,图 1.13 所示机身隔框结构,该结构由上框缘和下框缘两个零件连接而成,若两个零件相配合处的协调误差过大,则无法连接或不能满足连接处的间隙要求。因此,为保证协调准确度的要求,必须保证这两个零件之间的相互协调。

　　又如,在机翼装配中,前梁由前梁夹具装配成组合件,前梁、前肋及前段蒙皮由机翼前段型架组装成机翼前段,然后,机翼前段、后梁以及其他零件和组合件在机翼总装型架内组装成机翼。为保证前梁组合件与机翼前段型架定位器相贴合以及机翼前段与机翼总装型架定位器相贴合,就必须保证工件与装配型架之间的协调和各装配夹具(型架)之间的协调。

1.3.3　影响装配准确度的误差分析与控制

　　飞机装配准确度直接影响飞机的使用性能和生产互换性,因此,飞机装配工作的主要任务就是保证飞机机体的装配准确度。对于飞机结构来说,影响装配准确度的误差大致包括以下几个方面:

　　① 由连接引起的变形误差。例如,由铆接时钻孔力、铆接力以及铆钉沿长度膨胀不均匀等因素引起的结构变形;又如,由焊接时零件受热不均或焊缝冷却时局部收缩引起的变形误差。

　　② 由车间温度变化引起的变形误差。飞机结构具有刚度小、尺寸大的特点,当车间温度随季节和时间发生变化时,由于不同材料之间的热膨胀系数不同,必然会使得工艺装备和工件产生变形误差。

　　③ 零组件(参与装配工件)的制造误差,其中包括装配时各定位面的尺寸误差。

　　④ 装配夹具(型架)的误差。

　　⑤ 工件和装配夹具(型架)之间的协调误差,或称为定位误差,主要包括:工件之

间的协调误差；工件与装配夹具定位面和定位孔之间的协调误差；各装配夹具（型架）之间的协调误差。

⑥ 装配引起的各种变形误差。

在进行飞机装配误差的综合分析时，根据各环节误差性质又可将其分成两大类：一类是系统误差，即按一定规律重复出现的误差，或常值，或按一定规律变化的确定值；另一类是偶然误差（随机误差）。下面将详细介绍飞机装配过程中常见系统误差的分析和控制。

1. 温度影响的分析与控制

在飞机制造中，飞机结构具有刚度小、尺寸大、材料品种多等显著特点。由于不同材料的热膨胀系数、导热系数、比热容和密度等均不同，各有关部分的吸热、传热、散热和热容量差别也很大，表现出不同程度的热惯性和伸缩差。因此，在飞机结构各工件之间、工件与工艺装备之间、工艺装备与工艺装备之间，以及同一工艺装备上的不同构件之间，都可能产生协调问题。而且，由于地温与室温变化的差别也会导致工件和工艺装备的变形。

通常情况下，解决装配过程中温差对装配协调的影响可从两方面考虑：一是消除或减少产生温度协调误差的因素；二是采取设计和工艺补偿措施，以保证部件对接协调及生产中的尺寸协调。

① 消除或减少产生温度协调误差的因素：

• 在关键协调过程中尽量创造热平衡条件。

• 缩短协调尺寸。这需要合理选择工艺分离面，优化协调路线。

• 尽量保证工件和工艺装备、各工艺装备之间或工艺装备的有关构件具有相等的热膨胀系数。

• 考虑车间和工地的定温问题。

② 采取补偿措施。对温度协调误差的补偿可以从产品设计和工艺两方面考虑：

• 产品结构设计补偿，如配合间隙和补偿件的使用。

• 工艺补偿，主要包括工艺装备上的补偿措施和工艺过程中的补偿措施。

2. 工艺装备的变形与控制

针对工艺装备不同的变形情况，采取不同的方法进行控制。例如：可以通过结构刚度设计来提升工艺装备的刚度，以避免自重和工艺载荷作用而产生的变形；通过控制焊接结构应力和变形的方法，解决工艺装备焊接结构在内应力影响下的尺寸和形状不稳定问题；为避免地基沉降引起的型架和设备变形，除了做好强度足够的地坪之外，可采用可调式底座型架、优化设备结构设计等方法解决。

3. 装配变形和残余应力的控制

机体结构的装配变形主要包括连接变形和强迫装配所产生的变形，而且为保证结构长期使用，装配过程不仅要控制残余变形，还要控制装配件中的残余应力。

飞机装配过程中使用的连接方式有铆接、焊接和胶接等，各种连接均可能导致装配件变形，但影响较为显著的是熔焊、普通铆接和点焊。

① 为减小铆接过程中产生的孔壁挤胀、工件弯曲、工件弯扭或翘曲等变形，在铆接时应尽可能采用压铆或选用变形量小的特种铆接；此外，还可采用合理安排铆接顺序和铆接前做反向变形等措施进行控制。

② 为减小点焊过程中产生的焊缝伸长、板件间的相对位移和点焊变形等问题，必须合理控制焊接结构、焊接参数，并尽量避免强迫装配。

对于结构上某些相对位置准确度要求较高的接头，需要在早期进行安装。随着装配工作的进行，结构自身重量不断增加，在装配完成后，这些接头会由于结构变形而发生移位。为此，可采用"应力装配"的方法，即预加工艺载荷代替后续即将安装的工件；在此条件下装上交点接头，即在结构有应力的状态下装上接头，部件装配和安装中逐渐换下工艺载荷，使交点接头相对位置的准确度符合最终要求。当然，在结构和工艺允许的条件下，对于这种准确度要求较高的接头，应尽可能后装。

在条件公差下，对于强迫装配引起的协调误差，需要根据装配夹具使用情况、装配单元刚度比、装配单元与装配对象的刚度比，以及装配对象允许变形量和装配残余应力等，进行具体的分析和控制。

1.4　飞机结构装配图基本识读

1.4.1　结构装配图的主要内容和作用

在飞机图样中，飞机结构装配图是数量极多的一种图样，主要用于表达飞机部件、组件等的装配结构，同时也是飞机制造的依据。飞机结构装配图一般包含以下几个部分：

（1）一组图形

绘制结构装配图时，需要用一组图形来表示以下信息：组成该装配件的各零件之间相互位置、装配连接关系以及该装配件在飞机上的位置；该装配件与邻近其他装配件或零件之间的配合连接关系及工作原理等。一般来说，常用三面视图、剖视图、剖面图、局部视图、局部放大图（或详图）和典型视图等方法来表示。在绘制飞机结构装配图时，常见的几种规定画法如下：

① 折断画法。某板件的折断画法如图 1.14 所示。

② 展开画法。典型视图的展开画法如图 1.15 所示，在主视图中，剖切平面 $A—A$ 为圆柱面，剖视图 $A—A$ 被展开成平面。

③ 假想画法。典型的假想画法如图 1.16 所示，图中偏转后的动翼即采用假想画法画出。

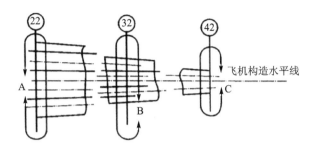

图 1.14　板件的折断画法

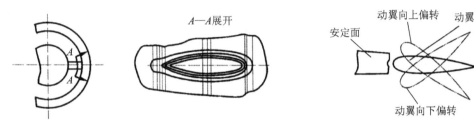

图 1.15　视图的展开画法　　　　　　　　　　图 1.16　假想画法

④ 简化画法。简化画法种类较多,形式各样,无法一一列举。典型的简化画法如图 1.17 所示,图中的结构孔为简化画法。

⑤ 旋转画法。视图的典型旋转画法如图 1.18 所示。

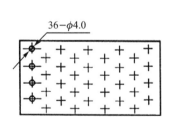

图 1.17　相同结构孔的简化画法

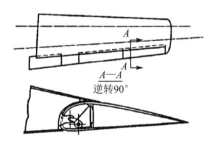

图 1.18　视图的旋转画法

(2) 尺　寸

飞机结构装配图上要反映装配件以下几个方面的尺寸:

① 外形尺寸及安装尺寸;

② 工作性能的规格尺寸;

③ 各零件安装位置尺寸及配合关系尺寸;

④ 一些主要零件,特别是无图零件的外廓及结构尺寸;

⑤ 其他尺寸。

(3) 技术要求

在飞机结构装配图中,需说明装配件装配、试验及验收的要求,主要包括以下几方面的内容：

① 装配件及其零件在制造过程中应遵循的技术文件；

② 装配之后应进行的试验、调整内容及遵循的技术条件；

③ 完工后装配件应达到的质量标准及技术标准。

一般来说，需给出产品外形验收技术条件，通常是以一个部件为单元给出的，如机身、中翼、外翼、尾翼等。图样注解通常可分为总注解和分部位注解：总注解一般写在标题栏及明细表的上方或左侧，逐条以文字形式叙述；分部位注解一般是对某一局部结构的特殊要求，直接写在某视图或零件号旁边。

（4）零件的件号和明细表

关于零件的件号，可分下列两种情况进行标注：

① 有图零件。这类零件及分装配件一般附有另一份图样，以表达它们的形状、大小、构造及技术要求，因此这类零件及分装配件具有一个固定的件号，在标注时，用水平线或垂直线与引线相接，直接在该线上方写上件号即可。

② 无图零件。这类零件大多是与飞机理论外形有关的或与另一些零件有配合关系的零件，因此无图零件的几何形状一般难以全部用尺寸来表达，只能通过模线-样板加工成立体的模型或模具表示出来。此外，还有一些零件（大多为比较简单的薄板零件，如垫板等），其尺寸及制造要求均在该装配图的某视图中已示出，或者在该装配图图面的某个位置另绘视图予以表达。

（5）标题栏

标题栏一般位于图的右下角，其中的内容分布情况大致如下：标题栏右下部的内容用来说明装配件的名称、图号、版次、有效批架次、单机质量、图形比例以及适用机型的型号；标题栏右上部各栏用来说明各零件件号、效批架次等；标题栏左下部内容为设计单位的设计、校对、审核等签字；标题栏左上部为本份图样的发送栏等，标题栏示意如图 1.19 所示。

版　次	更改标记	更改单号	发送者签字	单机件数	装配图号	有效批架次	零件号			
设计			名称				架 批	自　　架起		
校对								至　　架止有效		
审核			图号				第　版	单件质量/kg	比例	型号
审定										
标审			材料				原用图号			
							发图代号			

图 1.19　标题栏（示意）

（6）临时更改单

如果发现图样上述部分存在错误需要进行更正，或由于工艺、冶金等方面的因素需要对设计进行更改时，可采取图样换版或签发临时更改单对图样进行更换。

1.4.2 读结构装配图

通过识读飞机结构的装配图，应该从中获得以下信息：

① 该结构在飞机上的位置，结构与周围构件（或零件）的连接及配合关系，以及最终的技术性能要求；

② 明确构成装配件的主要元件，以及各元件形状、大小及其基本特性；

③ 各个零件、组合件的装配及安装位置、连接形式及使用的连接元件（包括连接元件特性）。

通常情况下，绘制飞机三面视图的参考坐标系为：以飞机的构造水平线为 X 轴，飞机的翼展方向为 Y 轴，而高度方向为 Z 轴；而且，飞机各个部件的位置也是以此参考坐标系为基准确定下来的。图 1.20 所示为某型机的三面视图及其参考坐标系。

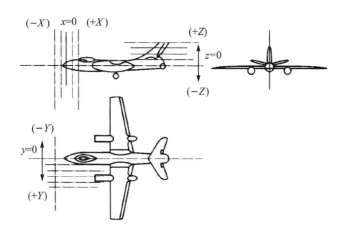

图 1.20 飞机三视图及其参考坐标系

对飞机进行部件设计时，为了适应各部件自身的特点，可采用另一套参考坐标系，但需要注意的是，这些坐标系的某几个轴可能与飞机坐标系的某几个轴相重合，至少其原点可在飞机坐标系上找到位置。

绘图时所采用的比例是指图形大小与实物大小之比，主要有以下 3 种情况：

① 图样与实物大小相同，标注为 1∶1；

② 图样按实物以一定的比例缩小，常用比例有 1∶2、1∶5、1∶10 等；

③ 图样按实物以一定比例放大，常用比例有 2∶1、5∶1、10∶1 等。

飞机结构装配图一般幅面较大，而且各种剖面图、局部放大图及局部视图等又较多。因此，为便于寻找所需视图，通常将图样划分成若干个区域，即在图样的长度方向上,从左到右以阿拉伯数字标注在图框线之外,间隔约为一张或两张 A4 纸的宽度,在图样的横向,从上到下以大写的拉丁字母标注在图框线之外,间隔为一张或两张 A4 纸的宽度。图 1.21 所示为视图区域代号的标注方法示例。

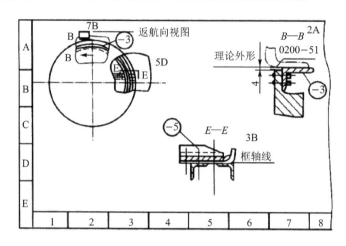

图 1.21　区域代号的标注

在看飞机装配图时,需要设法将构成装配件的零件分开,弄清楚每个零件的大小、形状及结构特点,进而从装配图上弄清其装配位置和连接关系。具体方法和步骤如下:

(1) 了解概况

识读飞机结构装配图,首先看标题栏,了解该装配件的名称、数量、安装部件等;然后查看明细表,了解该装配件由哪些零件和组件组成,并对有图零件、组件的形状和构造等做粗略的概貌性了解,尽可能对这些工件的装配位置、相对各基准的尺寸距离、工件间的连接情况、连接件的形状和装配关系做初步了解。

(2) 分析主要视图,看构件总体布置

首先找到装配件的基本视图,即描述装配件全貌的三面视图。但是,应该注意,并不是所有装配件的三面视图都需要绘制。读装配图时,应从主要视图开始分析,因为这个视图可以将装配件的全貌比较清楚地展现出来。

然后根据给出的设计基准,初步想象出装配件在飞机上的部位及相应的外形特征,初步估算出装配件外廓的尺寸。在此基础上,从视图中找出主要构件(一般指主要受力构件,如接头、整体梁、整体壁板、隔框、翼肋、大梁、承力墙及蒙皮、梁缘条、框缘和腹板等)及其分布情况。在找到主要构件之后,需从图面上将各主要构件的件号找到,并绘制示意图,以便于记忆,尽量避免来回翻阅装配图的麻烦。

(3) 分析零件

分析零件要从主要零件开始。首先通过分析主要视图时获得的主要零件件号,根据书写方式分清哪些是有图零件,哪些是无图零件;然后根据主要零件的件号,将所有有图零件、组件的图样取来,逐个弄清各零件的名称、尺寸、形状、材料及数量等情况,并对照主要视图查看零件结构特点及其与装配位置的关系等。

在完成主要零件分析后,需要对一般零件进行分析:首先从明细表中获得一般零件的图号,并区分有图工件与无图工件。对于有图零、组件,在熟悉零、组件图样的同时,弄清名称、尺寸,形状、材料及数量等。然后根据明细表图区栏中零、组件件号出现的图区位置,从图面上找到相应的零件图形,明确装配位置及其与周围零件的关系。对于无图零件,可直接从明细表内找出图区号,将图样调整到该图区位置去寻找该零件图形,并从相应的一些其他视图上弄清其形状、尺寸以及装配位置等情况。

(4) 再分析视图,看装配连接关系

从主要视图上找出表达主要构件相互连接以及它们与蒙皮相连接的各种视图,并对这些视图逐个进行分析,从而确定构件之间的连接方式,特别是纵向构件与横向构件之间、支架和接头与构架之间以及蒙皮与骨架之间的连接方式。之后,再确定一般零件的连接形式,一般零件大多是依附于主要构件而存在,有的是一些小连接件(如连接角片、连接片),有的是起补偿作用的连接件,有的则是起调整补偿作用的垫片、垫板等。

此外,还有一部分结构属于可卸机械部分,如舱门等操纵机构。这些构件大多有各自的组合件图样,比较容易从装配件上分离出来。分析视图时,重点要放在机构的最终安装要求以及支架或接头与骨架的连接关系方面。对于机构的可卸部分,通常只是一些比较简单的螺栓连接及调整工作而已。

(5) 分析尺寸与技术条件

分析尺寸时,应注意各种尺寸的公差要求,根据公差要求分析工艺方法的选择是否合理。一般来说,公差要求高的尺寸,必须采用精度高的工艺装备来保证;公差要求低的尺寸,可采用比较简单的方法来实现。例如,采用装配孔方法来安装没有位置精度要求的一些角材,可以使用一般的量具进行画线定位安装。

对于一些有协调要求的尺寸,如舱门与门框上铰链支架的距离、安定面与舵面转轴的连接交点、机翼与机身的对接接头等,这些都涉及飞机互换性的要求,但是,在图上往往不标注这些尺寸的公差,需凭借飞机制造的相关知识进行尺寸分析。而且,还应该考虑这些尺寸是否存在设计补偿,例如,有些支架安装时采用长圆形的连接孔,同时还有锯鏨板及可拨垫片来做前后、高低位置的补偿,以保证支架或接头安装在正确位置上。当然,如果没有给出设计补偿,就需要考虑如何保证协调或安装的正确性,是否要留一定的工艺余量,在装配时进行补加工,或者采用精加工的方法以保证最终互换协调要求。此外,还有一些尺寸,如隔框、翼肋的距离,通常在装配图面上仅给出了它们的占位,不标注距离公差,但是在技术条件中却给出了位置精度要求,因此,要以技术条件上的规定要求来分析。

有些尺寸虽然给定了公差,但这些公差要求并无实际意义,例如机身左、右侧板件,虽然给出了隔框的公差要求,但是左右侧板件的隔框还要与上、下板件上的隔框相连接成一个整体,因此在进行分析时,应从协调上来考虑,从工艺装备来采取措施进行保证。在对尺寸及技术条件分析之后,应该能得到一些结论或答案,如哪些尺寸或哪些要求必须采用工艺装备进行保证,采用何种工艺装备,工艺装备应该有哪些定位面等。

（6）熟悉有关图样,看横向配合关系

在全面了解装配件的结构之后,还须参阅一些有关图样,特别是装配到下一个装配件上的装配件图号,因为在那里可以了解该装配件装到目标装配件上之后的部位,以及它与目标装配件上周围的零、组件的配合连接关系,对全面看懂装配件图样具有一定的指导作用。

（7）全面总结、研究装配方法

在全面无误地掌握了整个装配件的结构、技术要求以及与周围构件的配合连接关系之后,结合飞机制造工艺方面的知识,就可以拟定出合理的装配顺序,从而装配出符合图样及技术条件规定的装配件。

1.4.3　识安装图

安装图一般指为了将一些可卸部件或成品部件安装在飞机的某个部位而绘制的图样,以表达它们的安装位置及连接形式。

可卸部件本身是属于飞机机体结构的一个部分（一般称为活动部分或活动面）,如机翼上的襟翼（内襟翼、外襟翼等）、副翼、前缘缝翼、刹车襟翼等,尾翼上的升降舵、方向舵、调整片及补偿片,为了表达这些可卸部件在机翼、尾翼上的安装情况,分别绘制了机翼安装图及尾翼安装图。成品部件是以各种不同连接形式安装到飞机机体结构上的。有的成品部件尺寸较大、结构较为复杂,例如发动机、起落架、炮塔等;有的尺寸比较小,构造也较为简单,例如各种电器、液压成品等。

安装图主要是在各个连接交点处详细地绘制了各种剖视图或放大图,主要表达的信息有:

① 表达相互连接装配件的安装连接关系和使用的连接元件;

② 表达各活动面与操纵系统的连接关系及连接元件;

③ 给出活动面与固定面之间,以及活动面之间应保持的一些间隙尺寸值,如襟翼与机身整流罩之间的间隙,内、外襟翼之间的间隙,外襟翼与副翼之间的间隙,副翼与翼尖之间的间隙,各种舵面与机身整流罩之间的间隙,以及各种舵面与翼尖罩之间的间隙等。

图 1.22 所示为典型机翼安装图,图中表示出了内、外襟翼及副翼在机翼上的安装情况及各处的间隙要求。

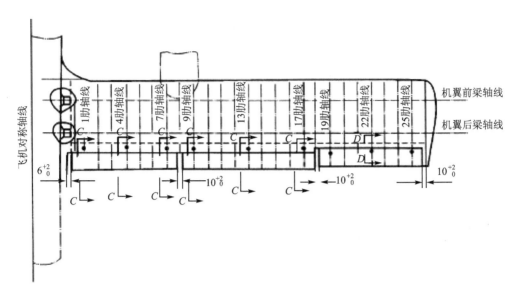

图 1.22　机翼安装图

在安装图图样的注解中,还给出了活动面安装之后应符合的技术条件,其中既规定了中立状态下活动面的安装要求,又规定了活动面处于各种偏转位置时,它们与固定翼之间的配合要求。例如,图 1.23 所示为活动面与固定翼的吻合性要求。

识读安装图可按下列方法进行:

① 确定安装在该固定翼面上动部件数量;

② 按安装图标注固定翼及动部件的图号,找到它们的图样,弄清各个连接部位上

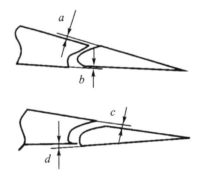

图 1.23　活动面的吻合性要求

的结构情况、连接接头的构造、连接孔孔径大小及精度等内容,同时查看操纵接头的构造等内容;

③ 从安装图的总图上找出各个连接交点处的局部放大图或剖视图等,查看各交点的连接关系以及使用的连接元件;

④ 从安装图上看连接点以外的其他部位的配合要求,一般指动翼在中立位置时的配合要求;

⑤ 根据安装图的注解,找出有关技术要求,特别是外形验收技术条件,对安装要求做全面、详细的分析。

思考题

1. 飞机制造的一般过程包括哪几个阶段？简述各阶段的任务。
2. 说明设计分离面和工艺分离面的区别。
3. 飞机结构中的装配件是如何分类的？
4. 飞机装配准确度的要求包括哪些？
5. 举例说明制造准确度和协调准确度的区别。
6. 影响装配准确度的误差有哪些？

第 2 章　铆接技术

2.1　制孔和制窝技术

2.1.1　制孔技术

1. 制孔要求

在飞机装配中,使用了多种连接方法,铆接是其中使用最为广泛的一种机械连接技术,而制作合格的连接孔则是完成铆接和螺栓连接等不可或缺的步骤。通常情况下,为满足机械连接的要求,连接孔制作须满足以下要求:

① 必须保证施加在叠层板上的压力大于轴向钻削力,即夹紧力要足够大,才能完全消除连接工件之间的间隙,以确保工件贴合,避免切屑落入板件之间,并减少毛刺的产生和交变载荷作用下的磨损腐蚀。

② 尽量采取措施保证连接孔的不垂直度要求不大于 2°,以满足长寿命连接孔的制作。因为紧固件孔沿外载荷作用方向倾斜 2°,疲劳寿命会降低 47%;倾斜 5°,可能降低 95%。

③ 制孔中,应尽量消除轴向划痕的产生,例如可以使用高速旋转退刀功能的钻孔装置等。因为轴向划痕引发的裂纹比螺旋形纹路、擦伤等有更快的扩展速率。

④ 制孔中,应尽量使得孔周的残余拉应力为最小,以保证飞机结构的耐久性要求。

2. 钉孔位置

为保证制出的孔能满足使用要求,钻孔前,必须确定孔的位置并保证孔的位置准确。一般来说,钉孔的位置指边距、排距(又称行距)、孔距,其规定均标注在图纸上,允许公差一般为 ±1.0 mm。确定钉孔位置的常用方法有:

① 按画线钻孔。该方法准确度低、效率低,但简单易行,适用于新机试制。

② 按导孔钻孔。在相连接的其中一个工件上,按铆钉位置,预先制出较小的孔,即为导孔。导孔在零件制造阶段就得制出,且通常预制导孔的零件孔边距较小、材料较硬或较厚,在装配时,钉孔按导孔钻出。该方法的工作效率较高,常用于成批生产。如图 2.1 所示,长桁和蒙皮上的铆钉孔,就是按长桁上导孔钻出的。

③ 按钻模钻孔。由于钻模上的导套有导向作用,采用这种方法制孔,不仅能保证孔的位置准确,而且还能保证孔的垂直度。例如,某油箱底板上的每个检查口盖均

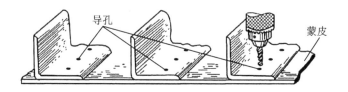

图 2.1　按导孔钻孔

有数十个托板螺帽,底板上有相应的螺钉孔,为了保证口盖之间的互换,其底板和口盖上的孔均按钻模钻出,如图 2.2 所示。

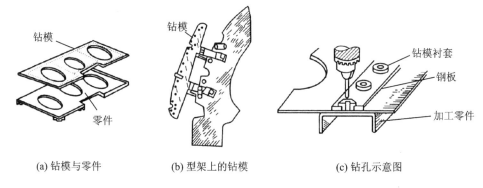

(a) 钻模与零件　　　　　(b) 型架上的钻模　　　　　(c) 钻孔示意图

图 2.2　按钻模钻孔

3. 钻孔工具

通常采用普通风钻进行零件制孔,风钻具有质量轻、尺寸小、可手动控制、转速可调、超载自行停转等优点,常用风钻的钻孔直径为 2~6 mm,转速为 4 000~20 000 r/min。此外,为适应各种狭窄部位钻孔需要,还可采用弯头风钻进行制孔,弯头风钻与普通风钻的不同之处在于,弯头风钻将普通风钻的钻夹头换成了带弹性夹头的弯头结构,常见弯头角度有 30°、45°、90°等,如图 2.3 所示。

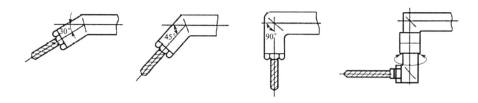

图 2.3　普通风钻的弯头形式

2.1.2　制窝技术

在机械连接过程中,有时会使用埋头铆钉进行铆接,例如高速飞机上蒙皮与骨架之间的连接,主要用埋头铆钉。此时,钻孔之后就需要制窝,制窝的方式有锪窝和压

窝,通常可根据以下规定进行制窝方式的选择:

① 根据蒙皮和骨架厚度选择制窝方式,具体情况如表 2.1 所列。

表 2.1　根据厚度确定制窝方式

蒙皮厚度/mm	骨架厚度/mm	制窝方式	简　图
≤0.8	≤0.8	蒙皮、骨架均压窝	
	>0.8	蒙皮压窝、骨架锪窝	
>0.8	不限	蒙皮锪窝	

② 如果蒙皮厚度不大于 0.8 mm,骨架为不少于两层以上结构,而每层厚度均小于或等于 0.8 mm,总厚度不小于 1.2 mm,且不能分别压窝,则采用蒙皮压窝、骨架锪窝的方式。

③ 挤压型材只能锪窝。

④ 多层零件压窝应分别进行,当必须一起压窝时,其厚度不大于 1.6 mm。

⑤ 一般采用冷压窝,但在超硬铝合金、镁合金、钛及其合金零件上必须采用热压窝。

需要注意的是,为了保证连接强度,埋头窝深度只能取负公差,即铆接后只允许铆钉头高出蒙皮表面,公差为 +0.1 mm,如图 2.4(a)所示。若埋头窝过深,蒙皮受力后,会导致铆钉松动,降低连接强度,如图 2.4(b)所示。

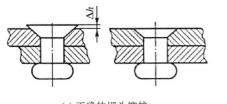
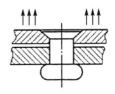

(a) 正确的埋头铆接　　　　　　　　　　(b) 深埋头窝受力情况

图 2.4　埋头铆接

典型压窝工艺过程如图 2.5 所示。

钻孔完成后,需采用专用的锪窝钻进行锪窝,某单一式锪窝钻结构形式如图 2.6

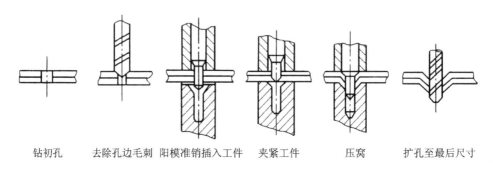

钻初孔　　　去除孔边毛刺　阳模准销插入工件　夹紧工件　　　压窝　　　扩孔至最后尺寸

图 2.5　压窝工艺过程

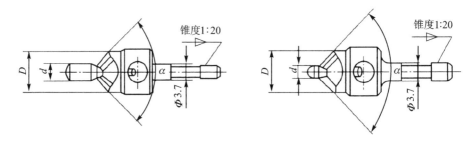

图 2.6　单一式锪窝钻结构形式

所示。此外,为了控制埋头窝深度公差,可将锪窝限动器与锪窝钻配合使用,锪窝限动器的典型结构形式如图 2.7 所示。当然,在某些情况下,也可采用复合锪钻进行制孔和制窝,即一次完成钻孔和锪窝两道工序,此时,孔与窝的同心度较好,且生产效率高,复合锪钻典型结构如图 2.8 所示。

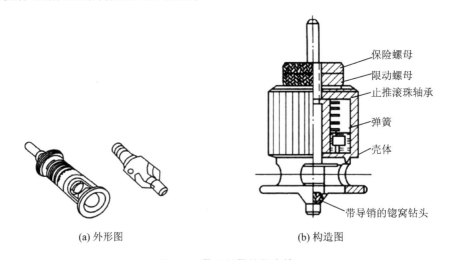

(a) 外形图　　　　　　　　　　　(b) 构造图

图 2.7　带限制器的锪窝钻

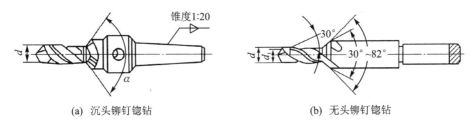

(a) 沉头铆钉锪钻   (b) 无头铆钉锪钻

图 2.8   复合锪钻

2.1.3   孔强化

1. 孔壁冷挤压形式

为提高连接部位的疲劳寿命,通常采用冷挤压、滚柱滚压、激光轰击、喷丸强化等方法对结构件上的连接孔进行孔周局部强化处理,使之发生弹塑性变形,这就是孔强化工艺。其中,孔的冷挤压强化工艺操作简便、增寿效果好,主要包括孔壁冷挤压强化、孔角与沉头窝的强化、孔周压印等。

孔壁冷挤压强化工艺:在充分润滑的条件下,选用一大端直径稍大于孔径的芯棒强行通过连接孔,使孔胀大并在孔周产生强化层,从而提高疲劳寿命。孔壁冷挤压强化是孔强化的主要内容,根据强化所用工具不同,孔壁冷挤压形式包括芯棒直接挤压和加套(开缝衬套)挤压两种,如图 2.9 所示。芯棒直接挤压与加套挤压相比主要有以下不同:

① 工艺操作上:芯棒直接挤压是用拉枪或铆枪使芯棒强行通过连接孔,芯棒大端直接与孔壁接触;而加套挤压是开缝衬套与孔壁直接接触,芯棒不与孔壁直接接触,而是通过开缝衬套将力传递给孔壁。

② 加套挤压可单面操纵,芯棒挤压则不行。

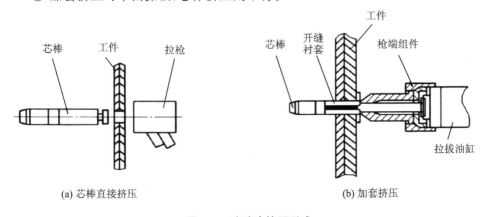

(a) 芯棒直接挤压   (b) 加套挤压

图 2.9   孔壁冷挤压形式

③ 加套挤压时材料轴向流动小,孔壁不会被擦伤。

④ 加套挤压时,芯棒与开缝衬套内壁有固态润滑膜,挤压时不需要添加润滑剂;芯棒直接挤压时须在芯棒与孔壁间添加加润滑剂。

⑤ 加套挤压疲劳寿命较高。

⑥ 与加套挤压相比,芯棒直接挤压后出口凸台高度较高,装配质量较低,表 2.2 所列和图 2.10 所示为初孔直径为 5.32 mm、宽 25 mm、厚 3.8 mm 的 LY12CZ 板材双孔试件在采用相同冷挤压工艺参数进行芯棒直接挤压和加套挤压后的参数对比。

表 2.2　直接挤压与加套挤压试验结果比较

挤压方法	孔边凸台高度/mm		疲劳寿命/千周
	$h_入$	$h_出$	
芯棒直接挤压	0.068	0.232	177
加套挤压	0.061	0.085	214

2. 孔壁冷挤压增寿机理

孔壁冷挤压强化可改善孔的抗疲劳性能,提高疲劳寿命,主要原因可以从以下三个方面进行讨论:

① 残余压应力与外加载荷叠加,改变实际受载应力。孔壁冷挤压强化过程中,紧靠孔壁一定深度的材料发生塑性变形,而与该层材料紧邻

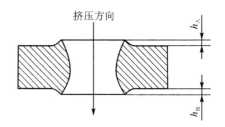

图 2.10　冷挤压产生的孔边凸台

的更深层材料则产生弹性变形。当挤压工艺完成后,发生弹性变形的材料要恢复原始状态,对已发生塑性变形的材料反向加载,即在孔壁一定深度范围内产生残余压应力。当孔周承受恒定的拉伸外载荷时,外载荷与切向残余压应力叠加,使合成应力水平显著下降,从而提高了孔的承载能力;当孔周承受交变外载荷时,外载荷与切向残余压应力叠加,交变载荷最大应力值显著降低,从而提高了孔的抗疲劳性能。这是孔壁冷挤压后疲劳寿命提高最主要的原因。

需要注意的是,残余压应力大小和压应力层的厚度与挤压量相关,不同的挤压量,残余压应力层厚度不同、应力值不同。特别需要注意,从残余压应力层往深更多材料中的残余应力为正,即为拉应力。

② 孔壁表面质量得到改善。冷挤压前,孔壁表面由一系列高度不同的"波峰""波谷"组成,粗糙度较大。冷挤压后,这些凹凸不平的区域被碾平,减少了微裂纹源,提高了孔的抗疲劳性能。

③ 微观结构变化。冷挤压后,金属内部位错密度增加,阻碍金属晶体的滑移。

2.2　普通铆接

2.2.1　工艺过程和铆钉长度

普通铆接是指在结构没有特殊要求的部位,采用凸头或埋头铆钉进行铆接,其铆接过程包括零件的定位与夹紧、确定孔位、制孔、制埋头窝(埋头铆接时)、放铆钉、施铆,如图 2.11 所示。从图中可以看出,铆接过程其实就是将钉杆镦粗并形成镦头的过程。

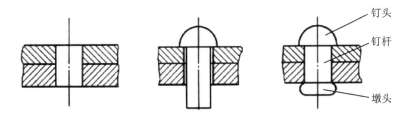

图 2.11　铆接典型工艺

铆接强度和镦头形状与尺寸有关,镦头一般应为标准镦头,即呈鼓形;对于镦头尺寸,尺寸过大或过小均不利于强度提升,标准镦头尺寸可表述如下:

$$h_{\min} = 0.4d \tag{2.1}$$

$$D = \begin{cases} (1.5 \pm 0.1)d, & d \leqslant 5 \\ (1.45 \pm 0.1)d, & d > 5 \end{cases} \tag{2.2}$$

式中:$h_{\min}$ 为镦头最小高度,mm;d 为铆钉直径,mm;D 为镦头直径,mm。

对于铆钉长度的确定,主要有以下几种情况:

① 普通标准镦头的铆钉长度可按表 2.3 所列的经验公式进行计算,表中 $\sum \delta$ 为铆接件夹层厚度(mm)。

表 2.3　标准镦头铆钉长度计算方法

铆钉直径 d/mm	铆钉长度 L/mm	铆钉直径 d/mm	铆钉长度 L/mm
2.5	$\sum \delta + 1.4d$	5	$\sum \delta + 1.2d$
3		6	
3.5	$\sum \delta + 1.3d$	7	$\sum \delta + 1.1d$
4		8	

② 压窝标准镦头的铆钉长度(见图 2.12),可按式(2.3)进行估算,即

$$L = \sum \delta + \delta_1 + 1.3d \tag{2.3}$$

式中:L 为铆钉长度,mm;$\sum\delta$ 为铆接件夹层厚度,mm;δ_1 为表面层厚度,mm;d 为铆钉直径。

③ 双面沉头铆接的铆钉长度(见图 2.13),可按式(2.4)进行估算,即

$$L = \sum\delta + Kd \tag{2.4}$$

式中:K 为系数,取值范围为 0.6~0.8,一般情况下取较小值;当铆钉材料比被连接件材料的强度高或被连接件厚而铆钉直径较小时,取较大值。

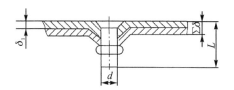
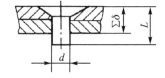

图 2.12　压窝件标准镦头铆钉长度示意图　　　图 2.13　沉头铆接铆钉长度示意图

2.2.2　锤铆和压铆

根据作用力特点可将铆接方法分为锤铆和压铆:锤铆是利用气动铆枪以冲击载荷使铆钉镦粗而形成镦头;压铆是利用压铆机的静压力使铆钉杆胀粗并形成镦头。相比之下,压铆时钉杆镦粗较均匀,工件变形小;压铆连接强度比锤铆高 2%~3%,铆接质量稳定;无噪声和振动;生产率高。因此,应尽量使用压铆进行铆接,这主要取决于工件结构的开敞性。

在不能使用压铆时,一般采用锤铆进行铆接,而根据撞击铆钉的部位不同,锤铆又分为正铆和反铆,如图 2.14 所示。

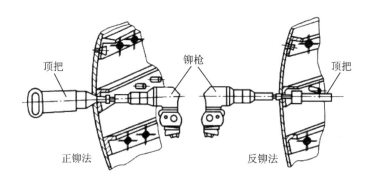

图 2.14　正铆法和反铆法

正铆:铆枪直接撞击钉杆,用较重的顶把顶住铆钉头;工件表面质量好、变形小,对于表面平滑度要求较高的部位,尽可能采用正铆;但是,这要求顶把质量较大,劳动强度大,且对工件结构开敞性也有一定要求。

反铆:铆枪在钉头一面撞击钉头,用顶把顶住钉杆;顶把质量较小,操纵灵活方便,对工件结构开敞性限制小;但是,工件易变形,甚至造成钉头局部凹陷。

顶把形状、尺寸和质量取决于铆钉材料、铆钉直径、工件构造以及铆接方法等,顶把应有足够的质量,否则,会致使铆钉欠铆或出现裂纹。

顶把的质量可按下式进行计算,即

$$m = k \cdot d \tag{2.5}$$

式中:m 为顶把质量,kg;k 为顶把质量系数(见表 2.4),kg/mm;d 为铆钉直径,mm。

表 2.4　顶把质量系数 k 值

铆钉材料	铆接方法	顶把质量系数 $k/(\text{kg} \cdot \text{mm}^{-1})$
铝合金	反铆	0.2~0.4
	正铆	0.5~0.7
钢	反铆	0.4~0.6
	正铆	0.6~1.0

2.2.3　铆接缺陷及处理方法

在铆接过程中,常见铆接缺陷、产生原因及处理方法如表 2.5 所列。

表 2.5　常见铆接缺陷及处理方法

序 号	缺陷描述及示意图	产生原因及处理方法	序 号	缺陷描述及示意图	产生原因及处理方法
1	沉头铆钉头凹进零件表面	产生原因:窝锪得太深;铆钉头高度太小。处理方法:更换铆钉或使用更大铆钉	4	钉杆在钉头下镦粗;铆钉头与零件有间隙	产生原因:铆接时冲头压力不够;顶把压紧力过大。处理方法:更换铆钉或补铆
2	沉头铆钉头凸出零件表面过大	产生原因:窝锪得太浅;铆钉头高度太大。处理方法:更换铆钉、重新锪窝	5	铆钉镦头直径过小	产生原因:铆钉长度不够、孔径过大;铆接力不够大。处理方法:更换铆钉或补铆
3	铆钉头与窝之间存在间隙	产生原因:钉头与窝的角度不一致;钉头偏斜。处理方法:用大一号铆钉重新锪窝铆接	6	铆钉镦头高度过小	产生原因:铆钉长度不够;铆接力过大。处理方法:更换铆钉

续表 2.5

序号	缺陷描述及示意图	产生原因及处理方法	序号	缺陷描述及示意图	产生原因及处理方法
7	铆钉头或镦头被打伤、有切痕、有裂纹	产生原因：顶把位置不正确；铆钉材料塑性不够。处理方法：更换铆钉	11	钉杆在零件间被镦粗	产生原因：铆接时零件贴合不好；零件未被夹紧。处理方法：拔出铆钉排除间隙，重新铆接
8	镦头偏斜	产生原因：顶把面与零件不平行；压铆模工作面歪斜。处理方法：更换铆钉	12	铆钉头处零件被打伤	产生原因：冲头上的窝过深；铆枪冲头安放不垂直。处理方法：严重时要更换零件
9	镦头呈喇叭形	产生原因：铆枪功率过小；气压不够；顶把太轻。处理方法：更换铆钉	13	铆钉头周围蒙皮下凹	产生原因：蒙皮与骨架之间有间隙；操作者配合不协调；钉铁重量与铆枪功率不匹配。处理方法：校正敲修
10	钉杆在孔内弯曲	产生原因：钉孔直径过大。处理方法：用大一号铆钉铆接	14	蒙皮沿铆缝局部下陷或整体下陷	产生原因：操作者配合不协调；顶把重量与铆枪功率不匹配。处理方法：轻则敲击，重则分解铆钉加垫排除

2.3　密封铆接

2.3.1　典型工艺过程

普通铆接通常不能密封，一般沿铆钉与钉孔之间的缝隙或零件之间的缝隙发生泄漏，而对于某些飞机结构，如座舱、油箱等，是需要保证其密闭性的。此时，就需要使用密封铆接，其典型工艺过程如下：

① 预装配，即零件的安装定位和夹紧。

② 钻孔和锪窝，钻出所有铆钉孔并锪窝。

③ 分解和清理，即分解试装零件，并清除金属屑和毛刺。

④ 涂覆密封剂，在此阶段的主要工作内容有：对待涂覆密封剂的零件表面进行清洗，除净油污；然后在零件上涂覆密封剂。

⑤ 正式装配，将分解的零件重新按预装配的位置固定。

⑥ 铆接,首先将铆钉放置于铆钉孔内,并擦去铆钉杆墙头上的密封剂;然后按一定顺序进行铆接。

⑦ 硫化,涂覆密封胶的铆接件要进行硫化处理。

2.3.2　密封铆接形式

为防止气体或流体的泄漏,在飞机结构中需要使用到密封铆接,其常见的密封形式有缝内密封、缝外密封、表面密封和紧固件自身密封等。

① 缝内密封。缝内密封是在零件间的贴合面上以及钉孔处涂以密封胶、密封胶膜等,如图 2.15(a)所示。采用这种方法,既能消除铆钉孔周围的泄漏,又能消除零件间的泄漏。但此方法工序烦琐,工作量比普通铆接约大 3 倍,而且密封胶有一定的活性期,涂胶以后必须在规定时间内完成铆接,否则胶就失去黏性,影响密封性能。

② 缝外密封。该方法是在铆接之后,将密封胶涂在铆缝外,如图 2.15(b)所示。该方法工序比缝内密封少,多数情况与缝内密封同时采用,以确保结构的密封性。涂胶时,铆缝清洗完毕,第一遍刷稀胶,使胶液渗透到夹缝中;第二遍刷稠胶,最后用刮铲刮掉气泡。

③ 表面密封。表面密封是在缝内、缝外密封之后,再涂一层密封胶,以确保结构密封性能,通常用于整体油箱,图 2.15(c)所示为多种密封方式共同使用的混合密封示意图。

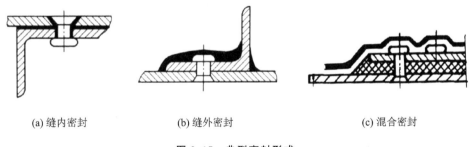

(a) 缝内密封　　　　　　　(b) 缝外密封　　　　　　　(c) 混合密封

图 2.15　典型密封形式

④ 紧固件自身密封。铆接之后,凡是具有干涉配合的铆钉,都具有自身密封性能。如图 2.16(a)～(d)所示,镦埋头铆钉铆接后,埋头部分铆钉和孔形成紧配合,从而获得良好的密封性;全冠头铆钉、半冠头铆钉和 BRILES 铆钉在铆接时,由于圆弧或锥形凸面的影响,作用力主要集中在钉杆的中心线附近,利于钉杆镦粗,起到自身密封作用。此外,还有锥形钉杆铆钉密封,以及钉杆附加铝套(或橡胶圈)密封等,如图 2.17 所示。

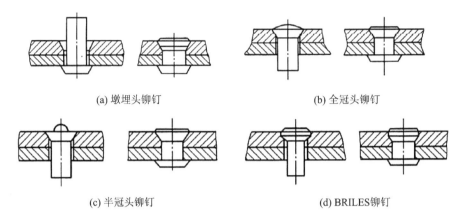

(a) 墩埋头铆钉　　　　　　　　　　　　　(b) 全冠头铆钉

(c) 半冠头铆钉　　　　　　　　　　　　　(d) BRILES铆钉

图 2.16　密封铆钉

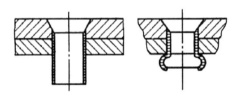

图 2.17　橡胶圈和铝套密封

2.3.3　密封胶

　　对密封胶而言,其工艺期限包括活性期、施工期和初始硫化期等。活性期,又称涂敷期限,是指密封胶配置完成到涂敷所允许的最长时间。超过此期限,密封胶失去流动性,不可使用。施工期,又称装配期限,是指活性期结束到装配完成所允许的最长时间,一般为活性期的 2～4 倍。在此期限内,密封胶具有一定的塑性,以保证配合面良好的密封。初始硫化期,是指密封胶配制完成到密封胶达规定硬度所需要的时间。需要注意的是,密封胶的工艺期限可以通过促进剂加入量来调节。

　　进行密封铆接时,对密封胶的要求,主要包括以下几个方面:

- 对金属有很好的黏合力,在承受外载和结构变形的情况下也能保证可靠密封。
- 具有较强的耐老化性能,要求与飞机同寿命。
- 在汽油、煤油中仍能保持良好的密封性能,且温度变化对密封性能影响小。
- 具有良好的工艺性能,无毒。
- 工艺期限要宽,用于缝外密封时,活性期为 0.5～4 h;用于缝内密封时,为 4～16 h。
- 具有良好的堆砌性能,在垂直面或斜面上涂胶时不会流淌。

• 有较长的储存期,至少半年以上。

密封铆接中使用的密封胶,主要是聚硫橡胶。

2.3.4　密封试验

1. 气密舱密封性试验

在部件装配阶段,气密舱应进行的密封性检查有气密强度试验、气密试验和淋雨试验,水上飞机船身还需要进行浸水试验。在总装配阶段和试飞阶段,飞机仅进行气密试验。

(1) 气密强度试验

在进行气密强度试验时,基本的试验步骤为:

① 以一定的充压速度向气密舱内充气;

② 在规定压力下保持一定时间,一般来说,压力为最大工作压力的 1.3~1.5 倍,保持时间一般为 1~10 min;

③ 按规定降压速度或时间逐渐地泄去气密舱内的压力。

需要注意,在向舱内充气过程中,应随时检查气密舱,如果出现蒙皮、玻璃鼓动、明显变形或发出声响等异常,则立即停止充气,并人工泄压,在排除故障以后再继续试验。

完成试验后,应按以下步骤对气密舱进行检查:

① 检查密封舱是否有残余变形和结构破坏,如舱壁鼓动变形、玻璃裂纹、密封物破裂等;

② 如果无故障且在充到最大抗压压力时无明显鼓动和声响,则气密舱的气密强度试验是合格的;

③ 若结构发生破坏或出现变形,则应排除,并不再进行气密强度试验。

(2) 气密试验

气密试验的目的是检查气密座舱的密封性程度,并查找渗漏部位的漏点和漏源。在气密强度试验完成后,飞机结构无异常现象才可进行气密试验。若气密试验不合格,则应排除渗漏故障,然后重新进行气密试验。

(3) 淋雨试验

进行气密舱淋雨试验,主要是为了检查密封部位(如铆缝、门窗、口盖等)的水密性程度。淋雨试验一般在人工降雨模拟装置的专门场地上进行,具体方法如下:

① 试验准备。拆除怕潮(怕湿)的装置和结构,不便拆除的用防水布加以保护;工作人员进入座舱,关闭所有门窗,安装所有口盖;在座舱内按设计技术条件增压。

② 试验。按规定的淋雨时间和水流速度,向需做淋雨试验的部位喷水;目视检查有无漏水现象、排漏水系统是否通畅;淋雨时允许用密封腻子堵漏,淋雨后可用规定的密封材料排除故障;排除故障后还需重新进行淋雨试验,直至合格为止。淋雨试

验结束后,可用棉纱或抹布擦拭飞机表面,并清理可打开部位的积水。典型淋雨试验装置如图2.18所示。

（4）浸水试验

水上飞机的密封舱船身部分需要做浸水试验,以检查其水密性程度。浸水试验包括机身初装后的浸水试验和飞行浸水试验。

开展机身初装后的浸水试验,基本方法为:用工艺堵盖堵住所有的工艺孔、结构孔,将机身放置在支撑架上;向每个机舱内依次注入水,注水深度以达到吃水线为准;检查漏水量,若不符合要求,则需在

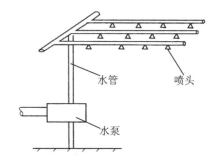

图 2.18　典型淋雨试验装置示意图

排除故障后重做试验,直至合格为止;试验后清除机内积水,并将飞机表面擦拭干净。

开展飞行浸水试验,基本方法为:水上飞机首次下水,应检查船身部分的进水情况;至少在正常总重状态下的10个起落后,使飞机舱身停留在水中1 h,在每个水密舱吃水线以下部位的进水量不应超过总排水量的0.05%。

2. 整体油箱密封性检查

整体油箱密封性检查在部件装配结束后进行,检查方法有气密试验、充气油密试验、停放油密试验、振动试验和晃振试验。

（1）气密试验

气密试验的目的是检查整体油箱的气密性,确定油箱的密封程度,以判断能否对油箱进行油密试验。气密试验的环境温度范围为15～30 ℃,试验使用的压缩空气应无油、无水和无其他杂质。

（2）充气油密试验

充气油密试验的目的是检查油箱的油密性,进一步确定渗漏部位与渗漏程度。需要注意的是,一般在油箱通过气密试验之后,再进行充气油密试验。

（3）停放油密试验

整体油箱的停放油密试验在于检查油箱在油压作用下的油密性,即在满油状态下或油箱带油翻转情况下的油密性。一般在油箱通过充气油密试验之后,才进行停放油密试验,常用的试验方法有翻转法和注油加压法。

（4）振动试验

整体油箱的振动试验在于检查振动对油箱密封性的影响,该试验一般在气密和油密试验之后进行。试验时,可以用工艺堵盖堵住油箱工艺孔、系统孔,然后将油箱安装在振动试验台上,整体油箱试验台示意如图2.19所示。

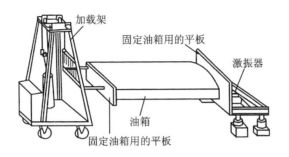

图 2.19　整体油箱振动试验台

（5）晃振试验

开展整体油箱晃振试验，其目的在于较真实地模拟油箱在使用条件下的振动环境，验证燃料油箱的结构完整性、可靠性和使用性能。晃振试验是一种在同时晃动与振动的条件下进行的复合试验。

2.4　干涉配合铆接

2.4.1　基本概念

干涉配合是一种连接强化技术，即在连接后钉杆和钉孔之间为紧配合，通过干涉配合技术，能显著提高结构的疲劳寿命，并获得良好的密封性。目前，干涉配合技术已广泛应用到飞机铆接和螺接中。

采用干涉配合连接能有效提高结构的疲劳寿命。主要原因是，钉与孔之间为紧配合，钉、孔接触面产生的较大摩擦力会承担一部分外载荷；另外，由于干涉配合在孔边缘处产生的预应力，孔边缘处切向拉应力的变化幅度会显著降低，从而推迟了初始裂纹的产生，降低了裂纹的扩展速度。

干涉配合铆接是指通过铆接工艺过程，使沿整个夹层厚度内的钉孔乃至沉头窝均能与钉杆间获得一定的干涉量的铆接方法。对于螺栓、销钉类紧固件的干涉配合连接，安装前钉杆大于孔径，需用机械或冷冻法安装；而对于干涉配合铆接，钉杆在施铆前与钉孔之间为间隙配合，钉杆与钉孔之间的干涉量是在施铆过程中形成的。需要注意的是，干涉量大小，对于疲劳寿命有很大影响，干涉量过大或过小都不利。最佳的干涉量应满足以下条件：

① 使应力的变化幅度减少到最小，同时减小平均应力；

② 由于干涉量产生的预应力，不会引起结构变形；

③ 预应力小于产生应力腐蚀的临界值；

④ 干涉量大于孔切削刀痕的深度，对于铝合金的无头铆钉铆接，干涉量取 1.5～

3.0 为宜。

干涉量分为绝对干涉量和相对干涉量,绝对干涉量 I 可表述为

$$I = d_i - d \tag{2.6}$$

式中:d_i 为铆接后的铆钉直径,mm;d 为铆接前的铆钉孔直径,mm。

另外,为便于对不同直径铆钉干涉量之间的比较,通常使用相对干涉量,即

$$\Delta = \frac{d_i - d}{d} \times 100\% \tag{2.7}$$

式中:Δ 为相对干涉量。

2.4.2　干涉配合铆接类型

干涉配合铆接包括普通铆钉干涉配合铆接、冠头铆钉干涉配合铆接和无头铆钉干涉配合铆接等类型。

① 普通铆钉干涉配合铆接。采用一般的铆接方法,只能在局部位置获得干涉量,在镦头附近可达到 3%左右的干涉量,但夹层中间和埋头窝附近的干涉量很小,甚至有间隙,如图 2.20 所示。普通铆接干涉配合铆接是指在铆接过程中,通过控制钉孔直径、埋头窝尺寸、钉杆外伸量、铆模形状、镦头直径和机床设备型号及功

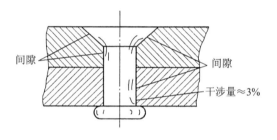

图 2.20　普通铆接

率等工艺参数,使得铆钉钉杆和孔获得预定干涉量的铆接方法。

② 冠头铆钉干涉配合铆接。冠头铆钉是指在沉头铆钉头部平面上有一冠头凸起的铆钉,根据凸起参数的不同,可分为半冠、全冠和凹冠等,如图 2.21 所示。施铆时,冠头部分金属几乎全部被压入沉头窝和钉孔中,引起铆钉两面变形,在钉头和镦头区都形成明显干涉,显著提高疲劳寿命。施铆时采用反铆法,并需控制锪窝直径,以确保沉头窝部位的干涉量,铆后无须进行钉头铣平。冠头铆钉适用于叠层厚度较小的气密舱壁板和组合件。

③ 无头铆钉干涉配合铆接。即使用没有铆钉头的实心圆杆作为铆钉进行铆接,钉杆在施铆过程中也镦粗;同时,在两端形成钉头和镦头,既可以铆成凸头,也可以铆成埋头。典型的铆接过程如图 2.22 所示。

图 2.23 所示为典型双锥度埋头窝,均可用于无头铆钉铆接。与单锥度埋头窝相比,采用这种形状,一方面,可以使得金属材料易于填满埋头窝,保证密封性能和干涉配合均匀;另一方面,可以降低压铆力,避免压斜力太大而导致的铆钉裂纹或工件变形。

采用无头铆钉进行铆接,铆接完成后,可获得沿钉杆全长较为均匀的干涉配合,

BACR15DG　　ms4218/ms4219(抗拉)　　NAS1097　　S4579428/S4579　　LS15840
　　　　　　　　　　　　　　　　　　　　　　　459(抗拉)

图 2.21　各种冠头铆钉

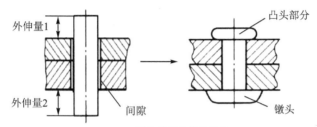

(a) 无头铆钉铆接为凸头

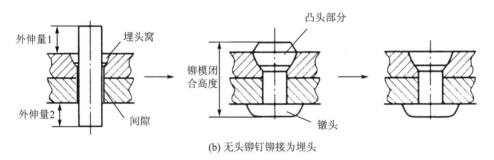

(b) 无头铆钉铆接为埋头

图 2.22　无头铆钉铆接过程

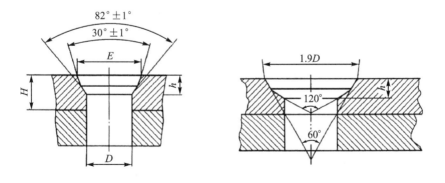

图 2.23　双锥度埋头窝示例

并能够可靠地保证铆钉自身的密封性。但是,需合理控制相关工艺参数,以确保获得干涉量的大小和均匀程度符合要求。相关工艺参数包括以下几方面:

①　施铆前钉与孔的间隙和埋头窝尺寸。这两个因素主要是通过影响压铆时填充金属的多少来影响干涉的量大小。钉和孔间隙取决于无头铆钉和钉孔的公差,一般情况下,钉杆与孔的间隙为 0.03 ~ 0.15 mm。相关试验表明,当间隙超过0.25 mm 时,就不易形成干涉配合;若间隙过小,铆钉安装较为困难。在铆钉长度相同条件下,埋头窝尺寸越大,干涉量越小;反之,干涉量则越大。

②　铆接前铆钉的外伸量。外伸量大小取决于铆钉长度,对干涉量影响较大,一般来说,增大外伸量,干涉量变大。需要注意的是,折合成体积后,铆钉外伸量体积应略大于凸头部分、埋头窝、间隙以及镦头等 4 部分体积的总和,如图 2.22 所示,否则将不足以形成所要求的钉头和镦头,同时得不到预期的干涉量。

③　铆模形状。干涉配合铆接时,不宜使用平铆模,应选用凹铆模,因为凹铆模边上的法向分力,可以强迫钉杆材料向钉孔内流动,并限制钉杆材料横向流动,有利于形成较均匀的干涉配合。而且,铆模底部直径越接近于铆钉直径,效果越明显。

④　压铆力和铆模闭合高度(即铆钉上表面和镦头小表面的距离,如图 2.22(b)所示),调整闭合高度,可以得到不同的干涉量。

另外,无头铆钉干涉配合铆接要求钉孔表面粗糙度低于普通铆接,且要求在接近零件表面处,不得有划伤,以避免因裂痕的存在而降低疲劳寿命和气密性能。

2.5　特种铆接

为满足某些飞机机体结构的特殊要求(相对密封、承受大剪力等),在飞机零组件的装配过程中,通常需使用单面铆钉、高抗剪铆钉、环槽铆钉和钛合金铆钉等进行特殊铆接。

2.5.1　单面铆接

单面铆钉能进行单面施铆,以适应飞机结构的内部连接。单面铆接时噪声小,可一人操作,能简化施工,提高质量。几种单面抽芯铆钉结构如图 2.24 所示。

机械锁紧芯杆拉丝型抽钉的铆接过程如图 2.25 所示,具体过程包括放钉、芯杆拉入钉套、芯杆拉断等步骤。鼓包型抽芯铆钉铆接工艺过程如图 2.26 所示。

单面螺钉示例如图 2.27 所示,它具有强度高和操作方便等优点。操作过程如下:

①　将单面螺钉插入孔中,用工具夹住螺钉,同时压紧螺母;

②　转动旋转夹头,使螺丝杆向上运动,迫使变形环沿螺母尾锥面向上滑动并逐步压紧工件表面,消除夹层间隙;

③　螺丝在预定的扭矩下被扭断,修平多余部分,涂上防腐剂。

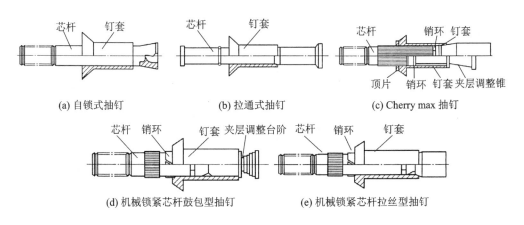

(a) 自锁式抽钉　　　　　　(b) 拉通式抽钉　　　　　　(c) Cherry max 抽钉

(d) 机械锁紧芯杆鼓包型抽钉　　　　　(e) 机械锁紧芯杆拉丝型抽钉

图 2.24　单面抽芯铆钉示例

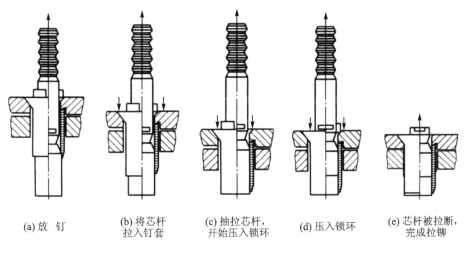

(a) 放　钉　(b) 将芯杆　(c) 抽拉芯杆，　(d) 压入锁环　(e) 芯杆被拉断，
　　　　　　拉入钉套　　开始压入锁环　　　　　　　　完成拉铆

图 2.25　拉丝型抽芯铆钉铆接过程

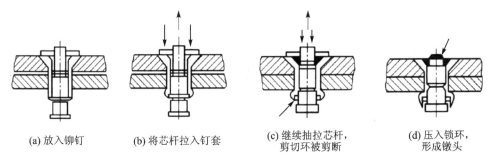

(a) 放入铆钉　(b) 将芯杆拉入钉套　(c) 继续抽拉芯杆，　(d) 压入锁环，
　　　　　　　　　　　　　　　剪切环被剪断　　　　形成镦头

图 2.26　鼓包型抽芯铆钉铆接工艺过程

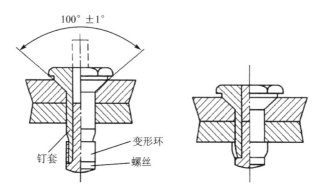

图 2.27　单面螺钉示例

2.5.2　环槽铆钉铆接

　　环槽铆钉,又称虎克(Huck)钉,由带环槽钉体与钉套两部分组成,环槽钉体如图 2.28(a)所示,铆接完成之后的环槽铆钉如图 2.28(b)所示。需要注意,环槽钉的铆接,不是镦粗钉杆,而是将钉套的一部分材料挤到钉杆的环槽内,形成紧固件,起到螺母的作用。

　　根据成形方式不同,环槽铆钉可分为拉铆型和镦铆型。拉铆型环槽铆钉使用拉枪铆接,迫使钉套在铆模作用下收缩变形,并把部分材料挤到环槽中,最后在拉断槽处拉断钉体,拉铆过程如图 2.29 所示。镦铆型环槽钉没有尾杆,可利用铆枪、铆模锤铆,或在自动铆接机上压铆。典型镦铆过程如图 2.30 所示,具体步骤如下:

　　① 放入铆钉,套上钉套;

　　② 冲头模腔套在钉套上,用顶把顶紧铆钉头;

　　③ 利用冲头锤击力将套环材料挤入环槽内,并依靠冲头特定窝型将套环成形为一定形状的镦头;

　　④ 完成铆接,防腐处理。

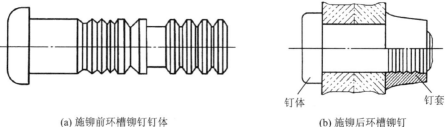

(a) 施铆前环槽铆钉钉体　　　　　　　　　　(b) 施铆后环槽铆钉

图 2.28　环槽铆钉示例

　　在实际连接中,可以使用环槽铆钉代替螺栓,这对于疲劳寿命的提高是有利的。

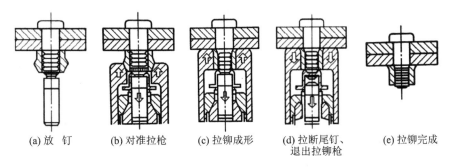

(a) 放 钉   (b) 对准拉枪   (c) 拉铆成形   (d) 拉断尾钉、   (e) 拉铆完成
                                          退出拉铆枪

图 2.29 拉铆型环槽铆钉铆接过程

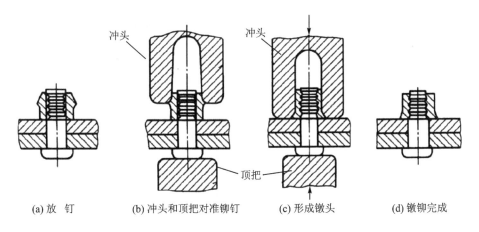

(a) 放 钉   (b) 冲头和顶把对准铆钉   (c) 形成镦头   (d) 镦铆完成

图 2.30 镦铆型环槽铆钉铆接过程

因为环槽铆钉的环槽较螺栓螺纹的应力集中小,且夹层的夹紧力大,铆接质量稳定,故不受操作人员的技术水平影响。一般情况下,与相同规格环槽铆钉相比,螺栓的拉脱力较低。例如,材料为 30CrMnSi、直径为 5 mm 的抗拉型环槽钉的拉脱力为 13 000 N,而同材料和同直径螺栓的拉脱力为 10 400 N。

2.5.3 高抗剪铆钉铆接

高抗剪铆钉铆接是一种适于承受剪切应力的紧固件,广泛应用于机身、机翼结构的受剪部位,能提高结构的疲劳性能,增加强度。

根据铆接方法的不同,高抗剪铆钉可分为采用拉铆型螺纹抽芯高抗剪铆钉和镦铆型高抗剪铆钉。应该指出,不同结构形式的铆钉,其铆接方法不同。

1. 螺纹抽芯高抗剪铆钉铆接

在选择铆钉长度时,应按被连接件的夹层厚度选择铆钉长度,铆钉体的光杆部分应露出夹层量不大于 1.0 mm,不允许凹入。选用制孔方法时,优先采用风钻铰孔。

螺纹抽芯高抗剪铆钉的施铆过程如下:

① 正式铆接前,应先进行试铆。试铆前,须检查铆钉型号是否与铆接件厚度相符合,一般情况下,试铆的铆钉数量不少于 5 个。

② 组合高抗剪铆钉时,应在螺钉上涂 ZL7 - 2 润滑脂。

③ 对于六角头铆钉,施铆时应使转接接头六角方孔套在铆钉体头上;对于 120°沉头铆钉,施铆时应使转接头解锥对准铆钉体头部的一字槽。

④ 铆接工具转接头应垂直且贴紧零件表面,如图 2.31 所示。

⑤ 抽铆的方法有:可以采用风扳机和专用转接器施铆成形,如图 2.32(a)所示;也可以使用手动螺纹抽铆扳手抽铆,如图 2.32(b)所示。

⑥ 若尾杆未被扭断,则可用夹钳等工具将其剪断,注意不能使铆钉发生松动。

⑦ 将螺钉尾杆凸出部分铣平或磨平。

⑧ 用定力扳手或定力解锥按规定转矩值抽检铆接连接力,即顺时针方向扭转铆钉体头,铆钉不转动为合格。

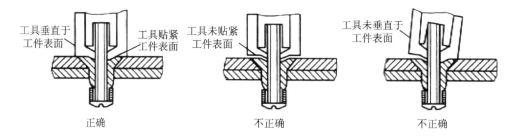

图 2.31　螺纹抽芯高抗剪铆钉铆接工具转接头位置

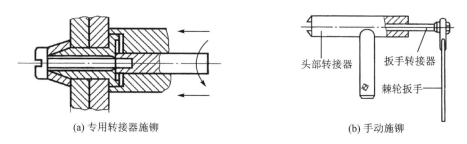

(a) 专用转接器施铆　　　　　　　　(b) 手动施铆

图 2.32　螺纹抽芯高抗剪铆钉铆接成形方法

2. 镦铆型高抗剪铆钉铆接

镦铆型高抗剪铆钉可采用正铆法或压铆法铆接,铆接时须使用带 60°窝的专用冲头。镦铆型高抗剪铆钉的施铆过程如图 2.33 所示。

2.5.4　钛合金铆接

钛合金材料具有强度高、耐热性好、耐腐蚀性好的优点,在飞机结构制造和装配

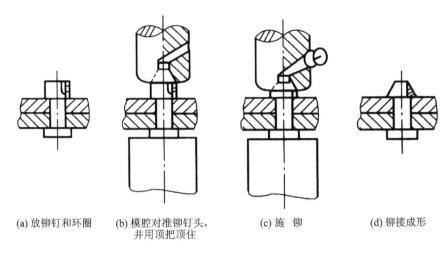

(a) 放铆钉和环圈　　(b) 模腔对准铆钉头，　　(c) 施　铆　　　(d) 铆接成形
　　　　　　　　　　　并用顶把顶住

图 2.33　墩铆型高抗剪铆钉铆接过程

工艺上有着较为广泛的应用，而钛合金铆钉则是其中之一。使用钛合金铆钉进行铆接，需要考虑到钛合金硬度高、塑性差的特点，因为较差的塑性会使得铆接过程中钉杆镦粗量不足，不利于填满钉孔和形成镦头，且还易产生裂纹。因此，在使用钛合金铆钉时，不宜采用锤铆法，而应尽量采用加热压铆，以克服钛合金冷加工性能差的缺点。研究表明，钛合金在加热到一定温度时可表现出良好的塑性，典型热铆加热方式如图 2.34 所示。

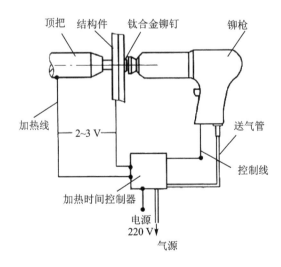

图 2.34　热铆加热方式

2.6　电磁铆接

2.6.1　电磁铆接原理

电磁铆接,又称为应力波铆接,是一种基于应力波冲击钉杆成形的高能率金属塑性加工技术,具有成形快、精度高、易控制等特点,现广泛应用于航空、航天、兵器工业等诸多领域。其基本原理是以冲击大电流瞬间释放强大的电能,经过电磁转换,产生强大的磁场力,以应力波形式加载于铆钉,使其成形。电磁铆接工艺过程主要有两种加载方式:一种是单面铆钉加载,即一端加载、一端固定;另一种是无头铆钉加载,即两端同时加载。

一般地,材料试验根据应变率范围可分为以下几类:

① 蠕变试验:材料应变率为 $10^{-8} \sim 10^{-5}$ s^{-1}。

② 准静态试验:材料应变率为 $10^{-5} \sim 10^{-1}$ s^{-1}。

③ 动态试验:对于低应变率动态试验,应变率为 $10^{-1} \sim 1$ s^{-1};对于中应变率动态试验,材料应变率为 $1 \sim 100$ s^{-1}。

④ 冲击试验:对于高速冲击试验,应变率为 $10^2 \sim 10^4$ s^{-1};对于超高速冲击试验,应变率为 $10^4 \sim 10^6$ s^{-1}。

普通铆接时的应变率为 $10^{-2} \sim 10^{-1}$ s^{-1} 量级,基本上属于准静态加载。但在电磁铆接时,材料的应变率可达 $10^2 \sim 10^3$ s^{-1},属于冲击加载类型,电磁冲击力产生的应力波在钉杆内传播、反射,使得钉杆材料发生塑性变形,从而形成镦头。

电磁铆接可以应用于各种材料铆钉的铆接成形,例如,将电磁铆接技术应用到钛合金和不锈钢等难成形材料铆钉的铆接中,可有效施铆并形成良好连接。将电磁铆接应用于大直径铆钉或厚夹层结构的铆接中,也可以实现良好的干涉配合铆接。

电磁铆接原理如图 2.35 所示,工作时,由高压脉冲电源对初级线圈放电,在线圈中产生冲击大电流,并形成一个强脉冲磁场,进而在次级线圈中感应产生涡电流。涡流磁场与原脉冲磁场方向相反,两个磁场的相互作用产生强大的冲击力,使放大器的输入端获得一个高强度、历时短的应力波脉冲,经放大器调制后的应力波幅值被放大,持续时间被延长,以使铆钉成形。应力波铆接时,顶把质量不必太大,理论上只需提供一个反射面。

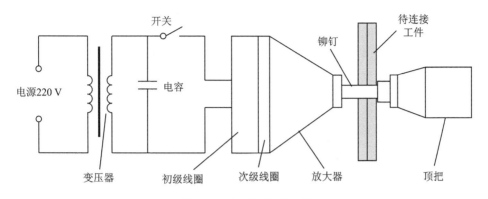

图 2.35　电磁铆接原理图

2.6.2　电磁铆接特点

与压铆等准静态加载方式不同,电磁铆明接过程中对顶杆的力学作用属于冲击加载,加载速率高、应变率大,这也使得电磁铆接技术明显不同于其他铆接方法。

① 采用电磁铆接方法进行铆接时,施铆成形时间短,铆钉一般能在几百微秒到几毫秒的时间内完成塑性变形。也就是说,钉杆膨胀和镦头成形几乎同步完成,因此在钉杆和钉孔间形成的干涉量较为均匀,而且当钉孔间隙较大或夹层厚度较大时仍能实现干涉配合,接头疲劳寿命长,这是普通铆接难以实现的效果。

② 通常来说,电磁铆接一次完成镦头的成形,避免了多次锤击加载使材料冷作硬化,可用于难成形材料铆钉的铆接。例如,对于 TB_2-1、A286 等难以成形的材料,采用锤铆时,铆钉镦头往往会产生剪切破坏;而采用电磁铆接时,铆钉能够顺利形成镦头。又如,对于 TB_2-1 钛合金铆钉的干涉铆接,采用电磁铆接时,即使结构厚度达到 4 倍铆钉直径,仍能保证沿钉杆轴线全长的干涉配合。

③ 电磁铆接是实现复合材料干涉配合铆接的理想工艺方法之一。由于电磁铆接的冲击加载距离为零,且施铆过程中的钉杆膨胀比较均匀,因此在对复合材料结构进行铆接时,不易产生初始安装损伤,并可实现比较理想的干涉配合,提高接头疲劳寿命。

④ 电磁铆接是一种低噪声的铆接工艺方法,手持式电磁铆接设备的绝对噪声小于 90 dB。另外,由于一次加载可完成镦头成形,因此对操作者听力的影响远小于锤铆时多次铆接的影响,也就是说,采用电磁铆接可明显改善劳动条件。

⑤ 电磁铆接的加载速率对铆接质量有很大影响,需根据具体铆钉材料选择合适的加载速率。例如,当电磁铆接力上升时间小于 0.5 ms 时,7050Al 铆钉容易产生微裂纹或绝热剪切破坏;而过高的加载速率则有可能导致 TB_2-1 铆钉镦头发生剪切破坏。

⑥ 电磁铆接需用专用的应力波铆接装置,其主要组成部分有高压脉冲电源、应

力波发射器、铆枪和顶把等。一般来说,应力波铆接装置可分为固定式和手提式两种,两种装置使用相同的电源,典型应力波铆接器结构如图 2.36 所示。应力波铆接装置中电容器组的电容量是固定的(约 240 μF),改变电容器充电电压,可提供不同数值的电能。例如,直径 4 mm 的 TB_2-1 铆钉约需电压 5 kV。注意,用手提式铆枪施铆时,电压需提高 10%,而且反铆比正铆需要的电压略高些。

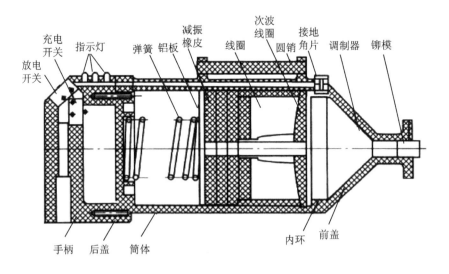

图 2.36　应力波铆接器结构示意图

2.7　自动铆接技术

　　自动铆接是指工件在自动铆接系统中,自动完成包括夹紧工件、钻孔、锪窝、送钉、施铆、铣平钉头、松开夹紧件等一系列工序,一个铆钉铆接完成之后自动定位至下一个铆钉位置。自动钻铆系统一般由钻铆机、托架系统、控制软件和相关附件等组成,系统能完成飞机零组件和紧固件孔的坐标定位、钻孔、锪窝、涂胶、工件夹层厚度测量、铆钉选择、施铆和铣削钉头(无头铆钉)等工序。实践表明,与手工铆接相比,采用自动钻铆系统可提高效率 7 倍以上,并具有节约成本、改善劳动条件、安装质量高等特点,可大大减少人为因素造成的缺陷,改善疲劳性能。

　　无头铆钉的自动铆接,可根据需求铆接呈凸头铆钉或埋头铆钉,典型工艺工程如图 2.37 所示。而对于特种铆钉的铆接,如环槽铆钉,钻孔和锪窝工艺与普通铆钉相同,但在送铆钉阶段,环槽铆钉还须送进钉套才能施铆,典型工艺过程如图 2.38 所示。

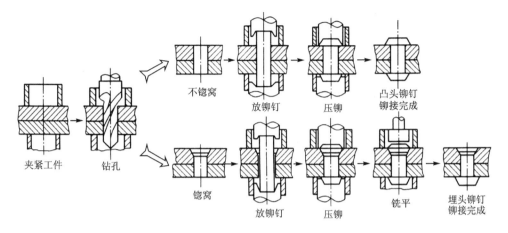

图 2.37 无头铆钉自动铆接过程

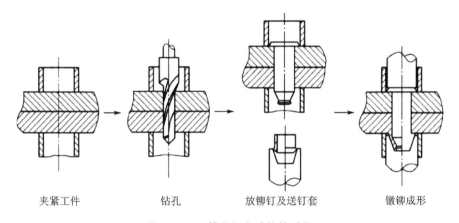

图 2.38 环槽铆钉自动铆接过程

2.8 铆接质量检查

2.8.1 普通铆接质量检查

铆接质量检查主要是铆钉头和镦头的质量检查,针对不同的内容,需选用不同的检查方法。常用检查内容和方法有以下几种:

(1) 铆钉头与零件表面的间隙检查

对于凸头铆钉,用厚度为 0.05 mm 的塞尺插入凸头铆钉头与被连接件之间,以塞尺不能接触到钉杆、不能自由移动为合格。对于埋头铆钉,用厚度为 0.05 mm 的塞尺插入钉头和窝之间,用力塞入塞尺,以不能接触钉杆为合格。但是,如果因接触钉杆而导致塞尺不能楔入,则不合格。图 2.39 为铆钉头间隙检查示意图。

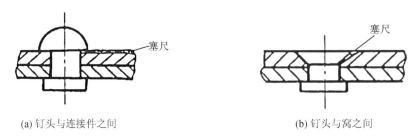

(a) 钉头与连接件之间　　　　　　　　(b) 钉头与窝之间

图 2.39　铆钉头与零件表面的间隙检查

(2) 沉头铆钉铆钉头的凸凹值检查

检查时,一般用塞尺比试,凭手指感觉检查,必要时用带有辅助支架的千分表检查。图 2.40 所示为沉头铆钉铆钉头的凸凹值检查示意图。

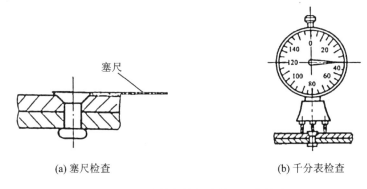

(a) 塞尺检查　　　　　　　　　　(b) 千分表检查

图 2.40　沉头铆钉铆钉头的凸凹值检查

(3) 镦头的直径和高度的检查

一般情况下,镦头的直径和高度用铆钉镦头卡规检查。即用卡规的通端检查镦头的允许最大直程及最小高度,卡规的止端检查镦头的允许最小直径。图 2.41 所示为镦头直径和高度检查示意图。

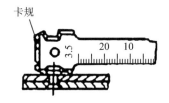

图 2.41　镦头的直径和高度检查

2.8.2　特种铆接质量检查

（1）螺纹抽芯高抗剪铆钉铆接质量检查

对于高抗剪铆钉而言，铆接质量检查主要是查看铆紧程度。一般可采用反转定力扳手进行检查，首先根据铆钉反转力矩的要求，选择反转定力扳手和解锥头；然后用组合定力工具按规定的扭矩逆时针扳动铆钉头，若铆钉不转动，则铆接合格。

（2）环槽铆钉铆接质量检查

对于拉铆型环槽铆钉成形和钉杆凸出量的检查，可选用卡规进行，如图 2.42 所示。

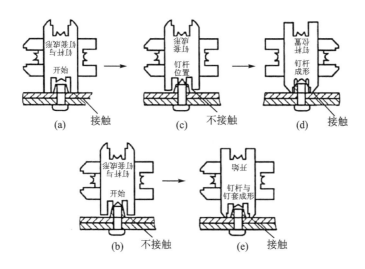

图 2.42　拉铆型环槽铆钉质量检查

卡规的具体使用方法如图 2.42 所示，可表述为：第一步，将卡规标注有"开始"的一端放在环槽铆钉钉套上，如图 2.42(a)和(b)所示。第二步，检查卡规两只脚与结构表面的相对位置。如果卡规脚与结构接触，如图 2.42(a)所示，则按第三步所述内容进行检查；如果卡规脚与结构表面不接触，如图 2.42(b)所示，则按第四步所述内容进行检查。

第三步，将卡规标注有"钉杆位置"的一端放在环槽铆钉钉套上，如果卡规脚与结构表面不接触，则钉杆位置合格，如图 2.42(c)所示；将卡规标注有"钉套成形"的一端放在环槽铆钉钉套上，当卡规在钉套上移动时，如果卡规两脚与结构表面能发生接触，则钉套成形合格，如图 2.42(d)所示。

第四步，将卡规标注有"钉杆与钉套成形"的一端放在环槽铆钉钉套上，如果卡规脚与结构表面发生接触，则钉杆位置为合格，如图 2.42(e)所示；如果卡规在钉套上移动时，卡规脚能接触结构表面，则钉套成形合格。钉杆位置和钉套成形都合格时，环槽铆钉铆接质量可判定为合格;否则,铆接质量不合格。

对于墩铆型环槽铆钉的钉套成形及钉杆凸出量检查,也可用卡规进行检查,具体使用方法和判定如图 2.43 所示。

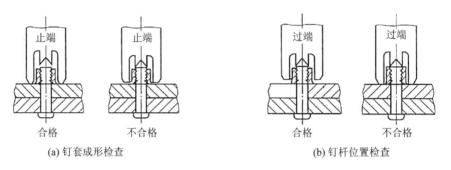

(a) 钉套成形检查　　　　　　　　　　　　(b) 钉杆位置检查

图 2.43　墩铆型环槽铆钉成形质量检查

(3) 干涉配合铆接质量检查

除了普通铆接的检查内容外,干涉配合铆接质量检查的重点就是干涉量检查。一般情况下,可按下列要求进行检查:

① 孔径用铆钉孔量规百分之百检查;

② 铆钉窝用窝量规百分之百检查;

③ 用镦头卡规检查镦头尺寸;

④ 用抽真空的方法进行气密检查。

需要注意,检查工具应按干涉配合铆接技术条件的要求设计,如铆钉孔量规、窝量规、傲头卡规等。

对于干涉配合铆接的干涉量检查,可按以下方法进行:

① 制作检查试件,试件尺寸如图 2.44 所示。而且,应保证试件材料、厚度、选用铆钉与产品情况相同,此外,还应保证试件加工用的工具、设备、施工条件、工艺参数等与产品加工时的情况相同。

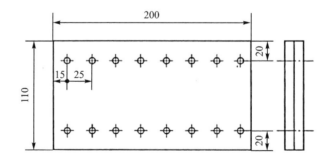

图 2.44　干涉量测量试件

② 制孔完成后,用工具显微镜测出试件铆钉孔中互相垂直的两个方向上的直径,然后取直径的平均值为铆接前的钻孔直径。

③ 试件铆接完成后,对铆钉及铆钉孔进行铣切,然后进行解剖,以测量铆接后的顶杆直径。试件解剖的方法主要有两种:横切法和纵切法。

横切法:首先用铣刀逐层铣切并打磨光,将试件浸泡在 10%～15% 浓度的氢氧化钠水溶液中,历时 10～15 min,用水冲洗;接下来,再将试件浸泡在 5%～10% 浓度的硝酸水溶液中 3～5 min,用水冲洗并擦净;然后用工具显微镜测得每层互相垂直两个方向的直径,取直径平均值,即为铆接后的铆钉直径;最后利用式(2.6)和式(2.7)可计算各层的干涉量。锪窝层干涉量的测量需要得到测量层处的铆前窝直径,如图 2.45 所示,可按下式计算,即

$$E = D - \tan\frac{\alpha}{2} \tag{2.8}$$

式中:E 为沉锪头窝测量层铆前直径,mm;D 为沉锪头窝直径,mm;α 为沉锪头窝角度。

纵切法:沿孔轴线将板切开,取出铆钉直接测量钉直径。这种方法测量方便,但铆钉取出后有回弹,不够准确。

(4)铆接夹层厚度的检查

对于单面连接件,在安装之前应检查铆接夹层的厚度,可用孔深测量尺检查,其典型结构如图 2.46 所示。

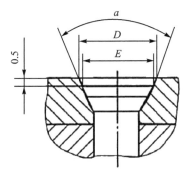

图 2.45　沉锪头窝测量层的直径及钉杆凸出量的检查

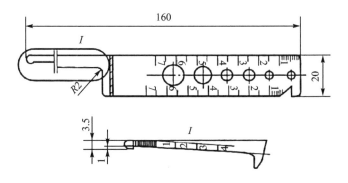

图 2.46　孔深测量尺

思考题

1. 简要分析芯棒直接挤压和加套挤压的区别。
2. 压窝和锪窝的区别是什么？如何选用？
3. 请分析普通铆接中锤铆、压铆和电磁铆接的区别。
4. 对比分析各种铆接方法的特点。
5. 分析铆接干涉量对疲劳寿命的影响。
6. 简要说明孔强化增加疲劳寿命的机理。
7. 密封铆接的形式有哪些？
8. 举例说明特种铆钉的应用。

第 3 章　螺纹连接技术

3.1　螺纹连接形式和工艺过程

螺纹连接是一种可拆卸的固定连接,连接结构简单、可靠、装拆方便,在飞机生产制造中得到了广泛应用。螺纹连接形式多种多样,常见的连接形式和工艺过程介绍如下:

(1) 用螺栓(钉)和螺母连接,简称"螺栓连接"

螺栓连接示意图如图 3.1 所示。螺栓连接适用于组件之间的连接、接头连接、部件对接以及设备和成品系统的安装等,它是最基本的、应用最广的螺纹连接形式,结构简单,安装方便,能承受较大载荷。基本工艺过程包括工件夹紧、确定孔位、制孔、制窝、倒角与倒圆、紧固件安装、定力、防松和涂漆等。

(2) 用螺栓(钉)和托板螺母连接,简称"托板螺母连接"

托板螺母连接示意图如图 3.2 所示。托板螺母连接适用于封闭、不开敞、经常拆卸部位,托板螺母有双耳、单耳、角形、气密、游动等类型,其中,双耳托板螺母的受力较好,游动托板螺母安装方便。安装时,要注意托板螺母的螺纹孔与被连接件螺栓孔的协调。基本工艺过程包括工件夹紧、确定孔位、制孔、铆接托板螺母、制窝、倒角与倒圆、紧固件安装和涂漆等。需要注意,铆接托板螺母的工作有两种情况。情况一:在被连接件上同时制螺栓孔时,主要包括分解活动构件、在固定构件上铆接托板螺母、重新定位、安装活动构件等步骤。情况二:在两个被连接件上分别制螺栓孔时,制孔

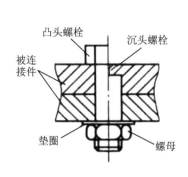

图 3.1　螺栓连接示意图

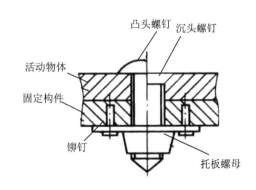

图 3.2　托板螺母连接示意图

和铆接托板螺母工作包括在固定构件上制螺栓孔、铆接托板螺母、将活动构件定位安装在固定构件上、按固定构件上的孔在活动构件上制螺栓孔,最后固定活动构件。

（3）用高锁螺栓和高锁螺母连接,简称"高锁螺栓连接"

高锁螺栓连接示意图如图 3.3 所示。与螺栓连接相比,高锁螺栓连接质量轻、疲劳性能好、自锁能力强,有较高而稳定的拧紧力,可实现单面拧紧,因此,一般用于较重要的连接。普通高锁螺栓连接示意图如图 3.3(a)所示。MD 型高锁螺栓又称 MD 销钉,连接示意图如图 3.3(b)所示。基本工艺过程包括工件夹紧、确定孔位、制孔、制窝、倒角与倒圆、紧固件安装和涂漆等,该连接形式一般不需定力。

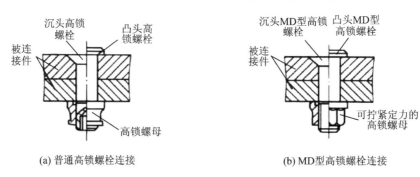

(a) 普通高锁螺栓连接　　　　　　　　　(b) MD型高锁螺栓连接

图 3.3　高锁螺栓连接示意图

（4）用锥形螺栓和螺栓螺母连接,简称"锥形螺栓连接"

锥形螺栓连接示意图如图 3.4 所示。采用锥形螺栓连接,可以在螺栓与孔之间形成较均匀的干涉量,提高结构的疲劳寿命,因此常用于主要受力部位的连接。但是,这种连接形式对孔的精度和表面质量要求较高,孔加工较困难,特别是加工沉头锥形螺栓孔,需要使用特制刀具。基本工艺过程包括工件夹紧、确定孔位、制孔和窝、倒角与倒圆、紧固件安装、防松和涂漆等。

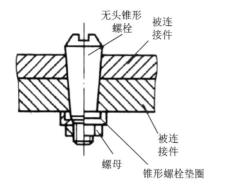 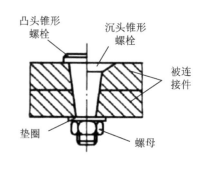

(a) 无头锥形螺栓连接　　　　　　　　　(b) 有头锥形螺栓连接

图 3.4　锥形螺栓连接示意图

（5）螺钉与基体零件上的螺纹孔连接，简称"螺纹孔连接"

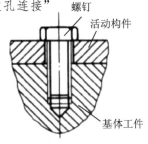

螺纹孔连接示意图如图 3.5 所示。该方法的实质是用被连接件上的螺纹孔代替螺母，通常适用于安装通路不好或特殊结构上。基本工艺过程包括工件夹紧、确定孔位、制孔、制窝、倒角与倒圆和紧固件安装等。在安装时，为了防松，常在安装螺栓或螺钉的基体零件孔内涂胶。

图 3.5　螺纹孔连接示意图

（6）螺柱基体零件上的螺纹孔连接，
　　简称"螺柱连接"

螺栓连接示意图如图 3.6 所示。螺柱连接适用于夹层厚度大的钢、铝、镁合金材料的零件，一般来说，螺柱有一端利用螺纹与基体零件上的螺纹孔连接。另外，洛桑型螺柱连接具有防松自锁性能。

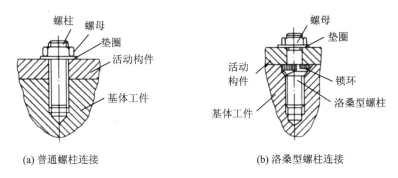

(a) 普通螺柱连接　　　　　　　　　　(b) 洛桑型螺柱连接

图 3.6　螺柱连接示意图

（7）用螺钉（柱）和螺套连接，简称"螺套连接"

螺套连接示意图如图 3.7 所示。螺套是一种螺纹嵌入物，具有防松作用，特别是洛桑型螺套，在振动、温度变化情况下能保证可靠的固紧。螺套连接就是将螺套嵌入孔中，以加强螺纹孔的作用，该连接主要用于强度较差易损的基体零件上。由于螺套

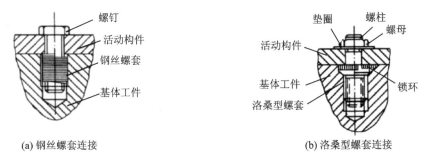

(a) 钢丝螺套连接　　　　　　　　　　(b) 洛桑型螺套连接

图 3.7　螺套连接示意图

具有一定的弹性,使得螺纹受载均匀,改善了应力分布,提高了螺柱(螺钉)疲劳寿命;在连接件承受载荷时,螺套起缓冲减振的作用。

(8) 用螺柱(钉)和自攻螺套连接,简称"自攻螺套连接"

自攻螺套连接示意图如图 3.8(a)所示。连接时,将自攻螺套旋入基体孔内,起加强基体连接强度的作用,该方法适用于铝、铁合金或非金属材料的零件。

(9) 自攻螺钉连接

自攻螺钉连接示意图如图 3.8(b)所示。自攻螺钉连接属于单面螺纹连接,连接形式简单,适用于连接承力很小的结构,如仪表板固定。

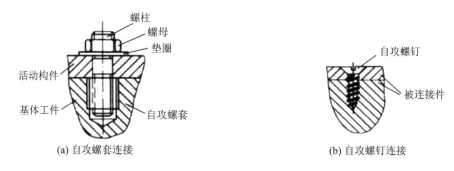

(a) 自攻螺套连接　　　　　　　　　　(b) 自攻螺钉连接

图 3.8　自攻螺套连接和自攻螺钉连接示意图

3.2　典型螺栓安装工艺

3.2.1　高锁螺栓安装工艺方法

高锁螺栓具有快速安装、强度高、质量轻、安装方便等特点,而且可控制安装过程中的夹紧力,连接结构疲劳寿命高。高锁螺栓、螺母的安装过程如图 3.9 所示,基本工艺过程包括工件夹紧、确定孔位、制孔、制窝、倒角与倒圆、紧固件安装和涂漆等。

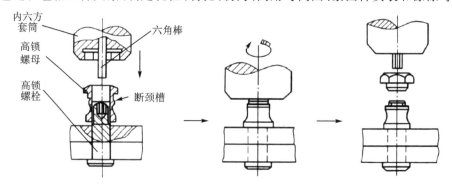

图 3.9　高锁螺栓安装过程

3.2.2　锥形螺栓安装工艺方法

锥形螺栓安装过程如图 3.10 所示。先用手指将螺栓压入孔中,对于开敞性较好的位置,可用工具打击螺栓使其就位;对于不开敞处,可通过拧螺母使其就位,并按图样规定的拧紧力矩值拧紧螺母。螺母拧紧后,螺栓下部支撑面应与工件表面或沉头窝贴合。

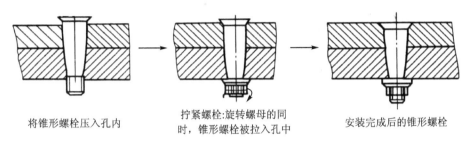

将锥形螺栓压入孔内　　　　拧紧螺栓:旋转螺母的同　　　　安装完成后的锥形螺栓
　　　　　　　　　　　　　时,锥形螺栓被拉入孔中

图 3.10　锥形螺栓安装过程

3.3　螺纹连接定力

螺纹连接定力能有效提高连接的可靠性和疲劳强度,并增强紧密性和刚性。一般情况下,螺栓连接的拧紧扭矩需克服螺母与被连接件或垫圈支撑面间的摩擦力矩、螺纹副的摩擦力矩、因螺纹斜面受力而产生的阻力矩,以及使螺栓产生的轴向力。拧紧扭矩可表述为

$$M = kQd \qquad (3.1)$$

式中:M 为螺栓的拧紧扭矩,N·mm;Q 为螺栓承受的轴向力,N;d 为螺栓直径,mm;k 为拧紧力矩系数。

拧紧力矩系数的取值与螺纹外角、螺纹副当量摩擦角、螺纹中径、螺母支撑面外径、被连接件或垫圈孔直径、螺母与被连接件或垫圈接触压面组合的摩擦因数等有关。对于 M10~M68 的合金钢螺栓,当螺纹无润滑时,拧紧力矩系数 k 可取 0.2。

在目前的生产中,通常采用定力扳手来拧紧的方法,进行螺栓、螺钉、螺柱的定力拧紧,如图 3.11 所示。该方法易于实施、应用范围广,但误差较大。

预载指示垫圈法是利用特殊垫圈来控制螺栓拧紧扭矩的方法,该方法使用方便、误差较小,目前在大型飞机上的一些重要螺栓连接已采用。对于高锁螺栓来说,拧紧与定力是同时完成的,当高锁螺母工艺部分在细颈处被拧断时便自行达到了螺栓定力要求,并且可使螺栓获得高而稳定的夹紧力和锁紧性能,因此在飞机比较主要的连接部位的应用很广泛。此外,还有螺栓伸长测量法及电阻应变计理法等。

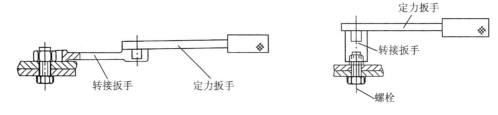

图 3.11　用定力扳手拧紧螺栓

3.4　螺接质量检查

3.4.1　普通螺栓安装质量检查

　　普通螺栓(钉)的质量检查内容包括螺纹露出螺母长度的检查、螺栓光杆在夹层中位置的检查、沉头螺栓头凸凹量的检查、螺栓(钉)的防松检查以及螺栓头或螺母单向间隙的检查。其中,用塞尺检查螺栓安装单向间隙的方法如图 3.12 所示。

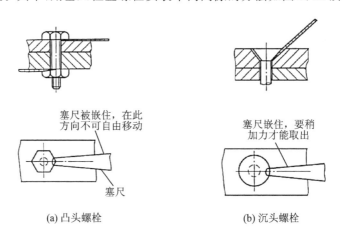

(a) 凸头螺栓　　　　　　　　　　　(b) 沉头螺栓

图 3.12　螺栓头和螺母单向间隙检查

3.4.2　锥形螺栓安装质量检查

　　为确保锥形螺栓安装后的干涉量,安装过程中需检查螺栓头部凸出量 P 值。检查方法如下:

　　① 将螺栓压入孔内;

　　② 用卡尺或 TLG 型量规检查凸出量 P 值;

　　③ 对于沉头螺栓,从螺栓头顶端测量到结构表面的距离;

　　④ 对于凸头螺栓,从螺栓头部下缘测量到结构表面的距离;

⑤ 调整 TLG 型量规指示器到适用的分号,点 A 相当于最大允许 P 值,点 B 相当于最小允许 P 值,即当螺栓头部处于 A 点和 B 点之间时,P 值为合格,如图 3.13 所示;

⑥ 当钻孔夹具妨碍 TLG 型量规使用时,可采用单脚式或管式量规检查 P 值。

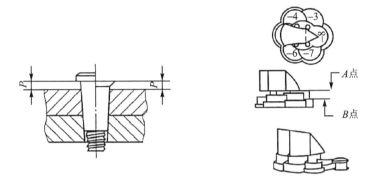

图 3.13　锥形螺栓 P 值检查

3.4.3　拧紧扭矩检查

通常可采用定力扳手和 PLI 预应力指示垫圈进行拧紧扭矩的检查,用定力扳手检查拧紧扭矩的基本步骤如下:

① 用定力扳手将螺母拧紧到规定数值,然后在螺母、螺栓头和被连接件上做出标记,如图 3.14 所示;

② 用普通扳手将螺母拧松半圈;

③ 用校正合格的定力扳手重新拧紧螺母;

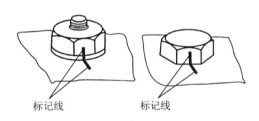

图 3.14　拧紧扭矩检查标记

④ 检查螺母与被连接件上标线的重合情况,当标线不重合数值在规定范围内时,拧紧扭矩为合格;

⑤ 检查螺栓头、螺母与被连接件的贴合情况。

思考题

1. 试分析螺纹连接技术与铆接技术的区别。

2. 常见的螺纹连接形式有哪些?

第4章 焊接技术

4.1 概 述

焊接是以加热或加压或同时加热加压的方式,将两种或两种以上同种或异种材料通过分子或原子间的结合和扩散连接在一起的工艺过程。一般来说,基本的焊接方法可分为熔焊、接触焊、钎焊和固态连接焊等。在飞机的装配过程中,焊接技术是连接技术中重要的组成部分,同时也是飞机机体及发动机容器、管路和一些精密器件制造不可或缺的技术。而且,随着焊接工艺标准不断完善和科学技术的不断进步,焊接技术在航空航天工业上的应用也得到了迅速发展。下面简要介绍几种先进焊接技术。

(1) 激光焊接技术

激光焊接技术以激光束为能源,使其冲击在焊件接头上以达到焊接的目的,基本原理如图 4.1 所示。激光焊接技术具有加热范围小、焊接速度快、生产率高、焊后残余应力和变形较小等优点,便于实现高精度焊接。目前激光焊接技术已成功应用于机翼内隔板、飞机机身与加强筋的连接。使用激光焊接技术替代铆接技术,可大幅度减轻飞机质量,如空客 A380 飞机在引进激光焊后机身总质量减少 18%,从而降低油耗以及污染排放,控制运营成本。

(2) 电子束焊接技术

电子束焊接技术是指利用加速和聚焦的电子束轰击置于真空或非真空中的焊接面,使待焊工件熔化,从而实现焊接,基本原理如图 4.2 所示。电子束焊接技术具有焊缝质量轻、精度高、强度好、构件整体化制造水平高等优点,在飞机制造中,需采用大型、专用、控制精度高、自动化程度高的电子束焊接设备。目前,电子束焊接技术已成功应用于飞机起落架焊接,例如波音 727 以及 Aermet100 的起落架均使用电子束焊接技术,而且国内也已经将电子束焊接技术成功应用于军用发动机的制造。但是,在大型整体结构件方面,目前还存一定的应用局限,特别是钛合金等高强度合金。

(3) 搅拌摩擦焊接技术

搅拌摩擦焊接技术的基本原理是:利用高速旋转的非损耗特殊搅拌头插入被焊工件,并不断剪切和摩擦被焊工件,使待焊材料加热至塑性状态,在高速搅拌头旋转和挤压作用下,塑性状态的工件材料发生移动、扩散,进而连接形成致密的金属间固相连接,如图 4.3 所示。搅拌摩擦焊具有焊接过程热输入较少、焊后无变形、残余应

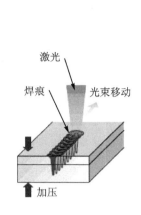

图 4.1　激光焊接技术示意图

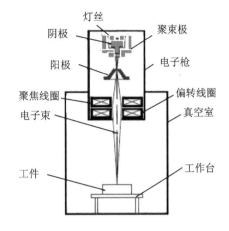

图 4.2　电子束焊接技术示意图

力较低、焊接质量稳定、不增加被焊接件质量等优点。

　　在飞机制造中,搅拌摩擦焊技术的应用在降低制造成本、减轻结构质量和提高连接质量方面具有显著的优越性。例如,用搅拌摩擦焊接代替铆接,既可提高连接速度,还可大大减轻飞机连接装配的质量。在搅拌摩擦焊过程中,没有飞溅、电弧等强烈的电磁干扰,便于实现数字控制和生产自动化。目前,搅拌摩擦焊技术已成功应用到空客 A340、A350 以及 A380 等飞机的装配连接过程中。

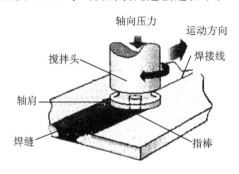

图 4.3　搅拌摩擦焊示意图

4.2　点焊原理及工艺过程

4.2.1　基本原理

　　点焊的基本原理是:依靠工件内部电阻和接触电阻所产生的热量,使被夹紧工件间接触处局部加热到熔化温度,断电后冷却结晶形成焊点,完成焊接,焊点周围温度分布如图 4.4 所示。根据焦耳-楞次定律,点焊时所产生的热量为

$$Q = I^2 R t \tag{4.1}$$

式中：I 为极间电流；t 为通电时间；R 为总电阻，它包括工件内部电阻、工件之间的接触电阻和零件与电极之间的接触电阻，其中零件内阻在热量产生时起主导作用。

需要注意的是，式（4.1）计算出来的热量为焊接过程中的总热量，而实际的有效热量一般为总热量的 $10\%\sim30\%$。点焊时，自身电阻系数低的材料通电时产生的热量少，形成焊点需要的电流大；反之，电阻系数高的材料，在通电时产生的热量多，形成焊点所需的电流小。另外，由于待焊工件在接触表面存在接触电阻，通电后此处的金属首先被加热到最高温度，材料发生熔化，从而促使焊点形成且分布在接触面的两侧。

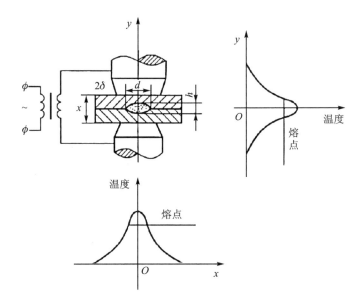

图 4.4　焊点周围温度分布示意图

点焊是接触焊中的一种，接头形式为搭接，只在有限的接触面积上进行焊接，即"点"上进行焊接，并使得接头区金属熔化而形成"焊点"。如果焊成的一系列焊点彼此部分地重叠而形成连续的焊缝时，则称这种接触焊为"缝焊"，焊缝具有密封性。

4.2.2　典型工艺过程

焊点形成过程大致可分为以下几个阶段，如图 4.5 所示，其中，图 4.5（b）为焊点形成过程中压力和电流的变化曲线，与点焊各阶段相互对应，t_0 为开始施加预压力时刻，t_1 为电极通电时刻，t_2 为电极断电时刻，t_3 为预压力减小为零时刻。

第 1 阶段：利用焊机电极对待焊工件施加预压力，保证待焊工件在焊接处紧密接触。

第 2 阶段：电极间开始通电，由于零件内部电阻和接触电阻的存在，待焊工件被局部加热，而且，热量主要集中在电极接触表面之间的金属圆柱内，尤其是工件之间接触处的金属首先被加热到融化温度，使焊点核心处金属熔化。

第 3 阶段:断电,使待焊工件在压力下冷却,熔化的核心开始凝固,并形成坚固的焊点,最后将预压力卸载至零,断开焊机电极。

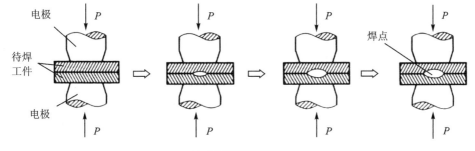

(a) 点焊过程示意图

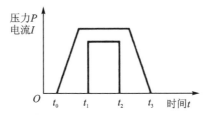

(b) 点焊过程中压力和电流的变化示意图

图 4.5 焊点形成过程示意图

点焊工艺过程如下:

① 待焊部位的清理与准备;

② 工件装配及定位;

③ 暂时固定(暂焊)以保证零件配合间隙,并从夹具中取出待焊工件;

④ 焊接;

⑤ 检验,点焊质量通常可用对比件进行破坏检验;

⑥ 表面防蚀处理,一般是焊后喷漆防蚀。

在整个焊接过程中,对焊接质量影响较大的工艺因素有以下几种:

① 待焊部位表面清理。焊接前要用机械打磨或化学处理方法对待焊部位进行清理,因为金属表面状况对接触电阻有很大影响。例如,铝合金表面极易生成熔点高、电阻大的 Al_2O_3 膜,再加上其他异物的影响,会导致接触电阻增大,且焊缝各处电阻不等,从而造成焊点质量不稳定。

② 电极压力。在通电之前,电极压力要达到规定值,以确保焊点的形成,如果压力不够,接触电阻必然增大,通电时产生热量过大,可能将焊件烧穿或烧坏电极接触表面,还可能使焊件表面熔化而发生外部飞溅。在断电以后,为避免焊点核心外围的金属冷却快导致的缩孔和裂纹,可采用断电后保压或加压的方法,帮助核心冷凝收缩。此外,还需注意断电后的加压时间,电极断电后,将阻碍核心收缩,容易形成缩

孔,甚至产生裂纹。在金属凝固时用保持或加大电极压力(锻压力)的方法,帮助核心冷凝收缩,可避免产生缩孔和裂纹;不仅锻压力大小很重要,而且加压时间也要恰当。加压过早,会把熔化金属挤出来,产生飞溅或使焊件表面凹陷过深;加压过晚,核心已凝固,则不起作用。

③ 电流大小和通电时间。电流大小及通电时间的控制主要取决于待焊工件材料的导电性和导热性。例如,由于铝件散热快,在焊接时,铝比钢的焊接电流要大,通电时间要短;否则不能形成焊点。

④ 焊机和电极几何参数。例如,大功率低频直流脉冲式点焊机比普通大功率点焊机更适于焊接铝合金。电极接触表面的形状和尺寸会影响到焊件的接触情况和焊接时通过焊件的电流密度,铝合金的点焊一般采用球形表面电极。

除上述工艺因素外,还有一些结构因素对点焊质量影响较大,主要包括:

① 待焊工件材料。点焊质量首先取决于材料的可焊性,主要是指材料的导电性和导热性。如果焊件材料不同,则它们的物理特性必须相近,而且要注意它们的厚度比。例如,焊接低碳钢和合金钢等不同牌号的材料时,焊点会移向内阻较大、热传导系数较小的工件一边,因为内阻大、热传导系数较小的材料散热较慢。因此,当两种不同的(相近的)材料焊接时,应使导热、导电性较差的工件薄一些,而另一个较厚些。这样可使点焊过程简化,两工件上的传热速度接近,容易获得较高的焊点质量。

② 待焊工件厚度。点焊一般要求待焊工件为两个薄板,厚度除了受点焊机焊接范围的限制外,还需考虑厚度比的影响,对于铝合金焊件,厚度比不应大于1∶2。焊接两个厚度不同的工件时,焊点一般会偏向工件较厚的一边,这是因为较薄工件的内阻小、散热快。厚度差愈大,焊点的偏移越严重,对连接强度的影响也越大。图 4.6所示为两层厚度不同工件的焊接方法,图 4.7 所示三层板件的点焊方法。

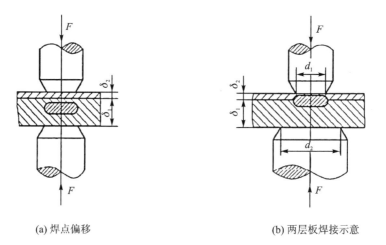

(a) 焊点偏移   (b) 两层板焊接示意

图 4.6 两层不同厚度焊件焊接

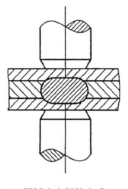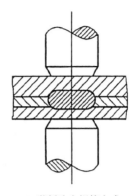

(a) 厚板决定焊接方式　　　　　　　(b) 薄板决定焊接方式

图 4.7　三层板件焊接

③ 焊缝尺寸和形状,包括焊点核心直径、搭接宽度以及焊点距离等因素。焊点直径的大小直接影响连接强度,一般可用 $d = 2\delta + 3$ mm(δ 为焊件厚度)估算。焊缝搭接宽度小于规定最小值时容易引起飞溅,造成焊接缺陷。焊点距离过小会造成分流,即焊接时有部分电流经邻近焊点和焊件形成通路,使得实际电流小于规定的焊接电流而造成加热不足,影响焊点质量。此外,待焊工件结构的开敞性、焊件结构尺寸和点焊机工作尺寸等均对点焊质量有影响。

4.3　胶接点焊

4.3.1　典型工艺过程

胶接点焊(简称"胶焊")是一种将胶接和点焊相结合的混合连接工艺,旨在综合胶接和点焊的优点,将这种技术应用在飞机铝合金结构上,可有效降低成本,提高连接强度。与单独的点焊相比,其静强度及疲劳强度都有显著提高,并改善了耐腐蚀性能;与铆接和胶接相比,能降低成本并减轻质量。目前,胶接点焊结构已在国内外多种型号的飞机机体上采用,主要广泛应用于蒙皮-桁条结构的连接,如图 4.8 所示。

1. 基本工艺过程

胶焊连接有两种不同的工艺过程:一种是"先胶后焊"(焊前涂胶),即先在零件胶合面上涂胶,然后进行点焊,如图 4.9(a)所示;另一种是"先焊后胶"(焊后涂胶),即先进行点焊,然后在接头缝隙处注胶,如图 4.9(b)所示。"先胶后焊"基本工艺过程为:预装配—表面清理—涂胶—装配和定位—点焊—固化—检验—阳极化处理。"先焊后胶"基本工艺过程为:预装配—表面清理—装配和定位—点焊—涂胶—固化—检验—阳极化处理。

使用胶接点焊进行机械连接时,工件配合面间隙的要求比点焊要求更高,间隙一

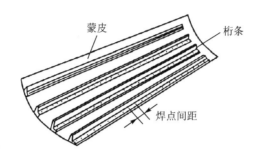

图 4.8　胶焊用于蒙皮和桁条连接

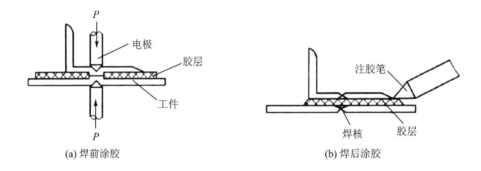

(a) 焊前涂胶　　　　　　　　　　　　　　　(b) 焊后涂胶

图 4.9　焊前涂胶和焊后涂胶示意图

般应不大于 0.5 mm,但也不能太小,一般应大于 0.02 mm,否则将造成渗胶困难。此外,工件表面清理的要求也很高,不仅要保证点焊时接触电阻的要求,还要为胶接提供稳定、耐久的活性表面,常用的清理方法有磷酸钝化(磷酸和重铬酸钾溶液)并进行机械打磨、喷淋工艺(FPL 法)或 FPL -重铬酸盐填充法以及低电压磷酸阳极化(磷酸-重铬酸钠阳极化)处理等方法。需要注意,先胶后焊是在已涂胶条件下进行点焊,此时的接触电阻可能会大大增加,涂胶后不需晾置可立即叠合,以便在胶液活性期内进行点焊。而且点焊时,必须采取特殊焊接规范,以降低接触电阻和焊核开裂的可能性。

2. 胶黏剂的要求

在选择胶黏剂时,除了需满足一般结构胶黏剂的要求外,胶焊用胶黏剂还需满足一些特殊要求,主要包括:

① 足够长的活性期,以保证在凝固之前完成涂胶或点焊过程。

② 胶液应具有良好的湿润性和流动性。对于先焊后胶,胶的流动性应更大些,以利于渗入和充满间隙。胶黏剂中一般都含有溶剂,以便增加流动性,但溶剂也不宜过多,否则挥发不好,易出现气孔。对于先胶后焊,胶的黏度应稍大些,要有一定的触变性,以防止流胶,要求能在电极的压力下良好地排挤开。一般不加入溶剂,而加入适当的填料(如炭黑等)。

③ 胶黏剂的固化温度以不改变金属性能为准,一般应在 120 ℃ 以下固化。

④ 固化后的胶层弹性及密封性要好。良好的弹性可以保证胶层不易破损,疲劳性能好;而良好的密封性有利于防止阳极化时电解液浸入。

⑤ 在阳极化处理时所用的酸碱溶液中,应具有足够的化学稳定性,应能有效地封闭胶缝,应能防护金属基体,至少对基体无害。

⑥ 胶黏剂不污染电极,在电极压力下易从焊点处被挤开,在焊接过程中不易被碳化或分解。

4.3.2　胶焊方法选用

下面将从工艺特点、承载特性和适用性等方面对胶接点焊"先胶后焊"和"先焊后胶"这两种不同的工艺过程进行比较和分析。

从工艺特点方面看,先胶后焊是先在零件胶合面上涂胶,然后进行点焊。先胶后焊操作过程较为麻烦,且由于胶液临近活性期末尾,焊核内部易产生缺陷,点焊时胶液易发生外流而污染电极,胶焊质量不易保证。此外,工作地环境要求较高,先胶后焊的工件变形更难校正。因此,先胶后焊法一般很少采用。

先焊后胶是先进行点焊,然后在接头缝隙处涂胶。先焊后胶工艺过程比较简单、方便,且点焊、胶接工序分开进行,工作面扩大;焊接变形也易校正,产品质量较好。因此,"先焊后胶"是目前最常用的。工艺过程的关键是要使胶液充分填满焊缝间隙,以保证阳极化时电解液不渗入缝隙。此外,还要求固化前的晾置时间较长,以使胶液中的溶剂充分挥发。

从承载特性方面看,先焊后胶由焊点承受外载荷,胶层只起密封、防腐与补强作用;先胶后焊主要由胶缝承受载荷,而焊点在胶层固化时起定位、加压作用。

从适用性方面看,先焊后胶最适用于连接薄蒙皮与部件骨架这一类结构,尤其是蒙皮-桁条式板件,其他主要还用于框、肋、口盖等构件上。先胶后焊最适合于大宽度(40 mm 以上)垫板的连接(搭接缝宽),以及多排焊点、罩盖、盒形件以及波纹板等几何形状比较复杂、胶液不易注入的构件。

需要注意,胶焊与点焊相比工序增多、工艺过程复杂,生产率较低,成本比纯点焊高。因此,对一些受力不大的构件,可选用点焊结构,焊后用涂漆防腐。而对于受力较大并要求阳极化处理的铝合金结构,则采用胶接点焊。

思考题

1. 影响点焊质量的工艺因素有哪些?
2. 请简述焊点的形成过程。
3. 胶接点焊所用胶黏剂有何特殊要求?
4. 胶焊方法如何选用?

第 5 章　胶接技术

5.1　胶接机理和胶黏剂

5.1.1　概　述

　　胶接是通过胶黏剂的作用把被黏物连接在一起,并形成胶接接头的连接技术。在通常情况下,胶接可作为铆接、焊接和螺栓连接的补充;在特定条件下,胶接可提供一些特定功能,如密封、防腐等。

　　被黏物间的胶接强度包括胶黏剂与被黏表面之间的"黏附力"(即交界面上不同分子间的作用力)、胶黏剂固化后本身产生的"内聚力"(即胶黏剂分子间相互束缚在一起的作用力)和被黏物本身的内聚力。在外力作用下,若黏附力小于内聚力,破坏可能发生在胶层与被黏物之间的界面上,称为"黏附破坏";若内聚力小于黏附力,破坏则可能发生在胶层或被黏物本体,称为"内聚破坏"。当然,在外载作用下,也可能同时出现内聚破坏和黏附破坏。为研究胶接机理,根据接头微观结构,可得胶接接头结构示意图如图 5.1 所示。

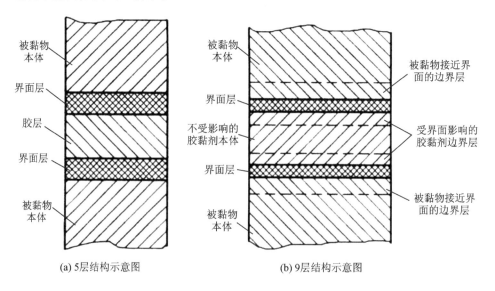

(a) 5层结构示意图　　　　　　　　(b) 9层结构示意图

图 5.1　胶接接头结构示意图

当胶接接头受到外力作用时,接头各层间结构均分布有应力,组成接头的任何一部分被破坏,都将导致整个接头的破坏。因此,胶接接头的强度实质上取决于接头各组成部分的内聚力及相互间的结合力,同时又与接头应力分布状况有密切关系。在胶接机理研究中,必须区分界面黏附力与各个材料区域的内聚力。

与其他连接形式相比,胶接能最充分地利用被黏材料的强度,因为胶接不需要钻孔,不会减小材料的有效横截面积;采用胶接,可有效地减轻结构质量,因为胶接不用铆钉、螺栓等金属连接件;胶接接头可根据使用要求来选取相应的胶黏剂,以满足一些特定功能,如导电、导磁、密封等;胶接可用于金属材料之间或非金属材料之间的连接,也可用于金属与非金属材料之间的连接;胶接接头耐环境能力强;胶接对操作的熟练程度要求低,生产易于自动化,生产效率高,成本低。

采用胶接能够比较好地满足飞机表面平滑度、结构比刚度和比强度方面的要求,提高破损安全性,延长飞机的使用寿命。金属胶接在飞机结构上的应用,起初用于蒙皮与桁条的连接,后来主要应用于蜂窝夹层结构和泡沫夹层结构上。但是,胶接也存在一些问题和缺点,如胶接质量受影响因素多,性能分散性较大;胶接质量不易检查;胶黏剂以高分子材料为主体,使用温度范围受限,而且存在"老化"问题;接头性能重复性差等。

5.1.2 胶接理论

通过胶黏剂可将被黏物紧密地连接在一起,形成具有一定强度的胶接接头,但是关于黏结力的形成机理,尚无完全统一的认识,目前常见的几种理论有以下几种:

① 吸附理论。该理论以表面吸附、聚合物分子运动及分子作用等理论为基础,认为胶黏力是胶黏剂分子与被黏物分子在界面层上相互吸附而产生的,是物理吸附和化学吸附共同作用的结果,其中,物理吸附则是胶接作用的普遍性原因。

② 静电理论。该理论认为,胶接接头中存在双电层,胶接力主要来自双电层的静电引力。但是,该理论不能解释导电胶也能很好地结合。

③ 扩散理论。该理论认为,胶黏剂和被黏物分子通过互相扩散运动而形成牢固的胶接接头。

④ 机械结合理论。该理论认为,液态胶黏剂充满被黏物表面的缝隙或凹陷处,固化后在界面区产生啮合或镶嵌连接,常见连接形式如图 5.2 所示。

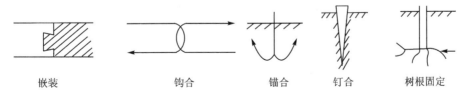

嵌装   钩合   锚合   钉合   树根固定

图 5.2 常见机械连接模型

　　通常来说,材料表面能对胶接性能具有很大的影响。材料表面能是指将相邻原子平面分开而形成单位面积表面所需的能量。一般情况下,胶黏剂液体为低表面能材料,金属等无机材料属于高表面能材料,而聚合物等高分子材料属低表面能材料。因此,胶黏剂液体可以较好地浸润金属等高表面能材料表面而获得牢固的胶接接头。而对于低表面能材料,胶黏剂难以浸润,可黏结性较差,此时,可以采用特殊的表面处理方法,以改变表面性能(即提高表面能),从而获得较高的黏结强度。

5.1.3　胶黏剂选择

　　胶黏剂种类繁多,它们的物理特性、机械特性和工艺性往往差别很大。选用胶黏剂时,必须考虑待胶接工件的结构特点、使用环境、工作条件等因素,比如,对于承受载荷大的结构,就应选用高强度结构胶;对于承受温度较高的结构,应选择相应的高温胶;而对于不宜受热的构件,则应选用常温固化胶;液状胶适宜用于大面积胶接,而膜状、带状胶宜用于平面和单曲面结构。总之,胶黏剂的选择,除了考虑强度指标外,还应同时考虑结构、工艺、使用以及经济成本等方面的要求。

　　在飞机的实际生产中,可参考以下方法进行胶黏剂的选择:

　　① 根据被黏材料的性质(包括化学性质和物理性能)选择胶黏剂。被黏材料的化学性质包括材料分子结构、极性和结晶性;被黏材料的物理性能包括材料表面张力、溶解度、脆性、刚性、弹性和韧性。

　　② 根据接头的功能要求选择胶黏剂。胶接接头的功能要求一般包括高机械强度、耐热、抗油、防水、导电和耐环境应力等。

　　③ 根据固化条件选择胶黏剂。每一种胶黏剂一般都有最佳的固化条件,在固化条件中,对胶接强度及其他性能影响较大的 3 个因素是固化过程中的温度、压力和时间。在飞机的实际生产中,某些有特殊限制的应用场合会影响固化工艺的实施,因此,必须选择适宜的胶黏剂,或适当地改变固化工艺,以达到期望的胶接性能。

　　总之,在胶接过程中,正确选用胶黏剂是十分重要的,在一定程度上决定了胶接接头设计的成败。选择胶黏剂通常可遵循的原则是:首先应根据被黏材料的可黏性来确定胶黏剂的类型;其次根据胶接接头的功能选取可满足指标要求的胶黏剂;最后根据实施工艺的可能性,最终确定选用的胶黏剂。如果无法找到合适的胶黏剂,可以考虑研制新的胶黏剂、选择新的表面处理方法或新的胶接工艺来解决。

5.2　胶接接头

5.2.1　结构受力分析

　　为便于胶接接头受力分析,优化胶接接头设计,通常将胶接接头的受力形式简化为如图 5.3 所示的 4 种形式,它们的特点分别是:

① 拉伸，又称为"均匀扯离"。其受力简况如图 5.3(a)所示，在胶接接头承受拉伸受力形式时，外力作用线垂直于胶缝。此时，被黏工件较厚或刚度较大，受载时不产生挠曲变形，拉应力分布比较均匀。

② 剪切。其受力简况如图 5.3(b)所示，在胶接接头承受剪切受力形式时，外力作用线平行于胶缝或力矩矢量垂直于胶缝平面，这是胶接接头最好的受力形式，此时的胶接强度最高。因此，在进行胶接接头设计时，应尽量使接头呈剪切受力形式。

③ 剥离。其受力简况如图 5.3(c)所示，此时，外张力作用在接头边缘，力的作用线与胶缝夹角大于零，一般来说，该受力状态常发生在厚壁零件与薄壁零件黏结或两个薄壁零件黏结且外张力方向偏斜时。而且，胶接接头承载能力随力的作用线与胶缝夹角的增加而降低，当力的作用线与胶缝夹角等于 90°时，接头承载能力最小。

④ 劈裂，又称"非均匀扯离"。其受力简况如图 5.3(d)所示，在两个被黏零件较厚、刚度较大且外力作用在接头边缘情况下，易形成劈裂力。劈裂受力形式较复杂，受载荷作用一端的胶缝表现为拉应力，通常存在较大的应力集中。

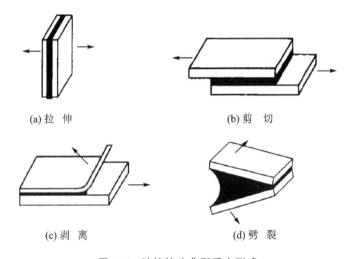

(a) 拉　伸　　　　　　　　　　　　　(b) 剪　切

(c) 剥　离　　　　　　　　　　　　　(d) 劈　裂

图 5.3　胶接接头典型受力形式

对于承受剪切、拉伸的单搭接接头，在外力作用下的应力分布情况如图 5.4 所示，从图中可以看出，接头两端 a、b 的切应力和拉应力均为最大，即接头内部存在明显的应力集中，这会使得胶接接头的强度降低，容易在 a、b 端点发生破坏。相关研究表明，胶缝的承载能力与搭接长度和宽度相关，一般情况下，随着搭接宽度或搭接长度的逐步增加，胶缝承载能力呈逐步上升趋势，但是，具体函数关系受搭接尺寸影响。此外，胶缝应力集中程度还与胶黏剂的性能、待胶接工件弹性模数、材料厚度等因素有关。选用韧性好的胶黏剂，或采用弹性模数较高的金属材料，或增加材料厚度，均有利于减小应力集中程度。而且，当结构允许时，用双搭接替代单搭接，可降低胶缝受载偏心而引起的弯曲倾向，也可减小应力集中。

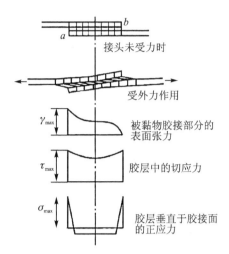

图 5.4　搭接接头应力分布

　　在飞机结构中,机翼蒙皮与翼肋、桁条的胶接,由于气动力作用下的蒙皮对胶层有非均匀扯离作用力,使得应力分布很不均匀,应力集中较为明显,此时的胶接接头的受力形式即为非均匀扯离,也称为劈裂。一般情况下,蒙皮越厚,长桁或翼肋的间距越小,应力分布越趋于均匀,连接强度也越高。

　　剥离是较柔软的材料与刚度大的材料胶接时常出现的一种受力状态,例如薄蒙皮与刚度大的梁、肋骨架的胶接。胶缝的抗剥离强度随剥离角 α 的减小而降低,如图 5.5 所示。

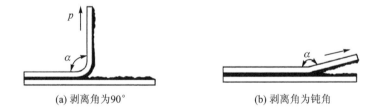

(a) 剥离角为90°　　　　　　　　　　　　　(b) 剥离角为钝角

图 5.5　剥离接头示意

　　在胶接结构设计时,首先应尽可能使胶缝承受剪切,其次是承受均匀扯离(即拉伸),但应避免垂直于胶缝的外载荷,以免因此产生弯曲,致使更加严重的应力集中。应尽量少用非均匀扯离(即劈裂)的受力形式,或减少受力不均匀程度。特别注意,要避免剥离形式的胶缝出现,对容易发生剥离的部位,可以用铆钉补铆、点焊、增大端头部位的胶缝面积和边缘零件刚度等方法进行强度补充,以提高胶缝的抗剥离能力。

5.2.2　接头结构形式

　　受力分析表明,胶接接头的特性是剪切强度高,拉伸强度也较好,但剥离强度低,而且影响胶接强度的因素较多。因此,在进行胶接接头设计时,切忌简单套用铆接、螺接等机械连接形式,而应合理设计接头形式,改善接头的受力形式。

胶接接头典型结构形式如图 5.6～图 5.12 所示。其中,常见对接接头形式如图 5.6 所示,常见搭接接头如图 5.7 所示,常见槽接接头如图 5.8 所示,常见管材接头如图 5.9 所示,常见角接接头及其受载方向如图 5.10 所示,常见 T 形接头及其受载方向如图 5.11 所示,常见平面胶接形式如图 5.12 所示。

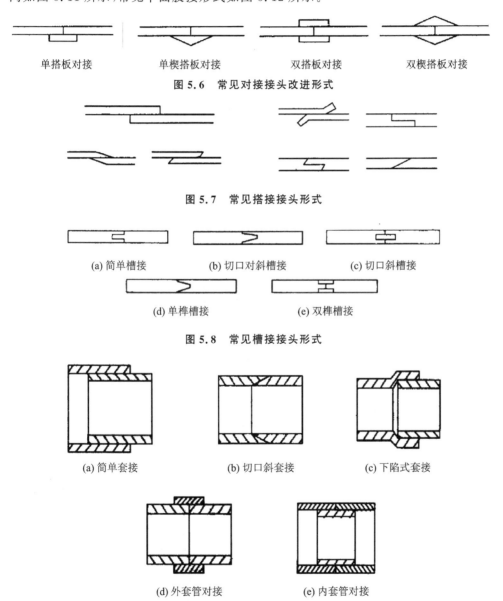

单搭板对接　　　　单楔搭板对接　　　　双搭板对接　　　　双楔搭板对接

图 5.6　常见对接接头改进形式

图 5.7　常见搭接接头形式

(a) 简单槽接　　　　(b) 切口对斜槽接　　　　(c) 切口斜槽接

(d) 单榫槽接　　　　(e) 双榫槽接

图 5.8　常见槽接接头形式

(a) 简单套接　　　　(b) 切口斜套接　　　　(c) 下陷式套接

(d) 外套管对接　　　　(e) 内套管对接

图 5.9　常见管材接头形式

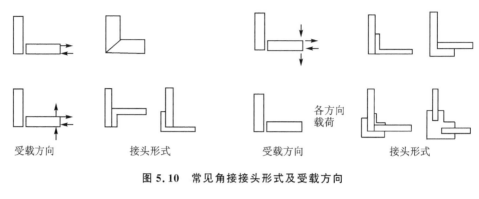

受载方向　　　　接头形式　　　　　　受载方向　　　　接头形式

图 5.10　常见角接接头形式及受载方向

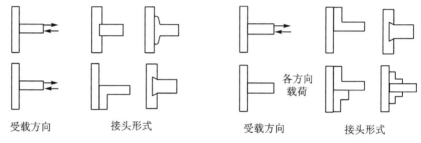

受载方向　　　　接头形式　　　　　　　受载方向　　　　接头形式

图 5.11　常见 T 形接头形式及其受载方向

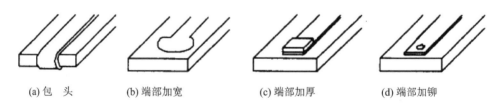

(a) 包　头　　　(b) 端部加宽　　　(c) 端部加厚　　　(d) 端部加铆

图 5.12　平面胶接时防剥离接头形式

5.3　典型胶接工艺过程

胶接工艺过程的主要工序包括预装配、胶接表面制备、涂胶、装配、固化、胶缝清理和密封、试验和检验。

5.3.1　预装配

为了达到装配准确度的要求,正式涂胶装配前,待胶接工件需进行预装配,检查零件间的协调关系和胶接面的贴合程度,并进行必要的修配。

胶接工件间的配合间隙要小而均匀,即工件间的协调精度要高,若配合不好,则应进行修配;否则,胶层生缺陷的可能性增大,胶接强度将显著下降。需要注意,预装配时,不同配合部位的装配间隙有不同的要求。例如,金属与金属表面之间允许的装配间隙为 0.15～0.25 mm,一般取 0.2 mm;蒙皮面板与蜂窝夹芯间允许间隙为 0.1 mm,芯子比相邻的金属件要高出 0.05～0.2 mm,一般取 0.1 mm。在预装配时,可放置代替胶膜厚度的垫片,以保证间隙要求。此外,预装配还需检查胶接面的贴合程度,不能出现毛刺。

5.3.2　表面处理

1. 表面处理的目的

工件表面清洁度和表面状态对胶接质量有着决定性的影响,因此,胶接前被黏材料的表面制备十分必要,其主要目的包括:

① 改善被黏材料表面的吸附特性。被黏物表面吸附的灰尘、周围环境的污染物、材料表面的氧化物、锈蚀、亲水性被黏表面吸附水膜等,都不利于胶接。而且,若被黏表面吸附了油脂及其他有机物,其表面能将降低,同时会影响胶黏剂的浸润性。因此,胶接前应通过适当的表面处理,排除这些不利因素的影响,改善表面吸附特性。

② 清除被黏工件加工成形中的污染物。在工件制造过程中,工件表面常带有润滑剂、油污、汗渍等;塑料、橡胶制品的表面常有脱膜剂、润滑剂等。这些都会影响胶黏剂对被黏表面的浸润,胶接时易形成弱界面层,从而降低胶接强度。因此,必须通过表面处理排除上述各种污染物质。

③ 增大被黏表面的不平度。粗化处理可增大胶接面积,而且胶黏剂固化后的微细凹陷表面形成嵌接,可增强机械啮合力,以提高胶接强度。

④ 通过改变被黏表面的分子结构,改善难黏材料的可黏性。

2. 表面处理的方法

表面处理的方法一般包括脱脂除油、机械处理、化学处理、洗涤和干燥等,对难黏的聚合物表面,通常需要采用化学或物理方法进行处理,以改变材料表面的分子结构,提高材料的表面能和反应活性,改善表面的可黏性。这些方法可以单独使用,也可联合使用。

(1) 脱脂除油处理

根据油污性质选用有机溶剂、碱溶液或表面活性剂对被黏表面进行脱脂处理,一般来说,常见油污有两类:一类为动植物油,又称为“皂化性油”,其主要成分是脂肪酸甘油酯,能与碱发生皂化反应生成可溶于水的肥皂和甘油;另一类为矿物油,又称为“非皂化性油”,如机油、柴油、凡士林和石蜡等,其主要成分为碳氢化合物,它与碱不起皂化反应,一般可通过表面活性剂的乳化作用去油。需要注意的是,有机溶剂对这两类油污均有脱脂作用。

① 溶剂脱脂。可采用擦洗、浸泡、蒸汽脱脂及超声波清洗等操作方法,用有机溶剂进行脱脂处理。一般情况下,有机溶剂应满足下列特性:溶解污物的能力强;对被

黏物质呈惰性;不燃、无毒;沸点较低;气态时,比空气重;液态时,密度较大而表面张力较低。

② 碱液脱脂。与溶剂脱脂除油相比,碱液脱脂除油具有操作工艺简便、设备简单、经济等优点,但除油较慢。

（2）机械处理

机械处理一般是在被黏表面脱脂除油处理后,对其用钢丝刷、砂纸等进行手工打磨"刷光",或用喷砂等进行机械清理,以清除被黏表面的氧化物或其他污垢,制备新生的活性表面和具有一定粗糙度的胶接表面,从而获得满意的胶接强度。

（3）化学处理

化学处理主要指酸或碱处理,它适用于对常用金属材料和某些聚合物进行表面处理。化学处理一般是在脱脂除油和机械处理之后进行的,其目的是进一步清除被黏表面的残留污物。对金属材料,化学处理可在其表面形成一层致密、坚固、内聚强度高、极性强的金属氧化膜,从而提高表面能,使胶黏剂易于浸润,从而达到提高胶接强度的目的;对某些聚合物表面,化学处理可使化学惰性表面变成带极性基团的活性表面,从而获得自由能高、浸润性好、可黏性优良的被黏表面。

（4）漂洗和干燥

被黏表面在经过上述表面处理方法之后,胶接前必须进行漂洗与干燥。先用自来水漂洗,再用去离子水。干燥方法采用晾干,或用冷、热风吹干,或用烘箱烘干,或用丙酮或酒精等擦干。需要注意,漂洗和干燥工艺需根据不同的被黏表面以及不同表面处理方法,进行相应的调整。

在飞机结构的胶接中,为了提高接头的寿命,还经常使用磷酸阳极化表面处理方法。

5.3.3　涂　胶

被黏表面在经过表面处理后,应及时涂一层薄薄的底胶。底胶厚度为微米量级,需根据要求严格控制,如一般要求固化后的厚度为 $0.005\sim0.015$ mm;采用喷枪喷涂或机械化静电喷涂,要求喷得光滑、均匀,喷涂厚度控制在 $0.002\,5\sim0.005$ mm 之间。生产中可采用专制的底胶厚度的标准试样与工件对照,进行比色检验。当然,除涂底胶外,有的表面也可涂耦合剂、胶接促进剂等其他表面化学处理剂。

被黏表面涂底胶的作用是:

① 保护表面,防止环境污染和湿气吸附,延长存放时间。

② 浸润表面,底胶渗入表面膜层,可增强黏附作用,又与胶黏剂相容而形成一个界面区,提高胶接强度,升温时产生黏性的底胶还可用作胶接工件定位或固定的工艺措施。

③ 含有腐蚀抑制剂的底胶可改善界面防腐蚀性能,尤其是提高耐湿性。

工件涂底胶后,必须在规定的时间之内完成涂胶工艺。涂胶方法根据胶黏剂供应状态(如液状、糊状、膜状、粉状等)、胶缝特点以及产量大小等确定。对于液态胶,每涂一层胶后,都要经过晾干和烘干,以除去溶剂和水分,还要防止胶液流失。一般可通过控制单位面积上胶液用量及干燥后的胶层重量来控制胶层厚度。也可采用胶膜控制胶层厚度,胶膜可以热贴在零件上,贴放时注意防止卷入空气,最好采用无溶剂胶膜,以得到挥发成分最少、厚度均匀的胶层。

5.3.4　装配和固化

装配是指在胶接模具或夹具中组装全部零组件、定位并夹紧的过程。另外,为监测固化温度,需在胶缝最高和最低温度处安放热电偶。

以热压罐中固化胶接工件为例,安装时,在工件与模具、夹具之间放置防黏隔离薄膜,在工件上面及四周放置分压和透气、吸胶的垫物。分压材料多是穿孔的薄膜,有隔离作用又可透气,透气层材料多是经过处理的玻璃布或松孔织物,它可以形成真空通道,又可以吸去多余的胶。最后盖上真空袋薄膜(如透明的耐热尼龙薄膜),四周用密封胶或密封胶带密封,构成真空袋,将工件封装在内。需要注意,在装配工件的同时,还要装配好工艺控制试件(随炉试件)。最后,检查真空袋和真空系统的气密性(测漏气率),送进热压罐后,检查加压系统的密封性(测漏压率)。

固化是指在涂胶完成后,使胶黏剂固化而形成坚固胶缝的过程。金属结构胶中的主要组分是热固性树脂,一般需经加温、加压才能固化。在固化过程中,需控制的参数有:温度、压力和时间,它们对胶缝强度有着决定性影响,而且对于不同的胶黏剂,各参数的控制规律有所差别。

胶缝固化过程中的温度、压力和要求保持的时间,都必须严格控制。一般来说,热固性胶只有加热到一定温度并保持一定时间,才能使反应完全,达到强度要求;而对于室温固化胶,适当加温可加速固化过程。此外,还需严格控制加热温度和保温时间,若温度过高,会造成胶层起泡、变脆;若温度过低,则会使得反应过慢,且很可能反应不完全,不能达到应有的强度指标。需要注意的是,加温的同时还应施加一定的压力,这样可以使零件之间的胶黏表面紧密贴合,胶层薄而均匀;而且,加压可以排出固化时胶黏剂中分解的挥发性物质,防止胶层内产生气泡;促进胶液润工件,增强金属表面氧化层微孔隙的渗透能力。

在实际生产中,加温加压的方法很多,如压力机、热压罐、专用胶接夹具等。图 5.13 所示是某压力机的示意图。在压力机中,通过在软管中充以气压或液压对模具板加压。其优点是升温和降温较快,胶接周期短,工件不需要装入密封袋,工序较为简单。但是,这种方法只适用于平板和曲率不大的壁板,否则,各处压力不均匀。

图 5.14 所示为某热压罐胶接的示意图。热压罐是通用的加温加压设备,罐的内壁可以安装蛇形蒸汽管,用高压蒸汽加热或用电热管加热,用冷水管冷却。加温时,通过罐内风扇作用,可使温度不均匀性不超过 ±5 ℃。加压时,工件用真空袋或密封

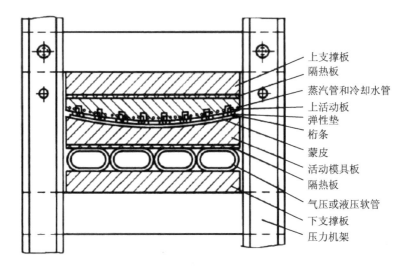

图 5.13　典型压力机示意图

上支撑板
隔热板
蒸汽管和冷却水管
上活动板
弹性垫
桁条
蒙皮
活动模具板
隔热板
气压或液压软管
下支撑板
压力机架

薄膜密封,罐内通入高压蒸汽或压缩气体进行加压。采用热压罐固化,可以胶接各种曲度和各种形式的壁板。

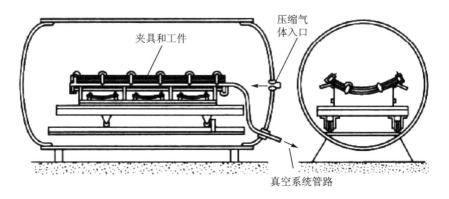

夹具和工件
压缩气体入口
真空系统管路

图 5.14　典型热压罐胶接示意图

5.4　胶接质量无损检测和性能测试

5.4.1　胶接质量无损检测

胶接接头的受力分析表明,胶接强度决定于黏附力、内聚力以及应力分布情况,应力分布通常受加载形式和结构件物理参数等影响显著。在检测时,胶接质量通常指的是黏附质量和内聚质量,即内聚力和黏附力的大小。例如,若被黏物表面制备不良,会导致胶黏剂的浸润不足,从而降低黏附强度;若固化不良,则会降低内聚强度

（胶黏剂的内聚力减小）；胶层中的气孔、疏松对胶接强度都有很大影响。因此，胶接质量的检测至关重要。

对胶接结构件的检验，对于一些较为明显的缺陷，如缺胶现象、挤出胶瘤均匀性以及胶层颜色等，可采用外观目视检查。除此之外，必须采用无损检测方法严格检查胶缝质量，不但应检查出脱胶和其他胶接缺陷，还有必要预测出胶接强度。不过，目前胶接无损检测方法大多只能判断是否脱胶，而胶接强度的检测还不够满意。

从原理上讲，胶接质量的检测方法有声学法（声振、超声波）、X 射线法、光学全息摄影法、热学和红外线法（示温涂层、液晶显示、红外照相）等。在实际检测过程中，可将几种方法结合起来使用，以得到完善而可靠的结果。在进行胶接检测方法选择时，一般应考虑以下因素：

① 胶接工件的形状、材料和结构尺寸；

② 待检胶接缺陷的类型和大小；

③ 检测区域的可达性；

④ 现有设备和人员素质。

声振检测仪检测

检测基本原理：利用换能器激发被测工件振动，当胶接质量存在差异时，工件振动特性也存在不同，进而导致换能器的负载也不同，最终表现为换能器输出的电信号（谐振频率、幅度、相位等）随之产生相应变化。利用仪器测出这种变化，并与标准试件相比较，即可评定结构胶接质量状况。基于此原理研制的仪器种类较多，常见的有声阻仪、多层胶接检验仪、胶接强度检验仪、涡流声检验仪等。

（1）声阻仪

检测原理是利用点源激发待测胶接件进行弯曲振动，通过测量被测工件表面机械振动特性的变化，以鉴幅形式显示胶接质量的差别。测试系统包括传感器、音频信号发生器、放大器、电源等，如图 5.15 所示。工作时，音频信号发生器产生给定振幅和频率的连续信号，在该电信号的作用下，压电晶体产生一激发力为常数的机械振动，随后工件本身的振动程度将反映给测量压电晶体，把这一机械信号转变成电信号，经过放大器传给指示部分。

图 5.16 所示为检测某蜂窝结构试件时电压信号示意图，当检测到脱胶区时，电压低于报警电压值，发出警报。用该方法检测胶接质量操作灵活，适用于各种外形的工件；可以比较准确地划出缺陷区的轮廓；仪器构造简单；使用时不需耦合剂；便于实现自动检测。但是，该方法的检测效率较低，只能检验是否脱黏，很难发现黏附强度很低的机械贴合；而且不能分辨夹层结构芯子失稳与脱黏的差别。该方法一般只适用于蒙皮（或带垫板）厚度为 0.3～2 mm 的工件。

（2）多层胶接检验仪

该方法的检测原理是利用平面接触式换能器激发待测工件振动，通过压电晶体

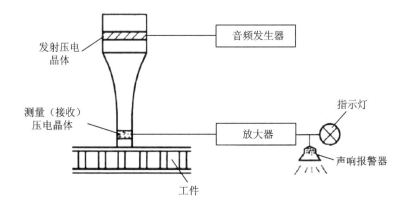

图 5.15　声阻检验仪原理

发射和接收波形信号,利用入射波和反射波合成振动阻抗的变化,以鉴幅形式检测蜂窝结构和板-板胶接结构是否脱黏。

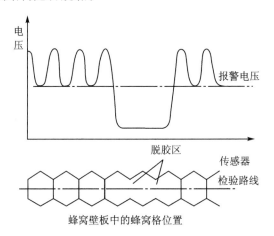

图 5.16　声阻仪检验时的电信号示意图

（3）胶接强度检验仪

利用胶接强度检验仪可以用来检验胶层内聚强度。基本原理是:将被黏工件和胶层视为一个振动系统,并假设在此系统中,只有胶层性质是可变因素,并且假设胶层强度与其刚度之间存在线性关系,通过测量胶层刚度的变化来判断胶层的强度。

胶接强度检验仪工作时,换能器的压电晶体与待测胶接工件表面接触,通过耦合剂激发被测工件纵向振动,在检测过程中,当胶层内聚强度发生变化时,待测胶接件阻抗将发生变化,换能器特性也随之变化,利用带有示波器的仪器显示出振动特性的变化,如共振频率和共振幅值等。最后,基于不同内聚质量的标准试件进行测试和破坏试验得到的关系曲线,便可以推断被测胶接件的胶接强度。

利用该仪器检测钣金胶接结构时,铝合金板的厚度可达 7.5 mm;用于检测蜂窝夹层结构时,面板厚度可达 5 mm。此外,该方法还可在其他方法检验之后,通过进一步检测确定缺陷类型。但是,采用这种仪器检测具有一定的缺点:检测时探头与工件之间为面接触,需要用液体耦合剂,而耦合剂不易清洗;不能检验因黏附力小而使胶接强度降低的缺陷;需要制作一批与被测胶接件的材料、板厚、胶黏剂及工艺参数相同的试件,进行测试和试验,测绘出对比用的标准关系曲线。

(4) 涡流声检验仪

涡流声检验仪的探头包括两部分:激励工件振动的电磁激振器和接收工件振动声波的传声器。利用检测工件时,激振线圈产生交变磁场,在金属板上感应出涡流,涡流在交变磁场的作用下,产生垂直于板面且频率为 2 倍激磁电流频率的电磁力,从而激发工件振动,发出声波。探头内的传声器接收振动声波,转换为一定振动特性(如振幅、振速和相位)的电信号,经仪器放大、鉴相,并用电表指示相位和幅度。利用该方法检验时,探头可不接触工件。涡流声检验仪可以检测蒙皮和垫板的总厚度不大于 2 mm 的胶接件;对于结构高度不大于 20 mm 的夹芯结构,从单面检验便可检测出近侧和远侧的缺陷。

5.4.2　性能测试

胶接强度一般以剪切强度、非均匀扯离(劈裂)强度、均匀扯离(拉伸)强度和剥离强度来表示。对于钣金结构用的胶黏剂,其最基本的胶接机械性能是剪切强度、不均匀扯离和剥离强度,下面简要介绍几种强度的测试方法。

① 剪切强度:一般用标准搭接试件的单位面积剪切破坏载荷(N/cm^2)来表示,标准试件尺寸如图 5.17 所示。

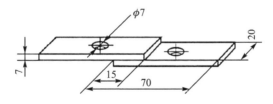

图 5.17　剪切试件(单位:mm)

② 非均匀扯离(劈裂)强度:非均匀扯离强度以单位宽度胶缝上的破坏载荷(N/cm)来表示,因为发生扯离破坏时,不是整个胶接面积同时承受载荷。该强度用于检验胶层的韧性,标准试件尺寸示意如图 5.18 所示。

③ 剥离强度:剥离强度以单位宽度胶缝上承受的破坏载荷(N/cm)来表示,因为胶缝是被缓慢、连续撕开的,所以要取整个剥离长度上的平均破坏载荷。该强度指标可以衡量胶接接头抵抗裂缝扩展的能力,也用以检验胶层的韧性。试验方法有多种,常用的有 90°剥离(也称"L 形"剥离)和"T 形"剥离,标准试件尺寸如图 5.19 所示。

此外,根据胶接产品结构和使用情况,有时还需进行以下试验:

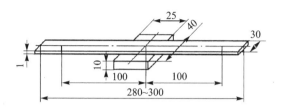

图 5.18　劈裂(非均匀扯离)试件(单位:mm)

① 高温或低温试验,以检查工作温度范围内所具备的强度;

② 耐介质试验,主要检查在介质(如水、海水、燃油、溶剂等)中浸一段时间后的强度变化;

③ 耐老化试验,主要检查在大气中或高温、湿热、盐雾、冷热交变等各种人工加速老化条件下暴露一段时间后的强度变化;

④ 疲劳强度、持久强度等试验。

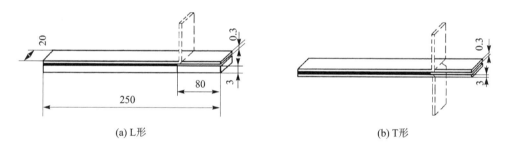

(a) L形　　　　　　　　　　　　　　　　　　(b) T形

图 5.19　剥离试件(单位:mm)

5.5　蜂窝夹层结构

5.5.1　概　述

　　胶接蜂窝夹层结构是把蜂窝形状的夹芯材料夹在两块面板之间,并把它们用胶黏剂互相黏结而成的一种特殊结构,结构示意如图 5.20 所示。蜂窝夹层结构具有隔音、隔热、减震等特性,且比强度和比刚度高,因此,被广泛应用于对质量和性能有特殊要求的航空、航天结构中,例如飞机的机翼、进气道、雷达罩、火箭安定面、导弹核装置座、飞行器舱盖和整流罩等。此外,蜂窝夹层结构在建筑、汽车、电子和电气等行业的应用也有了很大的发展。例如,在建筑上用于制造内外幕墙、工业厂房和公共建筑的顶板、家具装饰板,在汽车行业用于制造车厢蒙皮,在电子、电气行业用于制造屏蔽板、隔热板等。

　　根据蜂格壁上有无通气孔,可将蜂窝结构分为无孔蜂窝和有孔蜂窝。有孔蜂窝即在蜂格壁上刺有通气孔,这样,可以避免夹芯中残留胶黏剂固化时产生的挥发物,能防止蜂窝夹层结构内、外压差过大而造成的面板剥离破坏。航天飞行器一般使用有孔蜂窝。无孔蜂窝在蜂格壁上没有通气孔,常用于制造飞机结构,这样可以避免使用过程中的进气、进水。因为一旦积水,则很难排除,并将引起结构腐蚀,加速胶层老化,降低胶接强度,甚至造成脱胶。需要注意的是,用于黏结无孔蜂窝芯和面板的胶黏剂,其挥发组分应小于 1.5%。

普通正六边形蜂窝具有最好的结构稳定性,但不具有变形的随意性,不适合制造形状复杂的蜂窝夹层结构。通过改变蜂窝格的几何形状可以制造出易于成形的异形蜂窝(即柔性蜂窝),几种常见柔性蜂窝的结构如图 5.21 所示。其中,图 5.21(a)所示为矩形过拉伸蜂窝结构,该结构在 Z 方向上的剪切性能较好,在 X 方向上的剪切性能差;图 5.21(b)所示为单向柔性蜂窝结构,该结构易在 Z 方向成形;图 5.21(c)所示蜂窝结构具有充足的面内变形能力,在垂直平面方向具有一定的承载能力,可用于解决可变形机翼结构设计中面内变形与面外承载的矛盾。

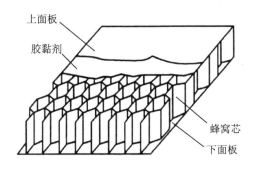

图 5.20 蜂窝夹层结构示意图

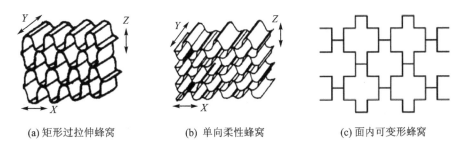

(a) 矩形过拉伸蜂窝   (b) 单向柔性蜂窝   (c) 面内可变形蜂窝

图 5.21 典型柔性蜂窝结构

5.5.2 铝蜂窝夹层结构的制造

铝蜂窝夹层结构的制造过程包括蜂窝芯制造、夹芯外形的加工、蒙皮与蜂窝芯待胶表面处理、涂胶与装配、固化、装配件检验与试验等。

1. 蜂窝芯的制造

用于制造蜂窝芯的铝合金箔一般厚 0.02～0.10 mm，常用的厚度是 0.03 mm、0.04 mm、0.05 mm，国内飞机上通常使用 LF2Y、LF21、LF5Y 防锈铝箔。

通常可采用成形法和拉伸法制造蜂窝芯，图 5.22 所示为成形法制造蜂窝芯过程示意图，主要包括以下步骤：

① 将铝箔压成波纹状；

② 铝箔表面处理；

③ 铝箔涂胶、叠合和固化；

④ 根据需求将叠合胶接后的切割铝箔。

成形法只用于制造厚度大或刚性大的铝合金箔，或特殊非正六边形蜂格的夹芯。

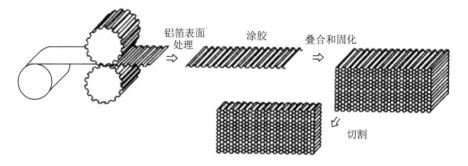

图 5.22　成形法制造蜂窝芯示意图

图 5.23 所示为拉伸法制造铝蜂窝芯过程示意图，主要步骤如下：

① 铝箔表面处理；

② 铝箔涂胶；

③ 铝箔的叠合和固化；

④ 根据需求切割铝箔；

⑤ 拉伸铝箔成蜂窝芯。

一般铝合金的正六边形或矩形蜂窝芯都采用拉伸法制造。下面以拉伸法为例，简要介绍蜂窝芯制造工艺过程。

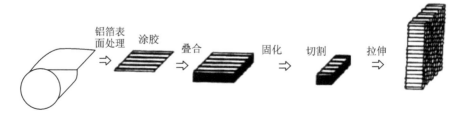

图 5.23　拉伸法制造蜂窝芯示意图

(1) 铝箔表面处理

铝箔表面处理的基本过程是:首先通过碱洗法除去油污,然后进行硝酸光化。对于清洗后的铝箔,通常可采用重铬酸盐化学氧化、钝化法或者磷酸阳极化法进行处理,以提高蜂窝节点的胶接强度、耐久性和夹芯材料的耐腐蚀性能,最后进行浸底胶保护。整个表面处理过程可在清洗机中连续进行,耐久蜂窝铝箔清洗机如图 5.24 所示。

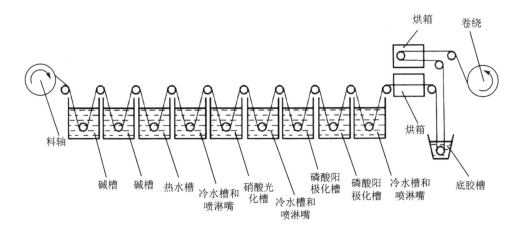

图 5.24　蜂窝铝箔清洗机示意图

(2) 铝箔涂胶

采用拉伸法制造蜂窝芯,涂胶时有纵条涂胶和横条涂胶两种方法,示意图如图 5.25 所示。

(a) 纵条涂胶　　　　　　　　(b) 横条涂胶

图 5.25　纵条涂胶和横条涂胶示意图

目前,横条涂胶使用较多,涂胶过程中对胶条宽度和间距的公差要求高,但蜂窝宽度不受限制。凹印法涂胶机是一种常用的横条涂胶机,其基本原理是:在圆筒形的金属印胶辊表面制出具有胶条图形的凹印槽(由某种密度和深度的网线或网点组成);转动凹印辊,在胶槽中沾取胶液,并用刮胶片将凹印槽以外光表面上的胶液刮掉;在铝箔与凹印辊接触过程中,留在凹印槽网纹中的胶液便印在铝箔上。采用这种方法,胶条宽度准确,间距累积误差小,对胶液黏度变化不大敏感,胶层厚度均匀,可以拉制出格形规整、胶接质量稳定的蜂窝芯块。相比而言,纵条涂胶虽具有较高的生产效率,但蜂窝宽度受铝箔宽度的限制明显。

（3）铝箔的叠合和固化

将已涂胶箔条按需要的张数叠合,叠合要求准确定位,保证相邻两张箔条上的胶条相错半个间距;然后在热压机或热压罐中加温、加压固化,制成叠块。

（4）夹芯的拉伸成形和加工

蜂窝芯的成形和外形加工,主要有两种不同的工艺过程,分别介绍如下:

① 先拉伸后加工外形。在制造过程中,先将固化好的叠层拉伸成蜂窝块,再用各种专用蜂窝加工机床制造出所需蜂窝工件外形。需要注意的是,拉伸好的轻质蜂窝芯块刚度较小,加工时需要用特殊的固定方法和铣切刀具。除用机械加工方法外,还可以采用电加工或化学铣切等特种加工方法。

② 先加工外形后拉伸。在制造过程中,先将叠层（压缩状态下的铝箔）加工成一定的形状,再拉伸成具有所需外形的蜂窝芯块。在拉伸时,不仅要伸展形成蜂格,而且要同时保证外形和轮廓尺寸的要求。该方法适用于加工等剖面或直母线外形的蜂窝芯块。蜂窝的拉伸通常使用专用的蜂窝拉伸机,对于尺寸较小的蜂窝芯也可以使用手工拉伸。

2. 蜂窝夹层结构的装配

正式装配前,蜂窝芯和面板需进行预装配,并进行必要的修配。涂胶之前,蜂窝芯需用溶剂蒸汽除油,或用去离子水冲洗和烘干;经表面处理后的面板,需涂底胶并贴上胶膜。在胶接夹具中进行装配时,如果必要,则在芯子对缝、芯子与边缘零件间、蒙皮后缘角落等处,填放可以发泡充填间隙的泡沫胶。装配完成后,封装真空袋,并检查密封性,利用热压罐进行加温、加压固化。

对于固化后的蜂窝夹层结构,需用密封胶来密封全部可能进水、进气的通路,并进行相关的试验。例如渗漏试验,将工件浸入 80 ℃ 的热水中 1～2 min,应保证不漏;某些工件需经受加热试验,即将工件放入烘箱中,保持规定温度和时间,无有害反应发生;某些工件需进行充压试验。最后,工件要全面进行 X 射线检验,检查有无进水或节点破坏等内部缺陷。

5.6　典型复合连接结构简介

5.6.1　胶铆结构

胶铆结构指的是同时使用胶接和铆接的结构,即在常规铆接结构的铆缝中加入胶黏剂,以起到加强作用,此时的铆缝同时也是胶缝。通常情况下,采用胶铆结构主要是为了提高结构抗疲劳性能,增加使用寿命,一般不考虑胶接的连接强度,如考虑其胶接增强作用,在生产中可适当减小铆钉直径和数量。

根据胶接和铆接工艺的顺序,胶铆结构一般可分为"先胶后铆"和"先铆后胶"两种。图 5.26 所示为胶铆结构的典型结构形式。

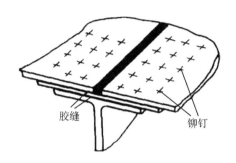

图 5.26　典型胶铆结构形式

1. "先胶后铆"结构

"先胶后铆"结构的工艺实质是前期钣金胶接加上后期铆接连接。需要注意以下几点:

① 应根据钣金胶接结构要求,选用韧性较好的胶黏剂,并尽量使用胶膜;

② 对于蒙皮厚度小于 0.5 mm 的薄蒙皮结构,应尽量选用先胶后铆的方法,而且采用埋头铆钉时,必须先胶后铆;

③ 为满足胶接固化加热时的线性膨胀需要,蒙皮对缝应留有间隙;

④ 应尽可能采用压铆,力求减小铆接振动对胶接质量的不利影响;

⑤ 为便于进行胶接质量的无损检测,胶铆壁板应尽量可拆卸,或留有施工通道。

2. "先铆后胶"结构

"先铆后胶"结构的工艺实质是在铆接工序的前后都安排相应的胶接工序,即在铆接工序之前,安排预装配、表面处理及涂胶(包括贴胶膜);在铆接工序之后,再对结构进行固化,固化过程只加热,不加压,固化压力来自铆钉的压紧力。

采用"先铆后胶"结构时,需要注意以下几点:

① 对铆钉孔进行强化处理,有利于提高铆缝疲劳性能;

② 应选用韧性较好、固化温度不高、固化压力要求较低的胶黏剂,并尽量使用胶膜;

③ 尽量选用钉头面积较大的铆,以增大铆钉对胶缝的压紧力,若是埋头铆钉,则钉头锥角取 120°;

④ 为补偿胶接固化加热时的线性膨胀,蒙皮对缝应留有间隙;

⑤ 为便于进行胶接质量的无损检测,胶铆壁板应尽量可拆卸,或留有施工通道。

5.6.2　胶螺结构

胶螺结构是指同时使用胶接和螺纹连接的结构,采用胶螺结构的目的主要是为提高结构的抗疲劳性能,延长寿命,设计时一般不考虑胶缝的连接强度。与胶铆结构类似,胶螺结构也分"先胶后螺"和"先螺后胶"两种。"先胶后螺"结构相当于对胶接件进行补充加强螺接;"先螺后胶"结构则是将胶接工序安排在螺接工序的前后,即在螺接前完成胶接合拢,在螺接后完成加热固化。

选用胶螺结构时,其注意事项与胶铆结构类似,主要区别在于:

① 由于在螺接过程中不存在振动打击,螺接工艺对胶接质量影响不大,因此胶黏剂的韧性要求可稍低于胶铆结构用胶;

② 必须注意防止松动,在采用先螺后胶的方案时,胶接固化有可能引起螺接松动,应在固化后予以补充拧紧,即安排锁紧保险工序。

5.6.3　胶焊结构

胶焊结构仅指胶接-点焊复合连接结构,胶焊结构也可分"先焊后胶"和"先胶后焊"两种,典型胶焊结构如图 5.27 所示。关于更多胶焊结构的介绍可参考本书 4.3 节内容。

(a) 板-桁条胶焊壁板（先焊后胶）　　　　　(b) 板-板胶焊壁板（先胶后焊）

图 5.27　典型胶焊结构

思考题

1. 胶接接头常见的受力形式有哪些？并简述其受力特点。
2. 胶接之前为什么要进行表面处理？并简述常见的表面处理方法。
3. 结合胶接工艺过程,分析可能影响胶接强度的因素。
4. 制造蜂窝芯时,成形法和拉伸法的区别有哪些？
5. 调研常见的胶接质量无损检测方法。

第6章 复合材料连接技术

6.1 制孔技术和切割技术

6.1.1 概 述

复合材料是由两种或两种以上的原材料,通过各种工艺方法组合成的新材料。与一般材料相比,复合材料具有以下优点:比强度(材料强度与密度的比值)与比模量(材料模量与密度的比值)高;破损安全性能与疲劳性能好,复合材料由于纤维与基体界面起着阻止裂纹的扩展作用,具有较高的损伤安全性;高温性能好,如碳(硼)增强的铝基复合材料,工作温度达 400 ℃时其强度与模量基本上保持不变;工艺性好,复合材料结构件制造工艺简单,适合整体成形。但是,纤维增强复合材料仍存在一些问题:断裂伸长小,抗冲击性差,横向强度和层间剪切强度低,以及树脂的吸湿性对结构性能的影响等。此外,复合材料构件制造过程中手工劳动多,质量不稳定,成本也比较高。

采用传统钻削金属的方法对复合材料进行制孔,刀具磨损较严重,耐用度低。例如,用高速钢麻花钻钻削碳纤维复合材料时,每个钻头钻削 3～4 个孔,钻头就必须重新刃磨。

此外,采用传统钻削方法对复合材料制孔,复合材料孔加工的质量较差,主要问题是材料分层和劈裂。例如,钻碳纤维复合材料时,孔就可能出现孔形不圆、孔尺寸收缩、孔出口处劈裂或撕裂、孔壁周围材料分层。若采用传统制孔工艺钻凯芙拉复合材料,纤维不容易被切断,可能出现的主要缺陷如下:在孔的入口处,纤维不能沿孔边被切断,产生很大的一圈纤维毛边;孔的内壁纤维弹出、起毛、孔形不圆;孔出口处材料撕裂,纤维不断;孔壁周围材料发生分层。

6.1.2 复合材料制孔工艺

1. 制孔刀具

(1) 刀具材料的选择

利用普通刀具材料加工复合材料时,容易出现刀具磨损严重的情况,如碳纤维硬度较高,为 HRC53～65,而高速钢钻头常温硬度为 HRC62～65,用高速钢刀具加工碳纤维复合材料时,材料中的纤维硬质点使刀具表面产生严重磨损。因此,对于复合材料的加工,必须选择特殊的刀具材料,常用的刀具材料如下:

① 硬质合金。在国产硬质合金中,目前材质为 Y330 的整体式麻花钻、锪窝钻、铰刀,已可满足碳纤维复合材料制孔要求。

② 人造金刚石。硬质合金刀具虽能满足碳纤维复合材料制孔要求,但也存在一些问题:加工大直径孔时,由于钻削时轴向力随钻头直径加大而急剧增大,易引起碳纤维复合材料分层;硬质合金锪窝钻在台钻上最多锪 190 个窝后即磨钝,且不能重新修磨,故使用寿命较短。此外,整体式硬质合金锪窝钻制造工艺复杂,成本较高。

为此,人造金刚石套料钻(见图 6.1)和锪窝钻的研制开发取得了重要进展,以弥补硬质合金的不足。金刚石刀具的基体材料是调质的 45 号钢或工具钢,其切削部分用电镀法均匀镀上一层人造金刚石,并根据加工需要调整金刚石粒度。一般情况下,若加工件表面粗糙度和精度要求不高,可选粗粒度的金刚石刀具,因为粗粒度刀具切削轻快,工作效率高,刀具寿命长;反之,如果加工精度和表面粗糙度要求较高的工件,应选用较细粒度的金刚石刀具。这种用电镀法将两种材料组合在一起的刀具,具有内韧外刚的特点,不仅耐用度高,而且克服了整体式硬质合金刀具的脆性,可满足实际装配条件下的使用要求,且此类刀具的实际成本低于硬质合金刀具。

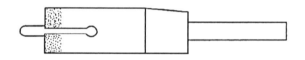

图 6.1　人造金刚石套料钻

③ 聚晶金刚石(PCD)。聚晶金刚石材料硬度高、脆性大,不宜做成整体式钻头。通常是将聚晶金刚石刀片钎焊在硬质合金钻头的钻尖上,或用粉末冶金方法烧结在钻尖上,图 6.2 所示为我国研制的银片式直槽 PCD 钻头。

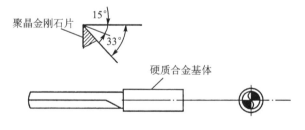

图 6.2　银片式直槽聚晶金刚石(PCD)钻头

(2)钻尖几何参数

研究表明,选择合适的钻尖几何参数及钻型可以提高刀具寿命。例如,对于常用的麻花钻,将顶角控制在 $100°\sim120°$ 之间、后角在 $15°\sim25°$ 之间、螺旋角在 $25°\sim30°$ 之间、钻芯厚度在 $0.9\sim1.3$ mm 之间(对直径 4.85 mm 钻头)时,钻头耐用度较高。

此外,可通过改进钻头形状,以解决整体式硬质合金麻花钻在复合材料上钻孔必须加衬垫的问题。例如,采用图 6.3(a)所示的双刃扁钻,用台钻或自动进给钻在复合材料上进行钻孔,可不加衬垫。图 6.3(b)所示是由双刃扁钻改进而成的四直槽钻铰复合钻,在控制好进给速率的情况下,不加衬垫也可获得满意的质量。

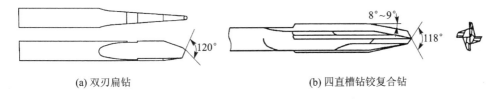

(a) 双刃扁钻   (b) 四直槽钻铰复合钻

图 6.3 双刃扁钻和四直槽钻铰复合钻示意图

2. 制孔工艺

复合材料制孔工艺主要指钻孔、铰孔及锪窝等加工工序。需要注意的是,不同复合材料性能差异较大,相应的制孔工艺也不尽相同。

(1) 钻孔工艺

对于碳纤维复合材料的钻孔,当孔径小于 8 mm 时,通常采用整体式硬质合金麻花钻钻孔,孔的出口面必须加衬垫,且一般选用低进给(0.02~0.06 mm/r)和较大转速(1 400~2 400 r/min);当孔径大于 8 mm 时,可先用硬质合金钻头钻一小孔,再用图 6.1 所示的电镀金刚石套料钻满足要求的大孔。

凯芙拉纤维复合材料具有良好的韧性,且基体树脂的黏性较差,用于凯芙拉纤维复合材料钻孔的钻头,应能迅速切断孔周凯芙拉纤维。图 6.4 所示为 Y330 硬质合金三尖两刃钻头,该钻头具有两个锋利外刃尖和一个起定心作用的中心尖,可用于钻削凯芙拉纤维复合材料。钻孔时,中心尖先切入复合材料定位中心,然后依靠两锋利的外刃尖在复合材料上画圆进行切削,并迅速沿孔边切断凯芙拉纤维,从而得到无毛边的孔。加工大尺寸孔(如孔径大于 12 mm 的孔)时,需先用三尖两刃钻头钻一小孔,然后用双刃定心钻可钻出无毛边的大孔,如图 6.5 所示。另外,为防止出口面材料分层,可分两次钻孔,即第一次先不钻通,约钻入一半后将钻头退出,然后从背面钻通另一半。

对于由凯芙拉纤维与碳纤维组成的混杂复合材料,钻孔时需同时考虑两种纤维的特性。现以混杂复合材料面板(外表层为凯芙拉纤维、内层为碳纤维 Nomax 蜂窝芯子的夹层结构为例来说明混杂材料的钻孔工艺。钻小口径孔时,可直接用三尖两刃硬质合金一次钻出,转速为 2 440~4 100 r/min;钻大孔时,先用三尖两刃钻钻小孔,然后用双刃定心钻将表层凯芙拉纤维切断,最后换上同样直径的金刚石套料钻,钻削碳纤维和 Nomax 蜂窝。双刃定心钻的钻速选用 800~4 100 r/min,金刚石钻头选用 1 400~4 100 r/min。

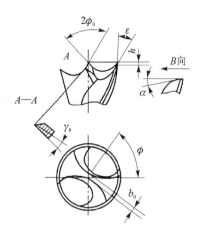

图 6.4　三尖两刃钻头

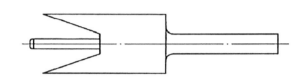

图 6.5　双刃定心钻

（2）铰孔工艺

碳纤维复合材料的铰孔，可采用 Y330 硬质合金短铰刀加工，转速选用 500 r/min。而对于凯芙拉纤维复合材料，由于材料通常用于非主要受力部位，一般钻孔后即直接装配。

（3）锪窝工艺

对于碳纤维复合材料的锪窝，可使用普通三刃式 Y330 硬质合金锪窝钻以 500～800 r/min 转速进行加工；也可用人造金刚石锪窝钻进行加工，转速控制在 1 400～2 400 r/min 之间。需要注意，采用人造金刚石进行锪窝的质量更高，使用寿命更长。

对于凯芙拉纤维复合材料，由于钻孔时已将纤维切断，且凯芙拉纤维具有很好的柔韧性，纤维在锪窝时往往产生退让，绝大部分难被切断，易被挤压在窝边，刀刃仅刮去复合材料中的树脂，从而造成极其粗糙的锪窝表面和纤维毛边。为此，可采用以下 3 种方法进行锪窝：

① 在凯芙拉复合材料板上加一块铝板，用普通锪窝刀具进行锪窝，转速选用 80～160 r/min，由于铝板将限制凯芙拉纤维滑移，这样加工出来的窝面较光滑，仅入口处有很小的毛边。

② 用四刃细锯齿锪窝钻（见图 6.6）进行锪窝，这种锪窝钻的 4 个切削刃上开有一些锯齿状小槽。在锪窝过程中，选用转速为 60～110 r/min，随着刀具旋转，切削刃利用小齿绞住凯芙拉纤维，能获得较好切削效果。

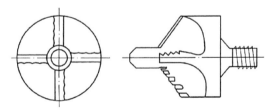

图 6.6　四刃细锯齿锪窝钻

需要注意的是,利用普通锪窝刀具或四刃细锯齿锪窝钻加垫板锪窝时,应采用专用锪窝限位器,如图 6.7 所示。锪窝时,先将铝垫板钻一小孔,使锪钻导柱能插入,然后通过限位器的弹簧压紧铝垫板进行锪窝,锪窝深度可以通过限位器调整。

③ 用 C 型锪窝钻锪窝,如图 6.8 所示。这种锪窝钻有两个 C 型刃,锪窝时,C 型刃可将凯芙拉纤维引向中心切断。在转速降低情况下,不用垫铝板,即可加工出高质量的窝。对于凯芙拉-碳纤维混杂复合材料层压板的锪窝,也可采用 C 型锪窝钻加工。

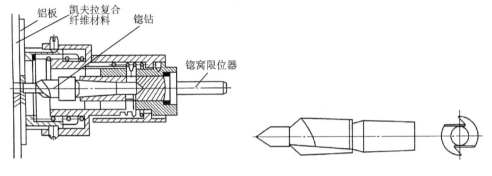

图 6.7 专用锪窝限位器   图 6.8 C 型锪窝钻

3. 叠层材料的钻孔

叠层材料是指纤维复合材料与金属板叠合在一起的结构,其钻孔较为复杂,因为两种材料的性质差异很大。一般传统的方法是采用分步钻孔,即钻不同材料时采用不同钻头和速度,采用这种方法加工效率低、质量得不到保证。为此,经过探索,发展了以下几种钻孔方法:

① 自适应钻孔:让钻头根据不同材料层自动改变转速和进给量。

② 啄式进给钻孔:用不连续的啄式(啄木鸟式)方式进行叠层材料钻孔,以避免连续钻孔引起的切屑长、热量大等问题,提高钻孔质量。

③ 采用复合金刚石钻进行钻孔:这种钻头的 PCD 刀头是采用粉末冶金的方法压在硬质合金钻头的钻尖上,典型结构如图 6.9 所示。利用这种钻头加工碳纤复合材料/钛合金叠层材料时,比钎焊 PCD 钻头提高耐用度 50 倍以上。

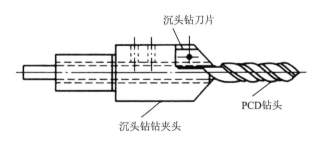

图 6.9 粉末冶金烧结的 PCD 钻头

6.1.3　复合材料切割技术

在飞机结构件的制造过程中,需对复合材料进行切割加工,鉴于复合材料独特的性质,其切割技术与传统金属材料存在一些区别,下面简要介绍几种复合材料用切割技术。

(1) 机械切割

采用机械方法切割复合材料时,选用的刀具材料应具有较高的硬度,刀刃要有足够的韧性,且应耐冲击、耐高温。一般可用金刚石砂轮片切割复合材料壁板,效果良好。用金刚石砂轮片切割时,加工质量受砂轮主轴转速、砂轮片进给速度、砂轮片伸出量以及工件的厚度等因素影响显著。

机械切割适用性强,使用广泛,适用于任何尺寸的带和宽幅织物。但是,机械切割方法速度慢、费用高,劳动强度大,难以切割多层板。

(2) 激光切割

用激光切割复合材料板时,工件边缘整齐,质量较好,可用来切割碳/环氧复合材料板、硼/环氧复合材料板和凯芙拉/环氧复合材料板等。采用激光切割方法,可以切割厚度较大的复合材料板。该方法精度较高,适用于切割固化和未固化的复合材料。但是,激光切割成本高,且需配合保护眼镜,激光切割后有时会出现毛边,切割缝处有烧蚀现象,使材料碳化而影响工件质量。

(3) 超声波切割

超声波是一种机械振动能,用来快速、简易、精确地切割复合材料。这种方法的切割速度快、可切割厚度较大、精度高、材料较为清洁。但是,该方法成本高。

(4) 高压水切割

高压水切割即是用高压水射流对工件进行切割或开孔。目前,可以用来加工碳/环氧、硼/环氧、芳纶/环氧等复合材料,且效果良好。采用高压水切割的优点主要有:

① 高压水射流加工不存在刀具磨损和更换的问题;

② 高压水切割为冷加工,没有热影响区,不会发生变形和烧蚀现象;

③ 高压水切割可以沿直线、曲线或数控完成切割或开孔等工艺,应用范围广;

④ 高压水切割速度快、切缝窄、切缝整齐无毛刺、效率高;

⑤ 切割过程中无切屑与粉尘飞扬,不会对人体产生危害;

⑥ 高压水切割获得的加工面平整,切断纤维整齐,质量明显高于普通机械切割。

但是,采用高压水切割时,也存在一些不足:

① 能量效率低,加工时使工件变湿,对吸湿性强的树脂特别不利;

② 喷嘴需要定期更换,成本较高;

③ 对于多层板的切割,效果不理想;

④ 切割过程噪声大。

高压水射流切割时,需要把高速液体(水或水添加剂的混合物,如砂子)所具有的能量,通过直径较小的喷嘴,用 3～4 倍于声速的高速射流对工件进行切割或开孔等加工。为获得高速水射流,需用增压器产生高压液体(420～450 MPa),并将高压液体集中到一个可控制的喷嘴,通过喷嘴的射流即可切割多种复合材料。

喷嘴是产生高速射流的最重要零件,典型喷嘴的断面形状如图 6.10 所示。喷嘴的形状与加工质量严重影响射流的工作情况和切割质量。喷嘴磨损后,射流严重扩散,不能再进行切割,因此,要求喷嘴材料耐磨性和耐腐蚀性好,并可承受高压。另外,为切割高强度和高硬度材料,在高压水射流的基础上发展了磨料水射流,即在水中加入磨料颗粒(如砂子),工作时,水经增压后高速射出,在一个专用装置内与磨料混合后,以一种特殊方式由喷嘴射出,从而提高高速射流的切割性能。

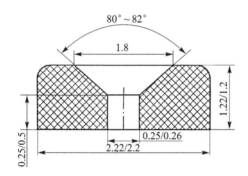

图 6.10　人造蓝宝石喷嘴形状

6.2　复合材料结构用紧固件

6.2.1　技术要求

由于复合材料断裂伸长小、抗冲击性差、横向强度和层间剪切强度低,一般金属结构用紧固件往往不能很好地满足工艺要求,因此,用于复合材料结构上的紧固件必须解决 4 个问题:电位腐蚀、容易被"卡死"、安装损伤和拉脱强度低。

① 电位腐蚀:普通紧固件材料(如钢、铝合金)与碳/环氧接触存在较大电位差,会导致电位腐蚀。为解决电位腐蚀问题,通常采用与待连接复合材料结构电位相近的钛合金紧固件等进行机械连接。

② 卡死:被"卡死"是复合材料结构上使用的螺纹紧固件经常出现一个问题,例如高锁螺栓这类大扭矩铁合金紧固件的钛螺母和 A286 螺母在拧到所要求的预载荷以前便被卡住,再也拧不动了,即被"卡死",主要原因是钛和 A286 黏性大。目前,可选用不锈钢螺母与高锁螺栓搭配以解决这一问题。

③ 安装损伤:复合材料层间强度低,在承受垂直于板面方向冲击力的情况下,容

易产生安装损伤,导致结构提前破坏。因此,在进行机械连接时,应尽量避免冲击加载,例如在铆接复合材料结构时,应尽量采用压铆,不宜采用锤铆或用大功率铆枪进行铆接。在铆接复合材料时,不宜使用干涉配合。

④ 拉脱强度低:为解决复合材料机械连接时拉脱强度低的问题:一是加大底脚,二是改进沉头形状。"底脚"是指紧固件安装后的螺母、环帽和钉尾的承载面积。对于较薄的复合材料结构,采用 130°剪切型沉头比 100°剪切型沉头所承受的载荷大 30%。

6.2.2　紧固件选择

在复合材料紧固件材料选择时,需考虑上述复合材料机械连接中常出现的问题。几种常用材料的开路电位及比强度如表 6.1 所列,从表中可以看出,钛合金比强度较高,且与复合材料之间的电位差较小,是复合材料结构用材料的最佳选择。

表 6.1　几种常用材料的开路电位及比强度

材　　料	碳纤维	不锈钢	钛合金	结构钢	铝合金
电位/mV	＋90～＋179	−309～−200	−408～−280	−608～−517	−935～−621
比强度/(N·m·kg^{-1})		4～6	18～22	10～22	15～18

制造螺栓常用的材料有 Ti－6A1－4V,这是一种 α＋β 合金,固熔时效后的强度水平与 30CrMnSiA 调质后相当,可达 1 100 MPa,其密度为 4.42 g/cm^3,相当于 30CrMnSiA 的 60%。但这种合金冷塑性差,用其制造螺栓时,螺栓头必须热镦成形。β 型合金的主要特点是在固熔化状态下有良好的塑性,用于合金制造螺栓时,螺栓头可直接冷镦成形,但 β 型合金价格较高。例如,用 Ti－22、47121 两种材料制造螺栓时,螺栓头可直接冷镦成形。另外,A286(中国牌号 GH2132)因其含有耐热元素,具有抗蚀性,可用于制造中等强度、耐腐蚀螺栓。

制造铆钉用的材料,除要求能防止电位腐蚀和具有高的比强度外,它还应具有良好的塑性,以满足铆接装配工艺要求。常用的铆钉材料有:

① 纯钛。与铝铆钉相比,纯钛铆钉抗电位腐蚀性能好、比强度高,而且用工厂现有铆接工具即可方便地施铆。但是,对于航空用铆钉材料而言,其性能指标,特别在塑性指标方面,还需做改进。

② 钛铌合金。钛铌合金与纯钛性能相近,其抗拉强度高于纯钛,变形抗力比纯钛低,更容易铆接成形。而且,经特殊加工工艺制造的钛铌铆钉,铆接时钉杆的变形很小,能防止钉杆不均匀膨胀对复合材料结构孔壁造成损伤,目前钛铌合金现在已越来越受到青睐,在很多场合取代了纯钛。

钛铌合金中加入了很多铌元素,成本较高,制造工艺较复杂,且材料密度有较大增加。但是,其比强度仍比纯钛略高。钛铌合金和纯钛均材料均适用于作为铆接碳纤维复合材料结构的铆钉,它们各有特色,应根据不同使用部位和要求,选择不同的材料。

常用的复合材料用紧固件有：

① 纯钛钉。铆接时加垫圈或制成空尾铆钉，用双面埋头铆接。

② β 型钛钉。可以冷铆和手工热铆，也可用于电磁铆接，用于复合材料与金属结构连接。

③ 单面抽钉。这种抽钉钉杆上无螺纹，制造较容易，可在一面完成安装。

④ 干涉配合钛环槽钉。这是一种用于复合材料结构的专用紧固件，连接时，先将薄的衬套放入孔内，钉杆直径大于衬套内径，拉入后产生干涉量，并不擦伤孔壁。而且，衬套带有台阶，增大了复合材料承压面积。

⑤ 双金属钛钉。钉的主要部分为 Ti－6A1－4V 材料，钉杆尾端用摩擦焊焊接一段塑性好的钛铌合金(Ti－45Nb)，适用于复合材料与复合材料的连接，可用手工铆接，加一钛垫圈可增大承压面积。

⑥ 大底脚螺纹抽钉。这是复合材料结构连接的很重要的紧固件，用量大。

⑦ 钛高锁螺栓。其主要优点是拧紧力矩设计适当，不压伤面板，安装螺母时加一垫圈，防止擦伤表面。

6.3　复合材料连接工艺

6.3.1　复合材料结构连接的主要类型

复合材料结构连接的主要类型包括铆接、螺接、胶接以及复合连接。其中，复合连接是机械连接(铆接或螺接)与胶接的组合，能提高结构的抗剥离、抗剪切和抗疲劳能力，但是采用复合连接会显著增加质量和成本，只可在一些特殊情况下选用。采用机械连接方法进行复合材料连接时，应优先选用螺接，尽量避免铆接。

将机械连接的方法应用于复合材料连接，主要优点有：质量检测方便，安全可靠；可传递大载荷，抗剥离性能好，且不易受环境影响；有效地避免胶接固化残余应力；采用螺接时，允许拆卸再装配；加工简单，无需进行专门的表面处理。但是，采用机械连接的方法，也存在一些缺点，例如：复合材料纤维会被切断，严重削弱承载能力；易被腐蚀和磨蚀；抗疲劳性能差；采用钢或铝紧固件时，存在电化学腐蚀问题。

将胶接应用于复合材料连接，主要优点有：可以保持纤维的连续，工件的承载能力不会被削弱；抗疲劳性能好；可用于不同材料的连接，不存在电化学腐蚀问题；表面较为光滑；连接的密封性较好。但是，采用胶接的方法，也有很多缺点：缺乏有效的质量检测方法，可靠性差；胶接的抗剥离能力差，不能传递大载荷；胶黏剂存在老化问题，易受环境影响；存在固化残余应力；连接结构不可拆卸；待连接工件需进行专门的表面处理。

6.3.2 铆接工艺性

复合材料结构采用铆接连接方法时,应优先选用环槽钉和抽芯铆钉。对于必须采用实心铆钉的部位,应选用压铆工艺。根据钉杆镦粗情况的不同,可分为钉杆镦粗的铆接和钉杆局部变形的铆接。钉杆镦粗的铆接是指实心铆钉的铆接;钉杆局部变形铆接指空尾铆钉、半管状铆钉及双金属铆钉的铆接。此外,为使钉杆及复合材料结构铆接变形小,还可以采用辗铆法。目前,复合材料铆接工艺已得到了较普遍的应用。

(1) 实心铆钉铆接工艺

碳纤维复合材料延伸率低、抗撞击能力差,用实心铆钉铆接碳纤维复合材料结构时,不宜采用锤铆,且不允许有大的干涉量。为达到减小干涉量的目的,铆接复合材料结构时,孔径应大于钉径,镦头处应加垫圈,垫圈内径应小于孔径。实心铆钉用的材料品种很多,其中钛铌合金制造的铆钉应用最普遍。

此外,纯钛 TA1 有良好的冷镦工艺性及铆接工艺性,且价格低廉,已成功地应用在碳纤维复合材料飞机结构上。几种常用铆钉的孔径、垫圈内径按表 6.2 所列确定。对于其他的铆接参数(见图 6.11),规定如下:铆钉伸出量 C 为 $1.3d$;镦头直径 B 为 $1.4d\pm0.10$;镦头高度 A 为 $0.6d\,^{+0.05}_{-0.10}$。

表 6.2 孔径及垫圈内径

钉径 d/mm	孔径 D_1/mm	垫圈内径 D_2/mm
2.0	2.8~2.9	2.6~2.7
3.0	3.3~3.4	3.1~3.2
3.5	3.8~3.9	3.6~3.7
4.0	4.3~4.4	4.1~4.2

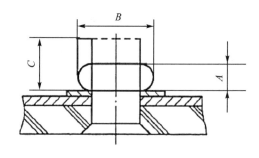

图 6.11 铆后墩头参数

（2）空尾铆钉的铆接工艺

空尾铆钉的钉尾有一空心段,连接结构上、下表面均有 100°的窝,铆接后形成双面沉头的连接结构,典型的空尾铆钉结构如图 6.12 所示。铆接时,将铆钉插入孔中,并将成形铆模放在铆接机上,由于钉尾有一空心段,其刚度较低,在仅为实心制钉一半的安装力作用下,钉尾会发生变形,在 100°的沉头窝内形成镦头。

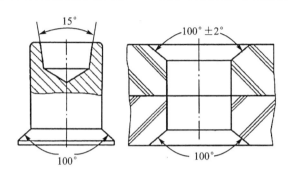

图 6.12　典型空尾铆钉结构

在铆接成形时,空尾铆钉只是钉尾变形,钉杆主要部分基本不膨胀,因此钉、孔虽呈间隙配合,但间隙要比实心铆钉的小,此外,铆接仍需采用压铆。这种铆钉适于用在两面均有齐平度要求的操纵面结构。

空尾铆钉的铆接质量要求是:

① 钉的喇叭形尾部不得有肉眼可见的开裂。

② 喇叭形尾部轴线不得偏离钉轴中心 1 mm 以上。

③ 铆钉成形时,若两个端面凸出量超过 0.381 mm 时需进行铣削,如图 6.13 所示。应保证:喇叭形尾部不偏离钉轴中心;四周突出量不超过 0.635 mm;铆钉不被铣出低于 0.254 mm 的下陷;在任何部位,不得有多于 25% 的铆钉被铣削。

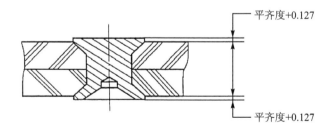

图 6.13　空尾铆钉安装要求

（3）半管状铆钉的铆接工艺

典型半管状铆钉结构如图 6.14 所示,该铆钉的钉尾也有一空心段,与空尾铆钉不同的是,被其连接的结构上、下表面均不镦窝。铆接时,在安装载荷及成形模的作用下,形成帽形镦头,能有效地将构件连接在一起,主要用于内部结构。

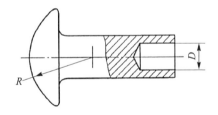

图 6.14　半管状铆钉典型结构

半管状铆钉的安装质量要求是:

① 半管状铆钉的安装,必须使钉尾翻边折向板的底面形成镦头,需要注意,铆钉长度的选择要合理,如图 6.15 所示。

② 若铆接镦头径向开裂不会引起复合材料结构表面损伤,则可认为铆接合格;若引起与镦头接触的复合材料板开裂,则认为铆接不合格。

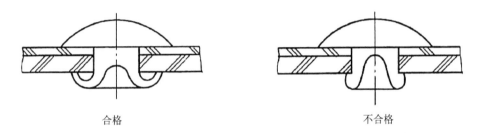

合格　　　　　　　　　　　　　　　　　不合格

图 6.15　半管状铆钉的安装要求

(4) 双金属铆钉的辗铆工艺

双金属铆钉(Cherry BUCK)是由 Ti-6A1-4V 作为杆体、Ti-Nb 作为钉尾,通过摩擦焊连接成为一体的双金属紧固件。与同类剪切紧固件相比,这种紧固件能节重 10%~40%;而且双金属铆钉特别适于用自动钻铆机进行铆接。

辗压铆接可有效降低复合材料的铆接变形,目前有两种辗压铆接法:圆周辗压铆接和径向辗压铆接。其中,圆周辗压铆接的用量占辗压铆接总用量的 90%~93%。下面简要介绍铆具做圆周移动的辗压铆接方法。

圆周辗压铆接时,铆具轴运动轨迹为空间圆锥面,圆锥面的顶点为轴线上的 a 点,圆锥面轴线即为铆钉的轴线,如图 6.16(a)所示。铆具移动消除了铆钉同铆具接触部位产生的摩擦力,在铆具做圆周移动时,铆具同铆钉杆端面的接触在理论上是线性的,但实际上却是近似扇形的。它的中心角取决于铆接规范(轴向力、铆具轴的旋转速度和进给量)、铆具倾斜角以及变形材料力学性能等。铆具的运动促使铆钉材料沿径向流动,每个行程的钉杆变形层深度很小,从而导致铆钉杆外露段的侧面外形近似圆锥面(见图 6.16),这不同于压铆时呈现的中凸的桶状。铆钉杆材料在镦粗过程的流动特性有利于填满沉头窝。

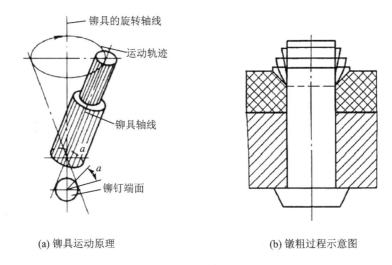

(a) 铆具运动原理　　　　　　　　　(b) 镦粗过程示意图

图 6.16　辗压铆接原理

6.3.3　胶接工艺性

采用胶接方法连接结构时,应尽量避免如图 6.17 所示的"架桥"构形,因为此类结构无法采用一次胶接工序实现,也无法实现层压结构的共固化,质量控制复杂。而且,胶接结构总厚度不应确定为一个固定值,而应采用参考厚度尺寸的形式。最后需要注意,胶接结构由不同的材料组成时,应考虑材料的热膨胀效应,以避免结构产生翘曲。

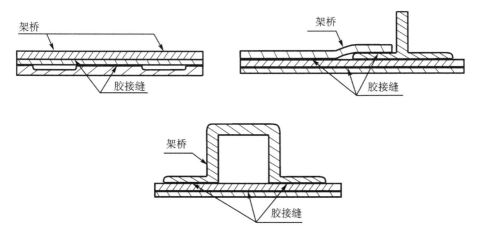

图 6.17　复合材料胶接结构"架桥"构形

思考题

1. 简述复合材料机械连接方法的特点和方法。
2. 用于复合材料连接的紧固件有什么特殊要求？
3. 用于复合材料连接的切割技术有哪些？

第7章 装配工艺设计

7.1 部件装配工艺设计内容和程序

7.1.1 工艺设计主要内容

部件装配工艺设计贯穿于飞机设计、试制及批生产的全过程,在飞机生产各个阶段的工作重点有所不同。部件装配工艺设计的主要内容包括:

(1)划分装配单元

根据飞机部件的结构工艺特征,合理地进行工艺分解,将部件划分为段件、板件、组合件等装配单元。

(2)装配基准和装配定位方法的确定

装配工艺设计的任务是采用合理工艺方法和工艺装备,从而保证装配基准的实现。部件装配基准是保证飞机外形准确度所采用的外形零件的定位基准,是在飞机设计过程中根据飞机气动外缘准确度确定的。

装配定位方法是指确定各装配单元组成元素相互位置的方法。通常来说,在保证产品图样和技术条件要求的前提下,需综合考虑操作简便、定位可靠、质量稳定、开敞性好、工装费用低和生产准备周期短等因素,进而确定定位方法。

(3)保证准确度、互换性和装配协调工艺方法的选择

主要内容包括装配协调方案的制定、确定协调路线、标准工艺装备的选择、确定主要的生产工艺装备、确定工装之间的协调关系、拟采用的设计和工艺补偿措施等。

(4)各装配元素交接供应技术状态的确定

供应技术状态是对装配单元中各组成元素(包括零件、组件、部件)在符合图样规定外而提出的工艺状态要求。

(5)装配过程中的工序、工步组成及各构造元素装配顺序的确定

装配顺序是指各装配单元构成元素的先后安装次序。工序和工步组成包括:装配前准备工作;零组件定位、夹紧和连接;系统、成品安装;互换部位的精加工;各种调整、试验和检查;清洗、称重和移交,以及工序检验和总检等。

(6)工具、设备和工艺装备的选定

主要工作内容包括:编制通用工具清单;选择通用设备及专用设备的型号、规格

和数量;申请工艺装备的项目、数量,并对工艺装备的功用、结构、性能提出设计技术要求。

通常来说,工艺装备包括以下几类:

① 标准工艺装备,包括标准样件、标准模型、标准量规及制造标准工艺装备的过渡工装等;

② 装配工艺装备,包括装配夹具(型架)、精加工型架、安装定位模型(量规、样板)、补铆夹具、专用钻孔装置和钻孔样板(钻模)等;

③ 检验试验工装,包括测量台、试验台、清洗台、检验型架、平衡夹具和试验夹具等;

④ 地面设备,包括吊挂、托架、推车和工作梯等;

⑤ 专用刀量具,包括钻头、锪钻、塞规(尺)及其他专用测量工具等;

⑥ 专用工具,包括拧紧、夹紧、钻孔、铆接工具等;

⑦ 二类工具,如顶把、冲头等。

(7) 零件、标准件和材料配套

主要内容包括:按工序对零件、标准件进行配套;计算基本材料和辅助材料定额;按部件汇总标准件和材料。

(8) 工作场地的工艺布置

主要内容包括:估算装配车间总面积、准备原始资料和绘制车间平面工艺布置图。

7.1.2 工作程序

部件装配工艺设计贯穿飞机制造的整个过程,包括产品设计阶段、研制试制前的工艺准备阶段、试制生产阶段、小批生产阶段和大批生产阶段。

(1) 产品设计阶段

在此阶段,与装配工艺设计相关的工作包括:进行设计工艺性审查;确定装配基准、分离面(包括设计和工艺)的划分、设计补偿和工艺补偿;确定装配顺序、定位基准和定位方法;确定互换与替换项目、互换技术要求和保证互换协调方法;确定新工艺、新技术项目。

(2) 研制试制前的工艺准备阶段

该阶段的工艺设计工作程序一般如图 7.1 所示。

(3) 研制试制生产阶段

在此阶段,根据研制试制生产中暴露的工艺技术问题,进行以下工作:编发技术协调措施,修改完善装配协调方案、装配协调图表和指令性状态表等工艺文件;随时修改工艺规程,纳入技术攻关成果,同时配套更改其他工艺文件;对工艺文件进行工

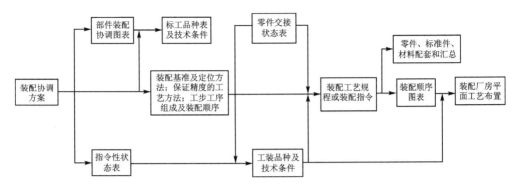

图 7.1　工艺准备阶段工作程序

艺鉴定工作。

此外,在该阶段还应为下一阶段工作进行准备,具体包括:补充标准工艺装备,以达到标工的完整、成套和协调;申请解决协调、稳定质量并满足小批生产的工艺装备;更改零件交接状态,以满足批生产的要求;根据工艺更改,编写批生产工艺规程(或装配指令);调整工艺布置。

（4）小批量生产阶段

在小批量生产阶段,应继续解决研制试制过程遗留的工艺技术问题,稳定产品质量;并对工艺文件实施质量控制,始终使工艺文件处于完整、正确和协调的状态,使之符合生产许可审定或生产定型标准。

此外,还需采取相关措施为大批量生产阶段进行一定的工艺准备,例如进一步分解装配单元,以扩大工作面或提高机械化施工技术;申请满足批生产要求的工装、机械化钻孔和铆接设备;调整工艺布置,建立流水生产线或专业生产线。

（5）大批量生产阶段

在进入此阶段后,应巩固生产许可审定或生产定型成果,对工艺文件实施动态管理,始终处于正确、协调状态;另外,要总结生产实践经验,吸取国内外先进技术,改进工艺方法,不断提高劳动生产率,降低生产成本。

7.2　装配协调方案

7.2.1　协调方案制定依据和原则

（1）制定依据

制定装配协调方案时,需综合考虑工艺总方案、产品图样、产品技术条件、工厂生产技术基础和工艺技术水平等各方面的情况,并据此制定合适的装配协调方案。

在工艺总方案方面,应考虑研制或批生产规划、互换协调原则、零组件交接状态确定原则以及工艺装配的选择和制造原则等对装配协调方案的影响。

在产品图样和技术条件方面,需考虑的因素有:设计分离面和工艺分离面的划分;飞机外形技术要求;部件相对位置公差;全机互换、替换项目和互换、替换技术要求;其他功能技术要求,如平衡、气密性和油密性等。

此外,制定装配协调方案时,还应考虑工厂生产技术基础和工艺技术水平方面问题,一般包括:基础设施及加工设备能力,如厂房面积、高度、设备能力、工艺装备生产能力等;工艺技术水平,如装配工艺、零件制造工艺等;传统的工艺方法,选用的方法最好是工厂具有优势的、习惯的,且能保证准确度的方法。

(2)制定原则

制定装配协调方案的一般原则如下:

① 应侧重装配过程和协调互换中的关键环节;

② 既要考虑装配过程中各环节的协调,又要考虑装配、冲压和机械加工等各环节之间的协调;

③ 在充分论证和分析的基础上,选用工厂现有的物质技术和成熟的工艺方法,另外,对某些工艺薄弱环节,在制定新机装配协调方案时应予以改进;

④ 既要考虑工艺的继承性,又要积极采用先进的工艺方法和保证互换协调方法;

⑤ 进行必要的误差分析和计算,选用最佳的装配协调方案。

除上述的一般原则外,在飞机不同制造阶段的装配协调方案还需遵循一些其余的原则,而且不同的阶段,侧重点不相同。

在研制、试制阶段,制定装配协调方案应遵循原则有:合理减少装配单元,采用相对集中的装配原则,减少装配环节;协调部位尽可能采用配装和各种补偿来达到协调;广泛采用装配孔和定位孔的定位方法,充分利用工艺余量;选用的工装及其结构,应考虑批生产时的继承性;选齐保证协调和互换的标准工装。

在批生产阶段,制定装配协调方案应遵循的原则有:根据产量要求将装配单元划分细化,以扩大工作面,提高装配机械化程度,缩短架内装配周期;完善协调方案,提高零件及装配过程中的协调准确度,减少修配工作量;完善定位方法;充分利用钻模、钻孔样板或导孔确定紧固件的孔位,提高生产效率;完善、补充重要零件的检验验收工艺装备,增加部件装配过程中必要的检验台、对合台、水平测量台等,以稳定产品的质量;补充标准工装品种,达到全机标准工装系统的完整、协调、成套。

(3)制定步骤

制定装配协调方案的一般步骤如下:

① 选取工艺分离面,划分装配单元;

② 根据确定的装配单元,绘制指令性装配顺序图表;

③ 确定装配单元中的主要零组件的定位基准和定位方法;

④ 确定参与装配的主要零组件的交付技术状态；

⑤ 根据主要部组件的技术状态要求，安排装配过程中的主要工序；

⑥ 提出主要装配工艺装备目录；

⑦ 根据分离面、定位基准和定位方法等条件，确定协调部位及需要协调的零件；

⑧ 确定对每个协调部位及需要协调零件的协调方法；

⑨ 根据定位基准、定位方法、零件协调和标准工装之间的协调等因素，确定协调依据的技术要求；

⑩ 提出需要的标准工装目录。

7.2.2　协调方案内容

装配协调方案包括结构介绍、装配方案和协调方案等三部分，一般以部件或分部件为单元进行编写。另外，对于改动量不大的改型机，可以整机为单元进行编写。各部分主要内容简介如下：

（1）结构介绍

在此部分，需要对部件基本情况进行介绍，主要包括：部件外廓尺寸，如机身长、宽、高，机翼的翼展、最大厚度、最大弦长等；结构件布置，如部件的结构形式，框、肋、梁、门、盖的布置等；部件对接分离面的构造、连接形式和对接技术要求。

（2）装配方案

① 装配单元划分。主要包括：工艺分离面的选取位置；装配单元目录，如装配单元名称、图号和数量；部件划分出的装配单元的立体示意图。

② 指令性装配顺序图表。该图表重点表示装配过程中各装配单元逐级进入装配或进入架外装配的先后顺序。装配顺序图表自下而上表示组件装配—架内装配—架外装配—部件的装配过程，平级的装配顺序从左至右排列。装配顺序图表的格式如图 7.2 所示。

③ 主要零件、组件、分部件的定位基准及定位方法。在装配基准方面，应确定以骨架为基准装配或以蒙皮为基准装配。在选择定位基准时，应综合考虑协调、互换及装配准确度，进而确定主要零件进入组件、分部件和部件装配时的定位基准，以及主要组件和分部件进入部件装配时的定位基准，并指出主要定位基准、辅助定位基准及重要基准定位件的公差带和补偿间隙。此外，还需进行定位方法的选择，如划线、装配孔、基准零件和装配型架等。

④ 主要工序的内容、安排和要求。主要的装配工序内容包括精加工、外形检查、水平测量点标识、重要对接接头的检查、部件水平测量和分部件对接等。在装配方案中，需说明主要工序的安排、完成顺序、工艺容差、检测方法和工具设备等。

⑤ 零组件、分部件和部件的交付技术状态。

⑥ 主要装配工艺装备目录。目录应包括装配型架、精加工型架、对合型架、检验

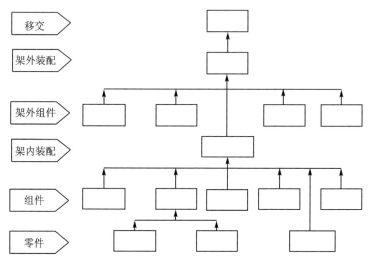

图 7.2　装配顺序图表格式

台、试验台及主要的铆接夹具等。

（3）协调方案

① 互换协调部位及协调方法。在协调方案中的互换协调部位通常包括设计分离面、互换件与基准件的互换部位、协调关系复杂的工艺分离面、多台型架重复定位的同一接头或型面、复杂理论外形部位、装配工装与零件工装需要统一协调依据的部位等。而所谓的协调内容，即明确协调要素、协调容差及协调控制环节。常用的协调方法包括使用标准工装协调、标准实样协调、利用设计补偿与工艺补偿协调等。

② 协调依据的技术要求。技术要求包括：所选标准工装的名称、结构功能、用途和特殊容差要求；标准工装的制造依据及标准工装之间协调关系，对合检查时的对合基准、协调检查内容及协调容差；采用数值量协调方法的范围、协调内容及与模拟量传递协调方法的衔接关系；标准实样的协调内容及取制条件。

③ 重要协调关系零件的指令性状态要求。主要包括：零件的协调控制部位；零件检验工艺装备的协调制造依据；零件在检验工装内的检查部位、方法及容差等。

④ 标准工艺装备目录。

7.2.3　装配单元的划分

在飞机的成批生产中，一般采用分散装配原则，即一个部件的装配工作在较多的工作地点和工艺装备上进行。与之相对应的是集中装配原则，即装配工作主要集中在部件总装型架内进行，这种原则一般应用在飞机研制或试制过程中。

飞机部件能否进行工艺分解，取决于部件的结构，另外，在装配单元的划分过程中，为应特别注意提高装配单元的板件化程度，以提高装配的机械化程度。典型机身工艺分解图和机翼结构工艺分解图分别如图 7.3 和图 7.4 所示。

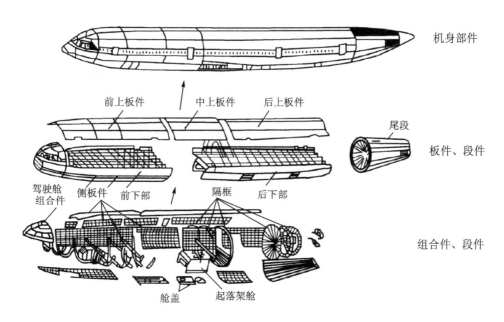

图 7.3　典型机身工艺分解图

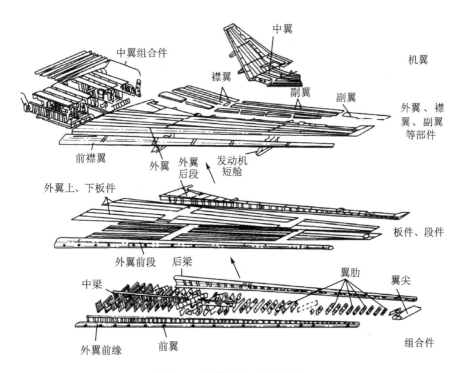

图 7.4　典型机翼工艺分解图

　　飞机结构的工艺分离面,根据组合的先后次序不同,可能有好几种方案。例如,图 7.5 所示的机翼结构,其两种组合方案如图 7.6 所示。

　　图 7.6(a)所示的方案一是将前梁划分到前段上,将后梁划分到后段上,中段上、下蒙皮预先分别与长桁连接,然后在机翼总装型架内组合并铆接。

　　图 7.6(b)所示的方案二是把前梁、后梁、翼肋中段、上板件和下板件组成中段,前段不带前梁,后段不带后梁,然后在机翼总装型架内组合并铆接。

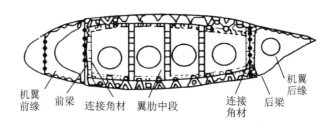

图 7.5　机翼典型切面结构示意图

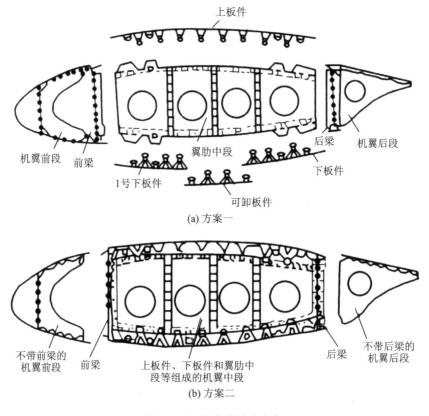

(a) 方案一

(b) 方案二

图 7.6　机翼段件划分方案

从工艺上讲,上述两种方案都是可行的。在方案一中,机翼前段和机翼后段的工艺刚度大,对保证前、后段的外形有利,但总装工作量较大。在方案二中,机翼前段和后段的工艺刚度小,但总装工作量较方案一要少些。需要注意的是,在考虑方案时,切不要把翼肋中段和上、下板件预先组合在一起,因为这种组合件内无前梁和后梁,工艺刚度小,而且该组合件与前、后段连接时也较困难。

采取方案一及方案二进行机翼装配的装配图表分别如图 7.7(a)和图 7.7(b)所示。

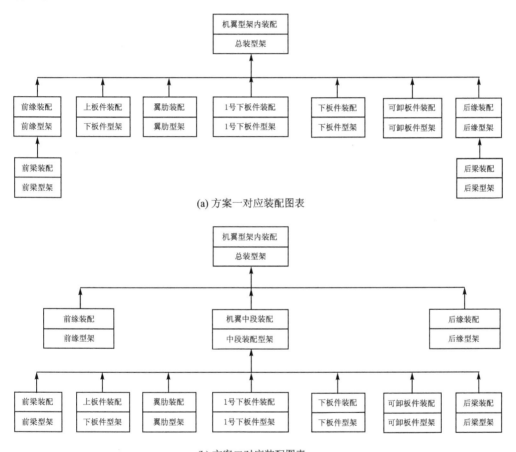

图 7.7　机翼装配图表

飞机部件的结构形式多种多样,工艺分解时可能会有各种复杂情况,但是,在方案选择时应考虑构造可能性、工艺开敞性、装配单元工艺刚度、是否有利于尺寸和形状的协调,以及是否有利于减少部件总装阶段的工作量等。在实践工作中,各种方案中可能出现相互矛盾的情况,此时应根据具体情况,如产量大小和工厂经验等,权衡主次,力求合理解决。

7.2.4　装配单元的装配顺序

通常可利用部件装配顺序图表来表示部件的装配顺序。装配顺序图表反映了部件的各装配单元逐级装配为部件过程中的装配层次及先后次序,是进行工艺准备、生产计划管理和车间平面工艺布置的主要依据。

一般来说,在设计部件装配顺序图表时,应遵循以下原则:

① 部件装配的一般顺序应是小组件→大组件→段件→部件;

② 以骨架为基准进行装配时,先进入构成骨架的组件,如机翼装配,应先装入翼梁、翼肋,后装蒙皮;

③ 前道工序的结构一般不得影响后道工序的连接通路,否则,需对装配顺序进行调整;

④ 对于飞机内部结构件及系统件,能在前道工序完成安装的,不应转到后道工序;

⑤ 不需要在总装型架内定位的组件和系统件安装、系统试验,以及能以产品结构为基准,通过安装量规、安装模型定位安装的组件,应安排在架外装配;

⑥ 易损组件的装配顺序应尽量往后安排;

⑦ 除影响部件对接通路及协调的结构件、系统件不安装外,应尽量提高部件(段件)的完整性。

在装配顺序图表中,一般应包含以下基本内容:

① 参与装配的主要零件、组件、部件;

② 装配中的主要工序,如精加工、部件对合、系统安装及主要试验等;

③ 反映各级装配关系及装配顺序;

④ 标明各装配单元的名称、控制码、装配工艺装备编号和预估的装配周期;

⑤ 反映装配过程的主干线。

常用的装配顺序图表有框式装配顺序图和示意图式装配顺序图。在框式装配顺序图中,方框可以表示零件、装配单元或工作内容,相应的名称或图号写在方框内。构成装配单元的方框以粗实线表示,箭线表示装配关系,反映装配主干线的箭线用粗实线表示。框式装配顺序图的装配顺序可以自下而上绘制,也可以自左而右绘制。图7.8所示为自左而右的框式装配顺序图表,同级装配顺序自上而下表示。图7.9所示为自下而上的某型机外翼的装配顺序图,同级装配顺序由左至右表示。

在示意图式装配顺序图中,零组件、部件以示意图的形式表示,装配关系及装配顺序以箭线表示,零组件名称、部件名称、图号或工作内容写在示意图附近,或另列表表示。某型机机身中段示意图式装配顺序图如图7.10所示。

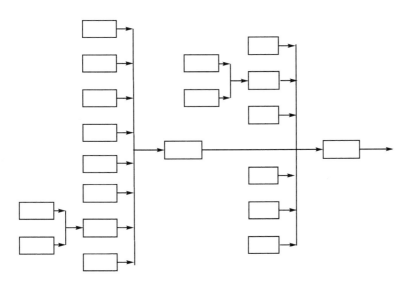

图 7.8　自左至右的装配顺序图

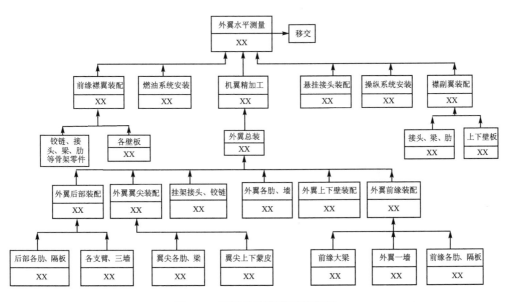

图 7.9　某型机外翼装配顺序图

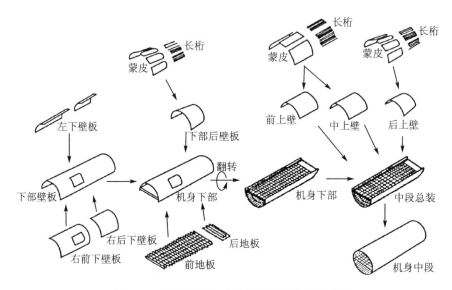

图 7.10　某型机机身中段示意图式装配顺序图

7.3　装配基准

7.3.1　装配工艺基准分类

　　基准是确定结构件之间相对位置的一些点、线或面,可分为设计基准及工艺基准。设计基准是设计用来确定结构件外形或决定结构相对位置的基准,如飞机轴线、弦线等。工艺基准是在工艺过程中,存在于零件、装配件上具体的点、线或面,可以用来确定结构件的装配位置。设计基准是空间的线或面,在实际生产中,需要通过模线样板、基准孔或标准样件等协调手段,间接地实现设计基准与工艺基准的统一。例如,采用标识物标记的方法,将飞机水平基准线、飞机对称轴线标记在结构件表面上,装配时加以利用。

　　根据功用不同,工艺基准可分为定位基准、装配基准和测量基准。

　　① 定位基准用来确定工件在夹具上的相对位置;

　　② 装配基准用来确定工件之间的相互位置;

　　③ 测量基准用来作为测量装配尺寸的起始点。

7.3.2　装配工艺基准选择依据和原则

1. 选择依据

装配工艺基准的选择依据主要有产品图样及技术条件、结构件刚性和工艺因素。

（1）产品图样及技术条件

产品图样及技术条件主要包括产品结构特点、结构件功用和准确度要求等。例如，定位决定部件外形的结构件时，应尽量以外形面作为定位基准；而对于具有对接孔的接头或组件，应选择对接孔或叉耳侧面为定位基准。又如，对于梁、肋、框、长桁等有轴线要求的结构，应尽量以该结构件的轴线作为定位基准；对于有对合要求的对接孔和对接平面，应选择对接孔和对接平面作为定位基准。

（2）结构件的刚性

对于刚性较好的结构件，其定位必须符合 6 点定位规律，即约束其空间的 6 个自由度（3 个移动自由度和 3 个转动自由度）。需要注意的是，每个结构件工艺基准的选择都必须达到 6 个自由度的控制。加强框在机身总装时，6 个自由度的控制示意如图 7.11 所示。

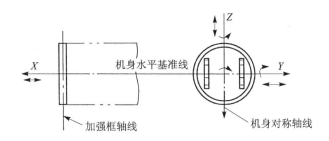

图 7.11　加强肋 6 点定位原则示意图

对于低刚性的结构件，其定位不遵循 6 点定位规律，而通常采用过定位的方法，其主要目的是维护结构件的形状或强迫变形使结构件符合定位件要求。但是，过定位也是产生装配应力的原因之一。在实际生产过程中，选择哪种定位形式，取决于结构件的尺寸大小、形状复杂程度、刚性高低和外形准确度要求等。

（3）工艺因素

在飞机装配过程中，选择装配工艺基准还应考虑工艺因素的影响，主要包括：

① 以结构件上的工艺孔作为工艺基准。在保证位置准确度和外形准确度的前提下，可考虑以工艺孔（包括装配孔和定位孔）代替边缘或外形作为定位基准，以简化定位方式和工装结构。

② 以工艺接头孔作为定位基准。当结构件不允许制孔，或结构上的孔不能满足定位刚度和强度要求时，可以工艺接头孔作为定位基准。

③ 装配工艺基准的选择应满足装配协调要求，即不同组件协调部位的定位基准应该统一，同一组件在不同夹具上的定位基准也应该统一。

④ 还应考虑施工通路的影响，即在保证定位准确度的前提下，使用工艺装备定位应结合施工通路要求来选择定位基准。

2. 选择原则

在选择定位基准和装配基准时应遵循以下 4 个原则：

① 装配定位基准与设计基准统一原则。结构件定位应尽可能直接利用设计基准作为装配定位基准。不能直接利用的，应通过工艺装备间接实现定位基准与设计基准的统一。例如，图样上的机翼翼肋是通过肋轴线确定的位置，因此定位翼肋时，应选择翼肋轴线面作为定位基准。

② 装配定位基准与零件加工基准统一原则。应尽量做到装配定位基准与零件加工基准的统一，当二者不统一时，应进行协调。例如，在装配夹具内定位整体翼肋和整体大梁时，可采用翼肋和大梁数控加工时的定位基准孔作为装配定位基准，可保证较高的位置准确度。

③ 装配基准与定位基准重合原则。例如，在采用叉耳式或围框式对接部件或分部件时，这些接头或平面在部件（或分部件）装配时是定位基准，在部件对接时可选作装配基准。

④ 基准不变的原则。在部件的整个装配过程中，每道工序及每一个装配阶段都用同一基准进行定位，即构件的二次定位应采用同一定位基准。例如，在机翼前梁装配时，以前梁接头对接孔作为定位基准，那么在前梁与前缘对合、部件总装时，均应以该接头对接孔作为定位基准。

7.3.3　不同装配基准的外形误差分析

飞机部件外形准确度直接影响到飞机的飞行性能，因此，在飞机装配过程中，通常使用两种装配基准，即以骨架为基准和以蒙皮为基准，以保证飞机部件的外形准确度。以蒙皮为装配基准通常又可分为以蒙皮内形为基准和以蒙皮外形为基准。

（1）以骨架为装配基准

以骨架为基准的装配示意图如图 7.12 所示。其中，图 7.12（a）所示的装配过程为：将翼肋按定位孔定位，铆上桁条，组成骨架，放上蒙皮，用橡皮绳或钢带拉紧，然后进行骨架与蒙皮的铆接。图 7.12（b）的装配过程为：将翼肋按卡板定位，与大梁、桁条等组成骨架后，放上蒙皮，用卡板压紧，然后进行骨架与蒙皮的铆接。

以骨架为装配基准的装配工艺方法，其误差积累是"由内向外"的，最后积累的误差反映在部件外形上。部件外形误差由以下几项误差积累而成，包括：

① 骨架零件制造的外形误差；

② 骨架的装配误差；

③ 蒙皮的厚度误差；

④ 蒙皮和骨架由于贴合不紧而产生的误差；

⑤ 装配后产生的变形。

以骨架为基准装配方法的误差分析示意图如图 7.13 所示，图中，N 表示压紧

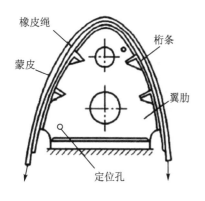

(a) 不带卡板装配

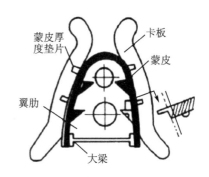

(b) 带卡板装配

图 7.12 以骨架为基准装配机翼示意图

力,δ_1 和 δ_2 为蒙皮厚度,H 为外形参数。外形误差 ΔH_x 可表述为

$$\Delta H_x = \Delta H_k + \Delta \delta_1 + \Delta \delta_2 + C_i \qquad (7.1)$$

式中:$\Delta \delta_1$ 和 $\Delta \delta_2$ 为蒙皮厚度误差;ΔH_k 为骨架(肋、框)外形误差;C_i 为变形和温度引起的变形误差。

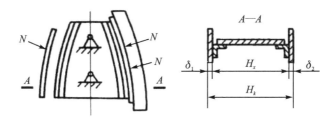

图 7.13 以骨架为基准装配误差分析简图

(2) 以蒙皮外形为装配基准

以蒙皮外形为基准进行装配的典型装配示意图如图 7.14 所示。其装配过程如下:由于翼肋结构被分成了两个半部,在装配时,应首先将半肋和桁条夹在蒙皮上,然后用撑杆将蒙皮顶紧在卡板上,最后将两个半肋连接在一起。

以蒙皮外形为基准装配方法的误差分析示意图如图 7.15 所示,部件装配完成之后的外形误差 ΔH_x 可表述为

$$\Delta H_x = \Delta H_{cn} + (\Delta H_{c1} + \Delta H_{c2}) + C_i \qquad (7.2)$$

式中:ΔH_{cn} 为装配夹具(翼肋模型)制造误差;ΔH_{c1}、ΔH_{c2} 为壁板与装配夹具(翼肋模型)不贴合间隙;C_i 为变形和温度引起的变形误差。

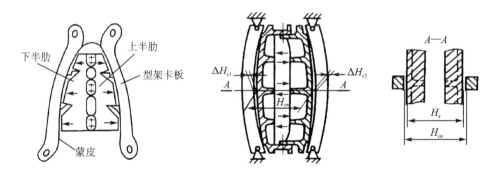

图 7.14　以蒙皮外形为基准装配示意图　图 7.15　以蒙皮外表面为基准装配误差分析示意图

采用这种装配方法,误差积累是"由外向内"的,积累的误差在内部骨架连接时用补偿的方法来消除。部件外形准确度主要取决于装配型架的制造准确度和装配后的变形,部件外形误差主要由以下几项误差积累而成:

① 装配型架卡板的外形误差;

② 蒙皮和卡板外形之间由于贴合不紧而产生的误差;

③ 装配后产生的变形误差。

（3）以蒙皮内形为装配基准

以蒙皮内形为基准的装配方法是,将蒙皮压紧在型架（夹具）的内托板（以蒙皮内形为托板的外形）上,再将骨架零件（一般为补偿件）装到蒙皮上,最后将骨架零件与骨架（或骨架零件）相连接。

以蒙皮内形为基准装配方法的误差分析示意图如图 7.16 所示,部件装配完成之后的外形误差 ΔH_x 可表述为

$$\Delta H_x = \Delta H_{cn} + \Delta \delta_1 + \Delta \delta_2 + (\Delta H_{c1} + \Delta H_{c2}) + C_i \qquad (7.3)$$

式中:ΔH_{cn} 为装配夹具（翼肋模型）制造误差;$\Delta \delta_1$ 和 $\Delta \delta_2$ 为蒙皮厚度误差;ΔH_{c1}、ΔH_{c2} 为壁板与装配夹具（翼肋模型）不贴合间隙;C_i 为变形和温度引起的变形误差。

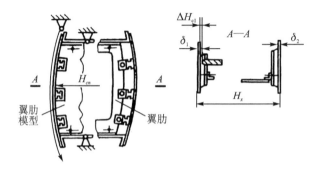

图 7.16　以蒙皮内形为基准装配机翼示意图

7.4 装配定位方法

7.4.1 划线定位

划线定位法通常包括用通用量具和划线工具划线、用专用样板划线和用明胶模线晒相的方法。这种方法的定位准确度较低,一般用于刚度较大、位置准确度要求不高的部件。图 7.17 所示为用划线定位加强角材示意图,图中所示翼肋组合件上的加强角材,由于其位置准确度要求不高,可用划线定位。但上、下缘条的位置准确度直接影响到部件的空气动力外形,故不宜采用划线定位,即仅尺寸 L 可用划线法确定。图 7.18 所示为在蒙皮上划线装配长桁和框。

用划线定位效率低,准确度差,但是,划线定位方法通用性强,在成批生产中可作为一种辅助的定位方法。例如,翼肋、隔框或大梁上的加强角材,仪表板的支架,飞机的铆钉及焊点位置等,有时是用划线确定位置的。

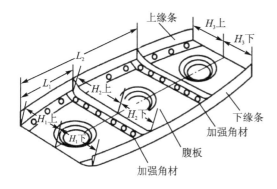
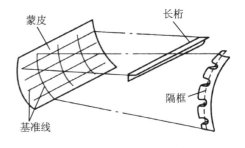

图 7.17 用划线定位加强角材示意图   图 7.18 用划线定位长桁、框示意图

在选定的基体工件上涂以感光材料,用明胶板(或明胶模线)在基体工件上晒出待装工件的外廓位置线,这就是接触晒相法。晒相法比手工划线定位准确度高、省工省时,适用于试制或小批量生产阶段。图 7.19 所示为口盖蒙皮上晒相定位铰链和锁扣的示意图。

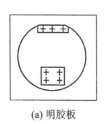

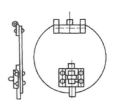

(a) 明胶板   (b) 显影后的口盖蒙皮   (c) 装配好的口盖组件

图 7.19 晒相法定位角链和锁扣示意图

7.4.2　基准件定位

采用基准件定位方法时,选择的基准件应满足以下要求:

① 基准件必须有较好的刚性,即在自重作用下能保持自身形状和尺寸。对于低刚性结构件,可通过工装或其他方法增强其刚性。

② 基准件上用作定位基准的点、线、面的形状、尺寸和位置必须符合图样,并满足协调要求和待定位零件的位置要求。如果这些点、线、面是在装配过程中形成的,则应该合理选择该工件上一道工序的定位方法。

在实际装配过程中,可以直接利用基准件进行定位,也可以将基准件定位作为辅助手段,下面分别介绍。

① 完全利用基准件进行定位。该方法可用于装配过程中的某些零件定位,例如蒙皮上的口盖孔不留余量,口框、口盖按口盖孔定位;又如,连接角片以预先装配好的隔框与长桁定位,如图 7.20 所示。

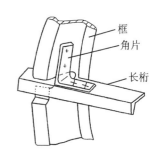

图 7.20　角片以框、长桁定位

也可用于某些部件的定位,即部件以基准部件上经过协调的孔和面为基准定位。例如,在架外进行机身各段的对接、机身和机翼的对接等。在工艺分离面没有孔和面可利用时,可设置工艺接头,图 7.21 所示为某型机机头通过工艺接头以基准进行部件定位。

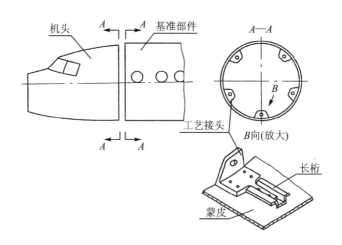

图 7.21　机头以基准部件上的工艺接头定位

② 以基准件作为辅助定位基准。采用其他定位方法(如划线定位、装配孔定位、工装定位)时,只控制部分自由度,剩余的自由度则按基准件定位。这种方法能保证零件之间的协调。例如,蒙皮按装配好的骨架定位外形;又如,普通肋的展向位置则

按翼梁上的型材定位。在制定装配方案时可优先考虑此法。

7.4.3　安装孔定位

安装定位孔的定位方法包括装配孔定位、坐标定位孔定位和基准定位孔定位等方法。下面分别做简要介绍。

（1）装配孔定位方法

装配孔用于零件与零件之间的装配定位,也用于装配件与装配件之间的装配定位。采用这种定位方法时,需要预先在零件上制出装配孔,在装配时依靠这些孔来定位。需要注意的是,利用装配孔确定两个零件的相对位置时,装配孔的数量应不少于两个。装配孔的数量取决于零件的尺寸和刚度,对于尺寸大、刚度小的零件,装配孔的数量应适当增多。

为保证相互连接零件间的装配孔是协调的,一般采用模线－样板法,其加工和协调过程如图 7.22 所示。首先,按 1:1 比例准确地在铝板上画出组合件的结构图(结构模线),在结构模线上标出装配孔,然后以结构模线为标准,分别制造各零件钻孔用的钻孔样板,并以钻孔样板为依据在零件上钻出装配孔。由于各个零件上的装配孔

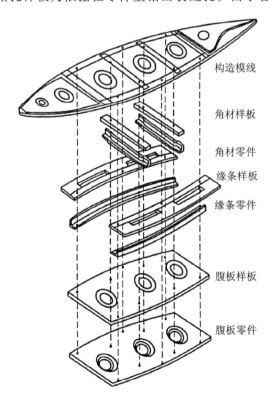

构造模线

角材样板

角材零件

缘条样板

缘条零件

腹板样板

腹板零件

图 7.22　翼肋组合件制装配孔协调路线示意图

位置是根据同一标准制出的,因此能保证装配孔之间的协调。

　　用装配孔定位方法装配结构件不需要专用夹具,因此成批生产中,在保证准确度前提下,应推广使用装配孔定位方法。如平板、单曲度以及曲度变化不大的双曲度外形板件,都可采用装配孔进行装配。

　　图 7.23 所示为用装配孔装配板件示意图。装配前,在各零件上的部分铆钉位置(一般是每隔 400 mm 左右钻一个装配孔,孔径比铆钉孔小),预先按照各零件的钻孔样板分别钻出装配孔。另外,为减少划线工作量,一般是装配孔和导孔联合使用的,即在骨架零件上(或在其中一个零件上)全部钻出铆钉孔,孔径一般取 2.7 mm,在零件按装配孔定位并夹紧后,即可按骨架上导孔钻出连接件的全部铆钉孔。在点焊及胶接结构板件时,也可采用装配孔定位,即在装配孔定位后,将工件送到点焊机上进行点焊或在胶接设备内完成胶接。

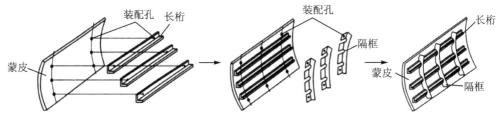

图 7.23　按装配孔定位装配板件

　　(2) 坐标定位孔定位方法

　　用装配孔定位时,装配孔是分别配置在相互装配的两个工件上;用坐标定位孔定位时,基本方法类似,不同之处在于,此时的定位孔分别配置在用于型架上确定零件正确位置的型架及工件上。由于要充分考虑模线、样板、型架制造中的划线钻孔台和型架装配机等通用设备,坐标定位孔离基准轴线一般取 50 mm 或 50 mm 的倍数,故称为坐标定位孔。

　　按坐标定位孔装配的装配示意如图 7.24 所示,隔框通过坐标定位孔用型架上的定位销固定;再通过连接片将隔框组装在一起;将壁板铺放在骨架上,用钢带拉紧,进行壁板与骨架的铆接。图中,H_L 为型架上的坐标定位孔间距,δ_1、δ_2 为壁板厚度。图 7.25 所示为使用装配孔、坐标定位孔的装配示意图。

　　(3) 基准定位孔定位方法

　　用基准定位孔定位方法类似于用装配孔定位,其主要区别为:用装配孔定位时,定位孔分别配置在相装配的两个零件上;用基准定位孔定位时,定位孔配置在相装配的两个组合件、板件或者段件上,也就是说,基准定位孔的定位方法实际上是装配孔定位方法的推广。显然,被装配的组合件、板件、段件应有足够的刚度,采用基准定位孔确定装配单元的相对位置,可大大简化型架结构。图 7.26 所示为用基准定位孔确定机身壁板间、机翼段件间的相对位置。图 7.27 表示机翼段件各装配单元的基准定位孔、坐标定位孔的配置图。

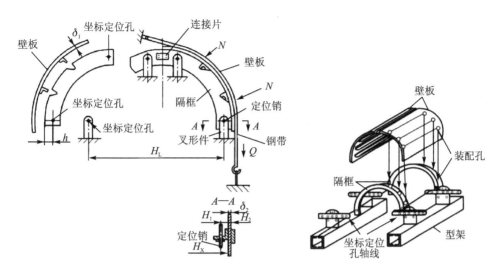

图 7.24　按坐标定位孔装配定位　　　　　图 7.25　按装配孔和坐标定位孔定位

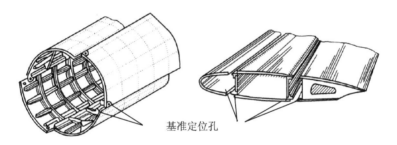

图 7.26　按基准定位孔装配定位

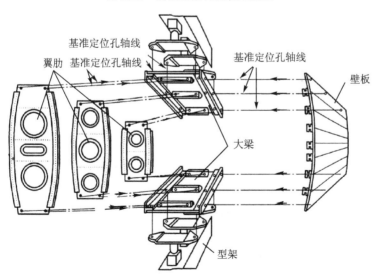

图 7.27　按基准定位孔和坐标定位孔装配定位

7.4.4　装配型架定位

用装配型架定位是飞机制造中最基本的一种定位方法,采用这种定位方法,可获得较高的准确度,能保证各类结构件的装配准确度要求。而且,采用装配型架定位,可限制装配变形或强迫低刚性结构件符合工艺装备,能保证互换部件的协调。但是,这种定位方法的生产准备周期长,因为需要生产高精度的型架。

图 7.28 所示为用装配型架定位翼肋组合件的示意图。腹板通过坐标定位孔用定位销定位;上、下缘条通过外形定位夹紧件和挡块定位,并用定位夹紧件夹紧;加强角材可用定位件定位,也可用划线或装配孔定位。从此例可看出,为保证工件的装配准确度,必须保证装配型架的准确度。

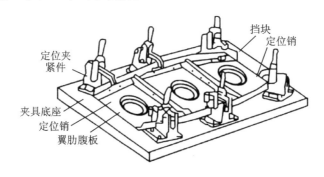

图 7.28　用装配型架定位翼肋组合件

图 7.29 所示为用型架装配机翼的示意图,机翼外形由卡板定位,机翼接头及副翼悬挂接头由代表产品之间连接关系的接头定位器定位。安装工作时,依据型架定位器的工作面,通过零件、组合件在型架内的装配,以发现不协调的地方,然后根据工艺规程对不协调部位进行修配或施加垫片。另外,为减少装配变形,铆接工作应在定位器和卡板打开数目最少的情况下进行,而且接头定位器非万不得已应自始至终不打开。主要原因是机翼接头的位置准确性会影响机翼和机身的相对位置,副翼悬挂接头的位置准确度关系到副翼转动的灵活性、外形吻合性等,型架卡板影响机翼外形的准确度。

需要注意的是,飞机装配中装配夹具的功能与一般机械产品装配夹具的功能存在本质区别。机械产品装配夹具的主要功能是提高劳动生产率,而飞机装配夹具的功能则是保证零组件在空间具有相对准确的位置。此外,飞机装配夹具除了起定位作用外,还有校正零件形状和限制装配变形的作用。因此,飞机装配夹具的定位不遵守“6 点定位原则”,往往采用多定位面的“超 6 点定位”,即“超定位”方法。

飞机装配中采用了大量的装配夹具(型架),因而制造费用高、生产准备周期长,且工作面不开敞。为改善装配工艺,应在定位可靠的前提下,除用夹具作为主要定位方法外,对不太复杂的组合件或板件采用装配孔定位的方法;对于无协调要求及定位

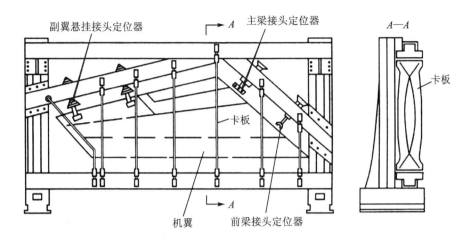

图 7.29　用型架装配机翼示意图

准确度要求不高的部位,也可采用画线定位方法或基准件定位方法。在飞机的成批生产中,由于广泛采用了分散装配原则,夹具定位时往往存在着二次定位(指装配过程中某些外形及接头已经装配好,而下一个装配阶段又在另一个夹具上再次定位)。在二次定位时,一般采用游动结构或较小尺寸的定位销,以解决夹具制造误差和产品装配误差给定位带来的困难。

7.5　装配中的补偿

为使飞机装配能够顺利进行,希望进入装配的零件和组合件具有互换性。在飞机成批生产中,许多钣金零件、机械加工件、装配件都是可以互换的,即在装配时不需要修配和补充加工,即可满足准确度要求。但是,对于一些复杂结构中准确度要求很高的某些重要尺寸,为了保证装配后能达到所要求的准确度,过分提高零件和装配件的制造准确度,在经济上不合理,在技术上也做不到。因此,在飞机装配中,对某些准确度要求很高的配合尺寸则采用补偿方法,以便能达到最后的准确度要求。

补偿方法是指零件或装配件中某些准确度要求高的尺寸,在装配时或装配后,通过修配、补充加工或调整,部分消除零件制造和装配误差,最后达到所要求的准确度。飞机装配中采用的补偿方法可以分为两类:一类称为工艺补偿,即从工艺方面采取的补偿措施,如装配时相互修配,或装配后精加工;另一类称为设计补偿,即从结构设计方面采取的补偿措施,主要包括垫片补偿、间隙补偿、连接补偿件以及可调补偿件等。

7.5.1　工艺补偿方法

(1) 装配时相互修配

在飞机制造中,对于某些准确度要求高的配合尺寸,零件加工时一般难以达到要求,或者零件加工虽达到要求,但由于装配误差的存在,导致装配后难以达到准确度要求时,可以在装配时采用相互修配的方法进行调整。相互修配工作一般是手工操作,有时要反复试装和修配,工作量比较大,而且相互修配的零件或部件不具有互换性。因此,在成批生产中应尽量少用相互修配的方法。

例如,飞机外蒙皮之间的对缝间隙有时要求比较严格,甚至要求对缝间隙小于1 mm,因机身和机翼蒙皮的尺寸一般比较大,有的长达 5～6 m,如果单靠零件制造的准确度来保证这些蒙皮对缝间隙要求,技术上存在很大难度。为解决此问题,蒙皮制造时,在蒙皮边缘处留有一定的加工余量,装配过程中,根据蒙皮对缝间隙要求确定修配余量大小,然后去掉加工余量,最后达到蒙皮对缝间隙的要求。在实际生产过程中,为使整个蒙皮对缝能达到要求的间隙,有时需要反复试装和铿修,而且修配工作量多属于手工操作,工作量很大。

起落架护板、舱盖和舱门的边缘、长桁端头等,为了保证配合或间隙要求,有时也采用相互修配的方法。此外,为了保证组合件或部件之间相对位置准确度,在试制或小批生产时,有时也采用相互修配的方法。例如,中翼和外翼用叉耳式对接接头连接时,为保证中翼和外翼之间相对位置准确度要求,在试制时可以采用相互修配的方法。即叉耳接头上的连接螺栓孔在零件加工和部件装配过程中均留有一定的加工余量,待两个部件进行对接时,通过测量将两个部件调整到准确的相对位置上,再将两个部件叉耳接头上的对接螺栓孔一起加工到最后尺寸,以消除零件加工和部件装配过程中产生的孔位置偏差。

（2）装配后精加工

在飞机装配中,对准确度要求比较高的重要尺寸,因零件加工和装配过程中误差积累的结果,在装配以后达不到所要求的准确度。如果采用相互修配的方法,不仅手工劳动量很大,而且达不到互换要求。为此,应采用装配后进行精加工的工艺补偿方法。

例如,歼击机前机身与机翼、前起落架采用叉耳式接头进行连接,各部件上这些叉耳接头螺栓孔的位置尺寸准确度和配合精度要求比较高,并且要求部件之间具有互换性。为此,在零件加工和装配过程中,各叉耳接头上的螺栓孔均留有一定加工余量,在部件装配好以后再对接头螺栓孔进行最后精加工,以消除零件加工和装配过程中产生的积累误差。

装配后精加工一般是在专用的精加工设备上进行,配后精加工所用的设备属于专用设备,精加工设备的造价高、占用生产面积大,精加工工序增加了装配周期。因此,应设法改善飞机结构的工艺性,尽量避免采用装配后精加工的工艺补偿方法。

7.5.2　设计补偿方法

（1）垫片补偿

在飞机制造中,垫片补偿主要用来补偿零件加工和装配过程中由于误差累积偶然产生的外形超差,或用来消除配合零件配合表面之间由于协调误差所产生的间隙。垫片材料可以选用铝合金、不锈钢或图纸上规定的其他材料。此外,为了便于根据实际需要选择一定厚度的垫片,可采用可剥的多层胶合垫片。

例如,以骨架为基准进行装配时,在骨架装配好以后,当装配好的骨架验检查出某些局部存在外形超差,或骨架零件之间相交处的外形出现阶差,为了消除局部外形超差或阶差的影响,在飞机设计中允许在骨架和蒙皮之间按实际需要加置一定厚度的垫片。当然,为了控制结构质量和强度,对于每个部件允许加垫的数量、面积和厚度,都应做出规定。

又如,在零件制造和装配过程中,对于难以保证零件配合表面之间很好贴合的情况下,为了不致产生强迫连接,在结构设计时,可在配合表面之间留有公称间隙。在实际装配时,根据实际存在的间隙大小添加一定厚度的垫片,以补偿协调误差。而且,允许加垫的部位和厚度在飞机图纸上应予以规定。

(2) 间隙补偿

间隙补偿常用于叉耳对接配合面,或用于对接螺栓和螺栓孔。为了便于保证飞机各部件对接的协调准确度和互换性,叉耳接头的配合面、凸缘式对接接头的对接螺栓和螺栓孔之间往往采用有公称间隙的配合,以减少装配后精加工的内容,甚至可以不用精加工。

(3) 连接补偿件

为保证装配准确度要求,减少工件之间的协调问题和强迫连接,在设计飞机结构时,往往在重要零件或组合件之间的连接处增加过渡性的连接角材或连接角片,这些连接角材或角片可起到补偿协调误差的作用。

例如,在机翼装配时,翼肋中段两端若通过弯边直接与前、后梁相连接,在翼肋弯边和前、后梁腹板之间必然会出现间隙或紧度而形成强迫装配。因此,机翼的翼肋中段与前、后梁一般通过连接角材连接,连接角材既可起到加强前、后梁腹板的作用,也可以起到补偿协调误差的作用,从而避免翼肋中段和前、后梁之间出现不协调或强迫装配的问题。需要注意的是,在装配过程中,连接角材应先装在梁组合件上,而不能先装在翼肋中段上;否则,连接角材起不到补偿作用。

又如,当部件以蒙皮外形为基准进行装配时,骨架和蒙皮分别在装配夹具中定位,在骨架和蒙皮之间则通过连接角片连接。此时,连接角片具有补偿零件制造和装配误差的作用,可有效地保证部件装配后具有较高的外形准确度。

(4) 可调补偿件

与上述设计补偿和工艺补偿方法不同,可调补偿件的特点是,在飞机装配好以后或在使用过程中,仍然可以方便地进行调整。可调补偿件可根据需要采用各种结构形式,如螺纹补偿件、球面补偿件、齿板补偿件、偏心衬套以及综合采用各种补偿形式的补偿件等。

在飞机制造中,某些部件之间的相对位置准确度要求很高,装配时很难达到这些要求,而且在飞机使用过程中,结构会产生永久变形,使这些重要的部件间相对位置超差。在这种情况下,设计飞机结构时需采用可调补偿件,以便对部件间的相对位置进行调整,从而达到技术条件所规定的要求。这些重要部件间的相对位置包括发动机相对于机身的位置、机翼或水平尾翼的安装角、机关炮相对于机身的位置等。

图 7.30 所示为发动机与机身连接,在主接头上装有球面衬套,以补偿机身接头和发动机接头间的不同轴度,并用辅助接头上的可调螺杆调整发动机相对于机身的位置。这种可调补偿件是利用带内螺纹的接头和带球头的螺杆间的螺纹连接调整轴线尺寸,调整好以后用锁紧螺帽固定,并利用球面配合补偿轴线间的角度误差。

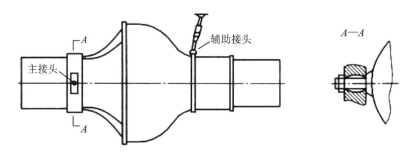

图 7.30　发动机与机身连接示意图

图 7.31 所示为带锥面配合的两种连接接头。图 7.31(a)是在锥座下面按实际需要加一定厚度的垫片,以调整两部件接头间的距离,对接螺栓和螺栓孔间有公称间隙,故螺栓只承受拉力,剪力则由锥面传递。图 7.31(b)所示的结构,在锥座通过下面的螺纹连接可按需要调整锥座的高度。

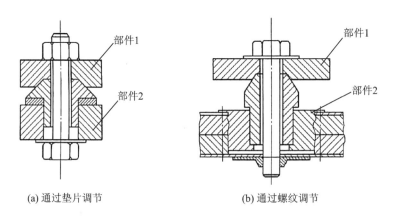

(a) 通过垫片调节　　　　　　　　　(b) 通过螺纹调节

图 7.31　带锥面配合的可调补偿件

应当指出,可调补偿件一般主要用于在飞机使用过程中需要调整的部位,并在飞机设计时规定只允许在使用过程中进行调整。允许在制造过程中调整的可调补偿件,一般在飞机图纸上明确限定允许调整的范围,并给使用过程中保留一定的调整余量。

7.6 典型结构件装配协调方案设计

7.6.1 单曲度壁板

1. 特点和分类

单曲度壁板的蒙皮是直母线单曲度的,只在一个方向上有曲度,它构成了部件的理论外形。例如,机身类部件的圆柱段壁板和翼面类部件壁板均属于此类壁板。对于此类壁板,长桁一般沿母线布置,轴线为直线。普通框(半肋)与蒙皮直接连接或与补偿件连接。

根据工艺特点的不同,单曲度壁板可分为以下 4 类:

第Ⅰ类,这类壁板由蒙皮和长桁组成,结构中无横向骨架零件,壁板的装配对部件外形准确度影响不大。

第Ⅱ类,这类壁板由蒙皮、长桁以及带外形的横向构件(如框、半肋)组成,其外形准确度取决于框(半肋)的外形准确度。

第Ⅲ类,此类壁板由蒙皮、长桁、框及补偿件组成,由于补偿件的使用,此类壁板往往可获得较高的外形准确度。

第Ⅳ类,此类壁板带有长桁接头或梳状接头,在工艺设计中,重点是保证接头孔和对接面,以及孔与外形的相互位置。

2. 定位基准及定位方法选择

组成单曲度壁板的元件通常有蒙皮、普通框(或半肋)、长桁、加强垫板及口框、长桁接头(或梳状接头)、补偿件等。下面选取几个典型的组成元件,简要介绍其定位基准及定位方法的选择。

(1)蒙 皮

对于单曲度壁板中的蒙皮,其定位基准和定位方法的选择通常有以下 3 种情况:

① 以蒙皮外形为定位基准,用型架卡板定位,如图 7.32 所示。这种方式适用于第Ⅱ类壁板,采用这种方式可达到较高的外形准确度,但型架复杂。

② 以蒙皮内形为定位基准,用型架内型板定位,如图 7.33 所示。这种方式适用于曲度较大的各类壁板,与蒙皮外形为基准定位相比,达到的外形准确度要低一些。在定位过程中,用橡皮绳压紧蒙皮,采用这种方式进行装配,型架简单,开敞性好。

③ 以骨架外形为定位基准,如图 7.34 所示。这种方式适用于框(肋)零件以定位孔定位的壁板。此时,型架结构可以大大简化,但装配件的外形准确度较低。

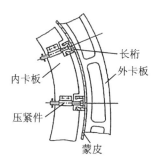

图 7.32　以蒙皮外形为基准,用卡板定位蒙皮示意图

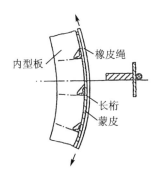

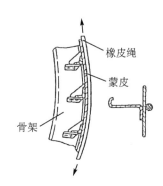

图 7.33　以蒙皮内形为基准,用内型板定位　　　图 7.34　以骨架外形为基准,按定位孔定位

(2) 普通框(或半肋)

在单曲度壁板中,普通框(或半肋)的常见定位方式有以下 3 种:

① 以框(肋)的外形及腹板面为定位基准,用内型板(托板)及蒙皮内形进行定位,如图 7.35 所示。该方式适用于蒙皮按型架内型板或外卡板定位的壁板装配。

② 在框(肋)外缘上和蒙皮上制装配孔,按装配孔进行定位和装配,如图 7.36(a)所示。按方式进行普通框(肋)的定位,可以不采用装配型架,节省装配工装,缩短装配准备周期。而且,该方式可达到的外形准确度与以骨架为基准的装配方法相当。

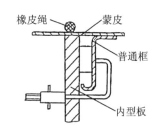

图 7.35　用内型板定位普通肋

③ 以框(肋)腹板面上的定位孔为基准,按型架上的定位件定位,如图 7.36(b)所示。该方式可适用于以骨架外形为基准的装配方案,也可适用于以蒙皮外形(或内形)为基准,有补偿件的框(肋)定位装配。

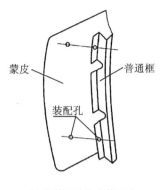
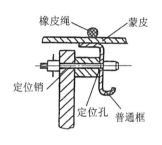

(a) 按装配孔定位装配肋　　　　　　　　(b) 以定位孔为基准装配肋

图 7.36　普通框或半肋装配示意图

（3）长　桁

对于单曲度壁板中的长桁,常见的定位方式有:

① 在长桁外形面及蒙皮上制装配孔,按装配孔进行定位,如图 7.37 所示。该方式适用于第 I 和第 II 类壁板的装配,一般能满足长桁的位置准确度要求。

② 以长桁轴线面及外形为基准,按蒙皮内形和型架内型板上的定位件定位,如图 7.38 所示。在选择装配型架进行壁板装配时,可采用该方式对长桁进行定位。

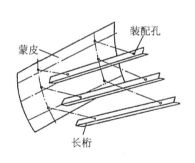
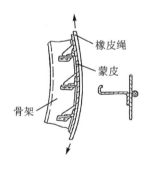

图 7.37　按装配孔定位装配长桁　图 7.38　按蒙皮内形及内型板装配长桁

此外,对于加强垫板及口框,当壁板采用装配孔定位时,可在垫板(口框)和蒙皮上制装配孔,垫板也按装配孔进行定位,如图 7.39 所示。而当定位准确度要求较低时,可在蒙皮上按画线方式定位加强垫板(口框)。

对于单曲度壁板上的长桁接头或梳状接头,可以对接面上的对接孔为基准,按型架平板(见图 7.40)或接头定位件用定位销定位。采用这种方式的定位准确度高,可满足协调要求。

装配孔

蒙皮
口框

型架平板

壁板接头

图 7.39　按装配孔定位装配口框　　　图 7.40　按型架平板定位长桁接头

在进行单曲度壁板装配方案设计时,应注意以下几点:

① 对于第Ⅰ类和第Ⅱ类壁板应优先采用装配孔定位装配;而对于蒙皮刚性比较小的壁板,可用支撑夹具维持蒙皮外形,定位示意如图 7.41 所示。

② 对于第Ⅲ类单曲度壁板,由于补偿件数量较多,不宜采取装配孔定位,可采用以蒙皮外形或内形为基准,在型架内装配的方式。

③ 对于长桁接头(或梳状接头)和对部件外形准确度有重要影响的零件,必须按型架定位件进行定位,以保证部件外形准确度。

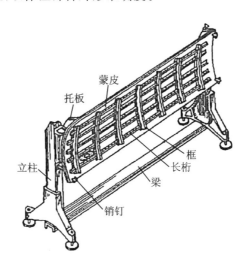

蒙皮

托板

立柱

框
长桁

梁

销钉

图 7.41　支撑夹具结构和壁板定位示意图

3. 协调方案示例

单曲度壁板按装配孔定位的协调路线如图 7.42 所示。

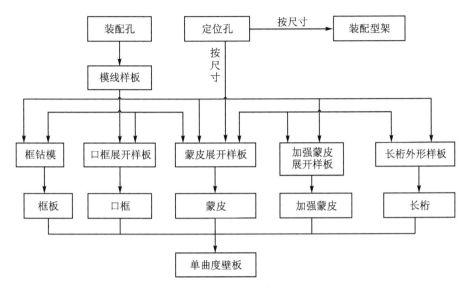

图 7.42　单曲度壁板组件装配孔协调路线图

7.6.2　翼面前缘类组件

1. 特点和分类

翼面前缘类组件一般由前缘蒙皮和纵横向骨架零件组成,前缘蒙皮的特点是单曲度、大曲率。例如机翼前缘、垂尾前缘、平尾前缘、下垂尾(背鳍)及可划分出的活动面前缘等均属于这一类组件。

除背鳍外,前缘类组件均位于翼面前端,对外形准确度的要求高。在前缘类组件中,纵向构件由大梁、纵墙和前边条等组成,其轴线为直线。前缘肋分为普通肋与加强肋,其外形面是单曲度的。外翼前缘由大梁、纵墙、前肋、隔板和铰链等组成,隔板上设有液压作动筒螺栓孔,需与作动筒协调,铰链孔需与前缘襟翼协调。

根据结构的复杂程度,可将前缘类组件分为以下 3 类:

第 I 类前梁连接,其结构比较简单,如图 7.43(a)所示。

第 II 类,这类组件由前缘蒙皮、前缘后段蒙皮、前缘口盖、前缘肋、后段肋、纵隔板以及长桁等零件组成。蒙皮与机翼上下壁板连接,后段肋与前梁支柱连接,整体结构比较复杂,如图 7.43(b)所示。

第 III 类为外翼前缘组件,由大梁、纵墙、前肋、隔板和铰链等组成,隔板上设有液压作动筒螺栓孔,需与作动筒协调,铰链孔需与前缘襟翼协调。外翼前缘组件结构复杂,其结构示意图如图 7.43(c)所示。

2. 装配方案

下面简要介绍几种翼面前缘类组件的装配方案。

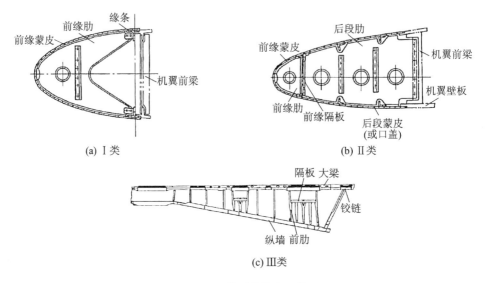

(a) Ⅰ类　　　　　　　　　　　　　　　(b) Ⅱ类

(c) Ⅲ类

图 7.43　典型前缘类组件

(1) 以外卡板定位装配

以外卡板定位装配,是前缘类组件普遍采用的方法。对于第Ⅰ类简单前缘,装配顺序为:定位蒙皮,用压紧件将蒙皮压紧与卡板贴合→按定位件定位前缘肋及缘条→铆接完成。对于第Ⅱ类较复杂的前缘,装配顺序为:组合前缘前段→装配前缘后段骨架→定位并铆接前缘后段蒙皮→安装口盖。对于第Ⅲ类复杂的前缘,其装配顺序为:组合骨架(在骨架组合夹具上)→安装铰链(在外翼总装夹具上)→安装前缘蒙皮及托板(架外按框架),如图 7.44 所示。

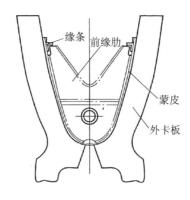

图 7.44　机翼前缘按外卡板定位

(2) 按包络式装配夹具装配

对于第Ⅰ类和第Ⅱ类前缘组件,也可以按包络式装配夹具进行定位装配。首先,在包络皮内定位蒙皮;然后,再将前缘肋按定位孔定位在肋定位板上,并通过旋转螺杆将前缘肋压至与蒙皮贴合;最后,通过包络皮上的钻套钻制蒙皮与前肋连接的铆钉孔,下架后在托架上进行铆接。包络夹具结构及前缘在夹具内的定位装配如图 7.45 所示。

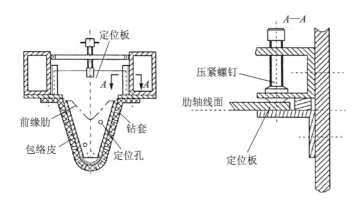

图 7.45　用包络夹具装配前缘组件

此外,需要注意的是,按装配孔、定位孔定位装配,以及按包络式装配夹具定位装配,只适用于简单的前缘。

3. 协调方案示例

对于简单的前缘类组件,一般可通过模线样板进行协调,其协调路线如图 7.46 所示。

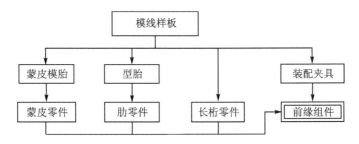

图 7.46　前缘组件模线样板协调路线

对于复杂的前缘类组件,可采用标准样件进行协调,其协调路线如图 7.47 所示。但是,前缘类组件均可按数据集进行协调,其协调路线如图 7.48 所示。

7.6.3　翼面类部件

1. 结构特点

翼面类部件一般由前缘、前梁、后部、翼肋、蒙皮或壁板、翼尖等组成,其上带有部件对接接头和外部悬挂物(简称外挂物)接头等。中央翼、外翼、垂直尾翼和水平尾翼

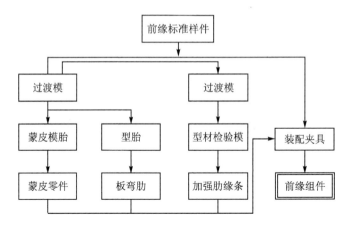

图 7.47　前缘组件标准样件协调路线

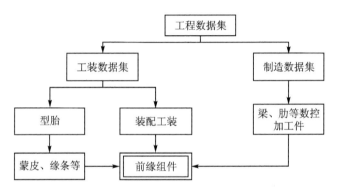

图 7.48　前缘组件按数据集协调路线

等均属于这类部件。

对于翼面类部件,通常具有以下工艺特点:

① 除翼尖外,大多具有单曲度理论外形,对外形准确度要求高,但外形的协调关系比较简单。

② 机翼各分部件之间、翼面类部件与机身之间、机翼与外挂物之间为重要的互换协调部位。要求互换的翼面类部件,其互换内容包括对接孔、对接面、相对机身位置要求以及对接处外形阶差。

③ 中小型飞机翼面类部件的翼型高度低,开敞性较差。

2. 装配方案

(1) 以骨架外形为基准进行装配

翼面类部件以骨架外形为装配基准时,典型零组件的定位基准及定位方法简介如下:

对于翼面后部组合件,通常将后梁上部件对接接头及前梁平面上定位孔作为基准,用型架上的定位件进行定位装配,如图 7.49 所示。另外,需同时定位与活动面连接的悬挂支臂孔和滑轨。

对于前梁(或前部)组合件,通常将前梁上的部件对接接头及前梁平面上的定位孔作为基准,然后用型架上的相应定位件进行定位,如图 7.50 所示。而且,当前缘组件进入总装时,定位孔定位件可设在前梁下方。

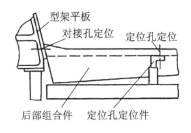

图 7.49　后部组合件的装配定位

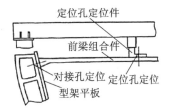

图 7.50　前梁或前部的装配定位

加强肋可分为带接头的和不带接头的。对于带接头的加强肋,以接头孔为基准,围框式分离面处的加强肋以分离面及对接孔为基准,用型架定位件或型架平板定位装配,如图 7.51 所示。对于不带接头的加强肋,以腹板面上的定位孔为基准,用型架定位孔和定位件定位装配,如图 7.52 所示。而且,对于不带接头加强肋,还需注意保证加工整体肋的基准与装配基准重合。

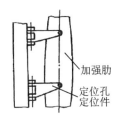

图 7.51　带接头加强肋的装配定位　　图 7.52　不带接头加强肋装配定位

普通肋的装配定位示意如图 7.53 所示,主要有两种情况。情况一:以肋两端的装配孔为基准,按前后梁支柱上的装配孔进行定位装配,如图 7.53(a)所示。但是,采用装配孔定位的协调关系比较复杂。情况二:以肋两端的外形为基准,按前后梁的外形进行定位,并在外形等百分线上用直尺检查,如图 7.53(b)所示,采用这种方式时,协调关系简单,但要求肋的制造精度高。

对于蒙皮或壁板,一般以蒙皮内形为基准,用骨架外形或工艺肋外形进行定位。而对于翼尖,则以翼面外形为基准,利用型架上的翼尖定位件进行定位,如图 7.54 所示。

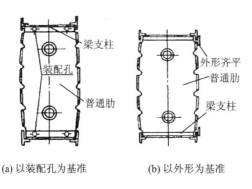

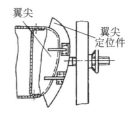

图 7.53　普通肋的装配定位　　　　　　图 7.54　翼尖的装配定位

(2) 以蒙皮外形为基准进行装配

翼面类部件以蒙皮外形为基准进行装配时,典型零组件的定位基准及定位方法简介如下:

对于前梁(前部)和后部组合件,一般以外形及梁腹板面为定位基准,用型架上的外形卡板及托板定位装配,如图 7.55 所示。需注意,前后梁上的部件对接接头及后缘上活动面悬挂接头仍需按型架定位件进行定位。

对于蒙皮或壁板,以蒙皮外形为基准,用型架外卡板进行定位;而对于普通肋,则以肋两端头腹板面为基准,用前后梁上的支柱定位,如图 7.56 所示。在定位过程中,可用撑紧器或工艺螺栓将蒙皮贴紧在卡板上。

对于无接头的加强肋,一般以肋外形为基准,用型架外卡板定位。此外,翼面类部件其余组件的定位方式可参考以骨架外形为基准进行装配的情况。

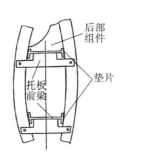

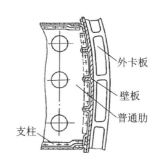

图 7.55　前梁(前部)、后部的装配定位　　图 7.56　蒙皮、壁板和普通肋的装配定位

在进行翼面类部件的装配方案设计时,应注意以下几点:

① 应尽可能以骨架外形或以蒙内形为装配基准,并采用孔定位方式,以简化型架结构,保证部件装配的开敞性。

② 为降低型架高度,前缘可不进入总装型架,其参考装配方案有 2 种。方案 1

装配顺序为:前梁和前缘在对合型架内对合并钻出初孔→前梁和前缘分解→前梁进入总装型架→机翼下架后,前梁和前缘在架外按初孔定位→进行前梁和前缘的连接。方案 2 装配顺序为:前梁和前缘在各自夹具内钻出连接孔→前梁进入总装型架→机翼下架后,前梁和前缘在架外按孔定位→进行前梁和前缘的连接。采用方案 2 时,应特别注意连接孔的协调。

③ 一般情况下,制水平测量点有两种方式:一是在总装下架前按型架制出;二是在精加工台上调整好部件位置,并精加工完成后,按精加工台上的装置制出。在采用标准样件工作法时,优先选择第二种方式。

④ 翼面类部件对接面、对接孔或叉耳接头孔应留出精加工余量,下架后在专用精加工型架内或在总装型架内按型架定位件钻模进行精加工。

⑤ 部件交付前应在部件对合台上或专用水平测量台上进行水平测量。

⑥ 在架内或架外进行部件理论外形检查。对于小型飞机,可设置检验型架。

3. 协调方案

在进行翼面类部件协调方案设计时,应注意:

① 对于以整体结构件为主的翼面类部件,宜采用以数字量传递为主的协调方法,选择定位孔系统,并保证定位孔与外形的关系,以及数控加工定位基准与装配定位基准的一致。同时做好零件检测工作,以达到较高的协调准确度和外形准确度。

② 对于有外挂物的机翼部件,应特别注意外挂物的姿态准确度要求。

③ 当前梁与前缘分别钻孔,并在架外按孔连接时,为保证孔位协调,可在前梁标准样件上制出连接孔,用前梁标准样件分别制造前梁夹具和前缘夹具上的钻模。

为保证翼面类部件的协调,通常可采用的方法有标准样件工作法、局部标准样件工作法和数字量协调方法等,下面分别进行简要介绍。

(1) 标准样件工作法

该工作法以安装标准样件作为协调依据。安装标准样件应带有前缘全外形、翼尖全外形、梁的切面外形、肋的切面外形、所有接头和水平测量点。根据工作需要以及样件结构,可以将样件分解为局部样件,并将其作为组件夹具和零件工装的制造依据。另外,为了检修和复制安装标准样件或制造局部标准样件,需按安装标准样件制造反标准样件作为协调依据。翼面类部件标准样件工作法的典型协调路线如图 7.57 所示。这种方法只适用于小型飞机。

(2) 局部标准样件工作法

采用局部标准样件工作法对翼面类部件进行协调的典型路线如图 7.58 所示。

此外,如果取消标准样件,完全按数字量传递协调,典型协调关系如图 7.59 所示。

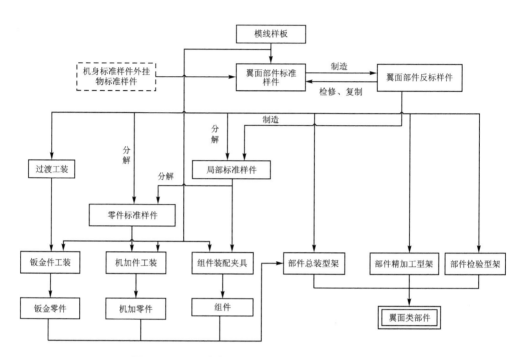

图 7.57　翼面类部件标准样件工作法典型协调路线

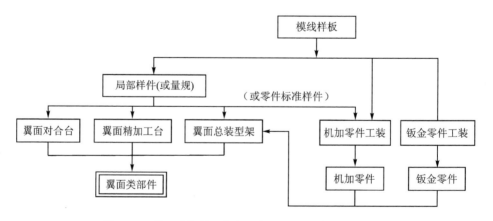

图 7.58　翼面类部件局部标准样件工作法典型协调路线

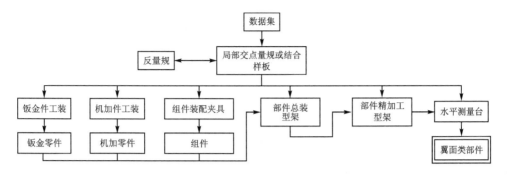

图 7.59　翼面类部件数字量传递的典型协调路线

思考题

1. 以飞机某结构件为例,完成其装配工艺设计。
2. 试分析不同定位方法的特点。
3. 飞机装配中,常用的设计补偿和工艺补偿方法有哪些?
4. 简述装配工艺基准的选择依据和原则。
5. 简述装配单元划分的意义。

第8章 飞机装配中的互换与协调

8.1 基本概念

8.1.1 互换与协调

飞机制造过程中的互换性指飞机结构单元分别单独制造时,其几何、物理等参数控制在规定的公差范围内,在生产过程中,无需修配和补充加工,即可在装配和安装后满足结构设计所规定的技术要求。而协调性是指飞机结构单元或工艺装备与另一个结构单元或工艺装备,在其配合部位尺寸和形状的一致性程度。

协调性是保证互换性的必要条件,也就是说,达到了互换性的结构单元,必然具有协调性,但是达到协调的结构元件,并非都具有互换性。在解决了结构元件之间协调性的基础上,才有条件全面深入地解决互换性问题。在飞机制造中,通常把这两个不同概念的术语合称为互换协调。

通常来说,互换性指同一种结构单元之间的尺寸、形状的一致性,以制造精度体现;而协调性指两种或两种以上相邻结构单元配合部位的尺寸、形状的一致性。

8.1.2 飞机制造中的互换要求

飞机制造中的互换要求主要包括:

(1) 气动力外形的互换性要求

气动力特性是评价飞机产品性能的一个重要内容。气动力外形的互换性要求则是飞机产品的特殊要求,因为飞机的大部分零件都与气动外形有关,有的零件直接构成飞机的外形,有的是通过与其他零件装配后对飞机的气动外形产生影响。

气动力外形的互换要求包括两个方面内容:

① 组合件和部件本身的气动力外形达到互换要求。

② 组合件、部件安装在飞机上后,达到与相邻组合件和部件相对位置的技术要求。例如,机翼部件在总装时,或在使用过程中因损坏而更换时,用任一机翼装上飞机后,飞机的上反角、安装角和后掠角等相关位置参数,应完全符合技术条件的要求。

(2) 部件对接接头的互换要求

所谓部件对接接头的互换要求,是指要求互换的组合件或部件,在与相邻的组合件或部件相对接时,应不需要任何修补或补充加工即能结合在一起,且对接后能达到规定的技术要求。

在装配过程中,飞机各部分之间往往采用空间多点的复杂连接形式,因此,在保证互换要求时,也需要采用一些特殊的方法,以保证整体互换要求。例如,图 8.1 所示的中翼和外翼对接,它们对接时的技术要求就包括很多部分:

① 对接接头叉耳间的配合要求,以及对接螺栓孔的同心度要求;

② 对接处蒙皮对缝的间隙要求;

③ 对接处两个部件端面切面外形的吻合性要求;

④ 对接部件内各种导管、电缆等在对接面处连接的技术要求。

在上述要求中,第①项除了与部件气动力性能有关外,还与部件之间的连接强度有关,而第②、③项则直接影响到飞机气动性能,因此这几项要求都很严格。

在飞机的实际生产过程中,必须采取一些特殊的方法,以保证互换要求,因为采用一般机器制造的公差配合制度和通用量具是难以保证其互换的。而且,在飞机结构制造时,有时是很难做到完全互换的,此时则只能要求达到一定程度的互换。例如,为了达到部件间蒙皮对接缝的间隙要求,可在蒙皮边缘留一定的加工余量,待装配时通过修配来调整。

(3) 强度互换要求

所谓强度互换要求,是指零件、组合件和部件的物理机械性能及加工尺寸,应保持在一定的误差范围内,以保证产品的强度和使用可靠性。

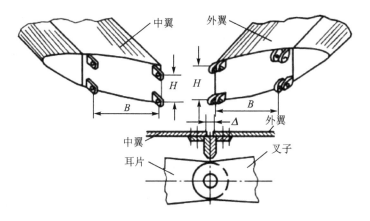

图 8.1　外翼与中翼对接示例

(4) 重量(包括重心)互换要求

飞机的重量及重心对飞机的性能有重要影响,要求生产出的组合件和部件的重量及重心应符合技术条件的规定。

为保证上述互换要求,在飞机制造中,除了形状简单而规则、尺寸小而刚度大的机械加工零件(如起落架构架、作动筒、操纵系统的零件等)外,凡是与气动外形有关的零件和装配件不能仅靠采用公差配合制度及各种通用量具来保证其互换要求,而必须采用一种建立在模线-样板基础上的保证互换协调方法和计算机辅助设计与制造技术。

8.1.3　装配尺寸链

尺寸链是指在零件或装配件上各零件表面及其轴线之间的一组尺寸(或角度)按一定顺序首尾相接形成的封闭的链。描述装配件中各零件尺寸相互关系的尺寸链称为装配尺寸链,如图 8.2 所示。

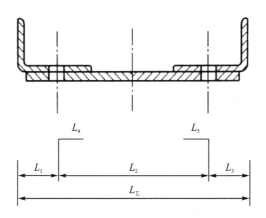

图 8.2　装配尺寸链形成示意图

在尺寸链中,将零件加工或装配完毕以后形成的尺寸称为封闭环,除封闭环以外所有的尺寸称为组成环,在图 8.2 所示的尺寸链中,L_Σ 为封闭环尺寸,其余尺寸均为组成环尺寸。尺寸链中的组成环又可以分为增环和减环。当对于其中的一部分组成环,随着其尺寸的增大,封闭环的尺寸随之增大,这样的组成环称为增环;而对于另一部分组成环,当其尺寸增大时,封闭环的尺寸随之减少,这些组成环称为减环。

如果尺寸链中所有的尺寸是相互平行的,这种尺寸链称为线性尺寸链,如图 8.2 和 8.3(a)中所示的尺寸链,即为线性尺寸链。如图 8.2 所示的线性尺寸链,翼肋装配时各零件按装配孔定位,影响翼肋最后外形尺寸的因素有:翼肋角材上的装配孔和外缘间的尺寸 L_1 和 L_3,翼肋腹板上的装配孔之间的距离 L_2,以及翼肋腹板和角材按装配孔定位时装配孔轴线间的不同轴度大小 L_4 和 L_5,则有封闭环尺寸为

$$L_\Sigma = L_1 + L_2 + L_3 + L_4 + L_5 = \sum_{i=1}^{5} A_i L_i \tag{8.1}$$

式中:L_Σ 为封闭环尺寸;A_i 为各组成环的传递系数,在线性尺寸中,增环的传递系数 $A_i = +1$,减环的传递系数 $A_i = -1$;在平面尺寸链中,A_i 的值在 +1 和 -1 之间,可根据尺寸间的角度计算。另外,对于两装配孔轴线不同轴度大小(即 L_4 和 L_5),用装配孔定位时,其公称尺寸为零。于是,可得误差尺寸链方程为

$$\Delta_{\sum} = \sum_{i=1}^{5} A_i \Delta_i \qquad (8.2)$$

式中:$\Delta_{\sum}$ 为封闭环尺寸的误差;Δ_i 各组成环尺寸的误差。

如果所有的角尺寸有共同的顶点,这样的尺寸链称为角尺寸链,角尺寸链的数学表达式与线尺寸链相似。如图 8.3(b)所示的角尺寸链,其误差尺寸链方程为

$$\theta_{\sum} = \theta_4 - \theta_1 - \theta_2 - \theta_3 = \sum_{i=1}^{4} A_i \theta_i \qquad (8.3)$$

$$\Delta\theta_{\sum} = \sum_{i=1}^{4} A_i \Delta\theta_i \qquad (8.4)$$

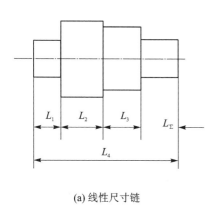 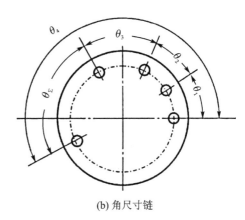

(a) 线性尺寸链　　　　　　　　　　　　(b) 角尺寸链

图 8.3　线性尺寸链和角尺寸链

如果全部和一部分尺寸互相不平行,但都在一个平面或平行的平面内,形成封闭的多边形,这种尺寸链则称为平面尺寸链。图 8.4 所示为典型面尺寸链示意图,图中尺寸 R 为封闭环尺寸,尺寸 L 和 h 为组成环尺寸,它们都在同一平面内,但互相不平行,形成一个面尺寸链。按尺寸 R、L 和 h 的几何关系,有

$$R^2 = (R-h)^2 + \left(\frac{l}{2}\right)^2 \qquad (8.5)$$

化简式(8.5)可得

$$R = \frac{l^2}{8h} + \frac{h}{2}$$

设各尺寸的中值分别为 R_0、h_0 和 l_0,于是可得

$$R_0 = \frac{l_0^2}{8h_0} + \frac{h_0}{2}$$

并设 $R = R_0 + \Delta R$;$l = l_0 + \Delta l$;$h = h_0 + \Delta h$。于是可得以 R 为封闭环的误差尺寸链方程为

$$\Delta R = \frac{l_0}{4h_0}\Delta l - \left(\frac{l_0^2 - 4h_0^2}{8h_0^2}\right)\Delta h = A_1 \Delta l + A_2 \Delta h \qquad (8.6)$$

式中:传递系数 A_1 和 A_2 取决于 R 和 l、h 的几何关系。

如果全部或几个尺寸互相不平行,也不在平行的平面内,这种尺寸链称为空间尺寸链。

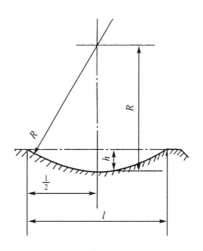

图 8.4　典型面尺寸链

8.2　保证协调准确度的基本方法

在飞机制造中,保证零件、组合件和部件的互换性,除了要保证其制造准确度外,更重要的是保证相互配合工件之间的协调准确度。

任何零件的几何形状和尺寸,一般都是根据图纸所绘制形状和标注尺寸,在生产中通过一定的量具、工艺装备(夹具、模具等)和机床而获得。在制造过程中,先根据标准尺度与量具制造出生产过程中使用的各种测量工具和仪器,然后用它们制造各种工艺装备,最后通过工艺装备和机床加工出工件的形状和尺寸。

可见,整个生产过程就是尺寸传递过程。例如,对于图 8.5 所示为尺寸 L 的传递过程,工件 A 和 B 是要相互协调的,假定 L_A 和 L_B 是协调尺寸,则它们的形成经过了许多次尺寸传递,其中有的是两个尺寸公共的环节,有的是两个尺寸各自的环节,最后将产生两个尺寸的协调误差 Δ_{AB}。

尺寸传递原理是指两个相互配合零件的同名尺寸取得协调,它们的尺寸传递过程之间必然存在一定的联系。可以用一个联系系数 K 来表示两个零件在尺寸传递过程中的联系紧密程度,对于图 8.5 所示尺寸传递过程,则有

$$K = \frac{2m}{n_1 + n_2} \tag{8.7}$$

式中:m 为尺寸传递过程中公共环节的数量;n_1 和 n_2 分别为零件 A、B 尺寸传递中各自尺寸链的环节总数量。

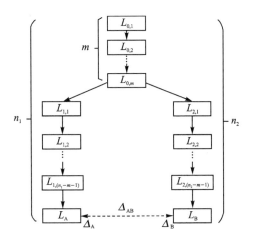

图 8.5　尺寸 L 的制造与协调路线

基于这一原理,在生产中有 3 种不同原则来取得 L_A 和 L_B 两个尺寸协调的过程,即 3 种尺寸传递的过程:独立制造原则、相互联系原则和相互修配(或补偿)原则。

按独立制造原则进行协调时,只有一个公共环节,联系系数 K 取值最小,其值可表述为

$$K = \frac{2}{n_1 + n_2} \tag{8.8}$$

按相互联系原则进行协调时,联系系数 K 取值范围可表述为

$$\frac{2}{n_1 + n_2} < K < \frac{2\min(n_1, n_2)}{n_1 + n_2} \tag{8.9}$$

按相互修配原则进行协调时,联系系数 K 取值最大,可表述为

$$K = \frac{2\min(n_1, n_2)}{n_1 + n_2} \tag{8.10}$$

8.2.1　按独立制造原则进行协调

按独立制造原则进行协调时,在尺寸传递过程中只有一个公共环节,以后的各个环节都是单独进行的,尺寸传递原理如图 8.6 所示,它是以标准尺上所定的原始尺寸来开始尺寸传递的。对于 L_A 和 L_B,原始尺寸是它们发生联系的环节,被称为公共环节。采用该原则时,尺寸传递过程中只有一个公共环节,以后的各个环节都是单独进行的,所以称之为独立制造原则。此时两个零件的制造误差的方程式可以写为

$$\Delta_A = \Delta_0 + \sum_{i=2}^{n_1} \Delta_i \tag{8.11}$$

$$\Delta_B = \Delta_0 + \sum_{j=2}^{n_2} \Delta_j \tag{8.12}$$

式中:Δ_0 为原始尺寸的误差;Δ_i 为零件 A 尺寸传递中的第 i 个环节的误差;Δ_j 为零

件 B 尺寸传递中的第 j 个环节的误差; n_1 和 n_2 分别为零件 A、B 尺寸链的环节总数量。

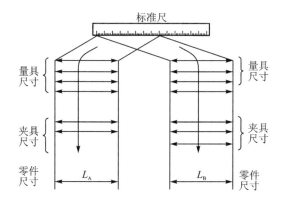

图 8.6　独立制造原则的尺寸传递原理

因此,零件 A 和 B 尺寸的协调误差 Δ_{AB} 可表示为

$$\Delta_{AB} = \Delta_A - \Delta_B = \sum_{i=2}^{n_1} \Delta_i - \sum_{j=2}^{n_2} \Delta_j \tag{8.13}$$

协调误差带可表示为

$$\omega_{AB} = \sum_{i=2}^{n_1} \omega_i + \sum_{j=2}^{n_2} \omega_j \tag{8.14}$$

式中: ω_i 为零件 A 尺寸传递中的第 i 个环节的误差带; ω_j 为零件 B 尺寸传递中的第 j 个环节的误差带。

从式(8.14)可以看出,对于相互配合的零件,当按独立制造原则对其进行协调时,协调准确度实际上要低于各个零件本身的制造准确度。

例如,对于图 8.7 所示的口盖与蒙皮的协调制造,口盖与蒙皮开口之间的间隙要求比较小,而且要均匀。但是,口盖直径的偏差即使是几毫米,在使用上并不造成任何困难,也不会对飞机性能有任何影响。也就是说,对两个零件协调准确度的要求比每个零件制造准确度的要求要高。按独立制造原则制造口盖和蒙皮的协调示意图如图 8.8 所示。协调过程为:根据口盖和蒙皮开口的设计尺寸,通过测量工具量取相应的尺寸,分别制造口盖和蒙皮开口的样板;然后按照口盖样板制造口盖冲模,再用口

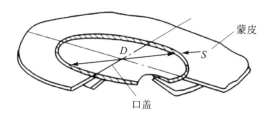

图 8.7　蒙皮与口盖协调示意图

盖冲模冲制口盖零件;同时,根据蒙皮开口样板在蒙皮上开口。采用独立制造的协调方法时,为了保证两个零件有比较高的协调准确度,要求各个样板和模具等应具有更高的制造准确度。

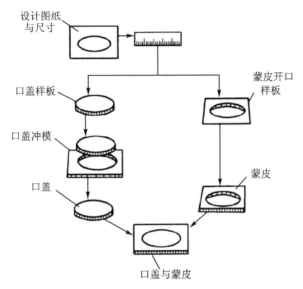

图 8.8　按独立制造原则制造口盖和蒙皮协调示意图

8.2.2　按相互联系原则进行协调

两个相配合的零件按相互联系原则进行协调时,在尺寸传递过程中有一个以上的公共环节,而且每个零件还存在至少一个单独进行的环节,对应的尺寸传递原理如图 8.9 所示。当相互配合的两个零件按相互联系制造原则进行协调时,零件之间的协调准确度只取决于各零件尺寸单独传递的那些环节,而尺寸传递过程中公共环节的准确度,并不影响相配合零件之间的协调准确度。

相互配合的两个零件 A 和 B,按相互联系原则进行协调时,制造误差可写成

$$\Delta_A = \Delta_0 + \sum_{k=2}^{m} \Delta_k + \sum_{i=m+1}^{n_1} \Delta_i \tag{8.15}$$

$$\Delta_B = \Delta_0 + \sum_{k=2}^{m} \Delta_k + \sum_{j=m+1}^{n_2} \Delta_j \tag{8.16}$$

式中:Δ_k 为 m 个公共环节中第 k 个环节的误差;Δ_i 为零件 A 尺寸传递中单独进行的第 i 个环节的误差;Δ_j 为零件 B 尺寸传递中单独进行的第 j 个环节的误差;n_1 和 n_2 分别为零件 A、B 尺寸链的环节总数量。

零件 A 和 B 尺寸的协调误差 Δ_{AB} 可表示为

$$\Delta_{AB} = \Delta_A - \Delta_B = \sum_{i=m+1}^{n_1} \Delta_i - \sum_{j=m+1}^{n_2} \Delta_j \tag{8.17}$$

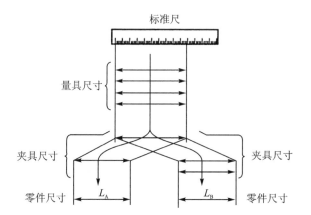

图 8.9　相互联系制造原则的尺寸传递原理

协调误差带可表示为

$$\omega_{AB} = \sum_{i=m+1}^{n_1} \omega_i + \sum_{j=m+1}^{n_2} \omega_j \tag{8.18}$$

在零件制造准确度等其他条件相同情况下,与采用独立制造原则相比,按相互联系原则进行协调时能得到更高的协调准确度。而且,在尺寸传递过程中,公共环节数量愈多,协调准确度也就愈高。

例如,对于图 8.7 所示的口盖与蒙皮的协调制造,按相互联系制造原则协调时,其协调过程示意图如图 8.10 所示。具体的制造过程为:首先通过测量工具获取口盖

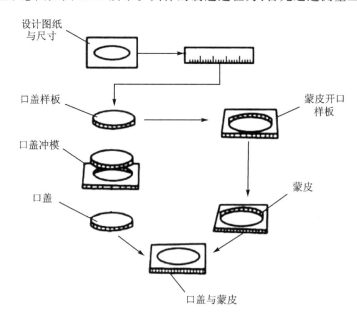

图 8.10　按相互联系原则制造口盖与蒙皮协调示意图

的尺寸,按图纸上的设计尺寸加工出口盖样板。这块样板就作为加工口盖和蒙皮的共同标准,即按样板加工口盖,按样板在蒙皮上制出孔。此时,口盖样板加工的准确度只影响口盖制造准确度,而不影响零件之间的协调准确度。

8.2.3　按相互修配原则进行协调

　　按相互修配原则进行协调时,在尺寸传递过程中,除了公共环节外,相互配合的两个零件只有某一个零件存在一个单独进行的环节,即满足 $m = n_1$ 且 $n_2 = n_1 + 1$ (或 $m = n_2$ 且 $n_1 = n_2 + 1$)。此时,联系系数 K 最大,尺寸传递原理如图 8.11 所示。

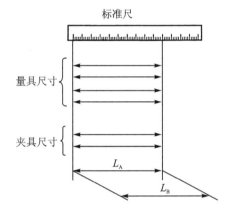

图 8.11　相互修配原则的尺寸传递原理

　　采用相互修配原则协调时,制造误差的方程式可写成

$$\Delta_A = \Delta_0 + \sum_{k=2}^{m} \Delta_k \tag{8.19}$$

$$\Delta_B = \Delta_0 + \sum_{k=2}^{m} \Delta_k + \Delta_{m+1} = \Delta_A + \Delta_{m+1} \tag{8.20}$$

式中:Δ_k 为 m 个公共环节中第 k 个环节的误差;Δ_{m+1} 为零件 A 尺寸传递给零件 B 的环节误差。

　　因此,零件 A 和 B 的协调误差 Δ_{AB} 可表示为

$$\Delta_{AB} = \Delta_A - \Delta_B = -\Delta_{m+1} \tag{8.21}$$

协调误差带基本公式为

$$\omega_{AB} = \omega_{m+1} \tag{8.22}$$

式中:ω_{m+1} 为零件 A 尺寸传递给零件 B 环节的误差带。

　　按相互修配原则进行协调时,主要有以下特点:

　　① 在其他条件相同情况下,按相互修配协调原则比按相互联系制造原则能够达到更高的协调准确度。

　　② 当采用相互修配原则进行协调时,协调准确度仅决定于将零件 A 的尺寸传递给零件 B 这一环节的准确度。但是,需要注意的是,相互修配的零件不能互换。

　　仍以图 8.7 所示的口盖与蒙皮的协调制造为例,说明相互修配原则的应用。图 8.12 所示为按相互修配原则协调制造口盖和蒙皮的示意图,具体过程为:根据口盖的设计尺寸制造口盖样板,按口盖样板加工冲模,由冲模制造口盖,然后按口盖零件加工蒙皮上的开口;或者先按口盖样板加工蒙皮上的开口,再按开口的实际形状加工口盖。采用这种方法可以保证较高的协调准确度。

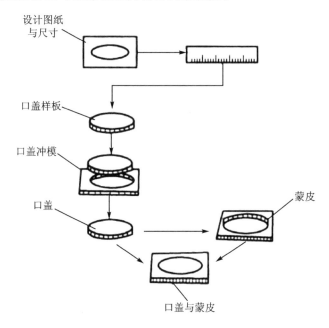

图 8.12　按相互修配原则制造口盖与蒙皮协调示意图

　　三种不同的协调原则(或称为"尺寸传递体系")各有特点,在飞机制造过程中,应根据具体情况选择应用。

　　① 对于与气动外形有关的零件,要达到较高的制造准确度比较困难,或在经济上不合理。若采用独立制造原则,为了达到协调准确度的要求,就必须对零件的制造准确度提出更高的要求,然而目前常规的制造方法是难以做到,因此需慎重选择。

　　② 对形状复杂的零件,应采用相互联系制造原则。在制造过程中,将那些技术难度大、制造准确度不可能达到很高的环节,作为尺寸传递的公共环节,以提高零件之间的协调准确度。而独立制造原则仅适用于那些形状比较简单的零件。

　　③ 采用独立制造原则便于组织生产,能够平行、独立地制造零件、组合件或部件以及各种工艺装备,扩大制造工作面,有利于缩短生产准备周期,便于开展广泛协作。然而,采用相互联系制造原则时,生产中所用的工艺装备都必须按一定的协调关系依次制造,从而导致生产准备期延长。

　　④ 按相互修配原则进行协调,虽然能够保证零件之间的协调性,但不能满足零件互换性的要求,而且修配劳动量大,装配周期长。只有当其他协调原则在技术上和

经济上都不合理,且不要求零件具有互换性时,才采用这一协调原则。一般在飞机成批生产中都尽量少用该协调原则,而在飞机试制中应用较多。

计算机辅助设计和制造技术的迅速发展,为在飞机制造中广泛采用独立制造原则创造了条件。可以采用数学模型准确地描述飞机外形、飞机结构件的形状和尺寸,并在此基础上,直接将产品几何信息传递给计算机绘图设备和数控加工设备,以输出图形和加工。随着计算机辅助设计和计算机辅助制造技术应用的深入,飞机产品的全数字化定义有利于在飞机制造中实现独立制造原则以及实施并行工程,这是飞机制造技术的发展方向。

8.2.4　解决互换与协调的方法

在飞机制造中,保证飞机零件、部件生产和使用的互换性,对飞机的制造和使用都有重要意义。

① 可以减少装配和对接时的修配工作量,节省大量工时,缩短生产周期,降低生产成本,有利于组织有节奏的批量生产;

② 可避免出现由于强迫装配而产生的装配变形,以及结构内产生的装配残余应力和局部应力集中;

③ 当飞机某个零件、组合件、段件或部件在使用中被损坏时,能用备件迅速更换,不会由于局部的损坏而影响飞机的正常使用,从而可延长飞机的使用寿命,保证飞机的使用性能。

影响互换、协调的因素很多,主要包括两个方面:一方面,由于飞机机体结构和形状较为复杂,且零件数量多、尺寸大、刚性小,容易产生变形;另一方面,飞机制造过程中工艺流程长,所用工艺装备的种类和数量繁多,产生误差的环节多。长期以来,保证互换、协调就成为飞机制造中的难点,也是飞机制造技术不同于一般机械制造技术的重要之处。在飞机制造中,可从设计和工艺两个方面着手解决互换协调问题。

（1）提高结构设计水平

影响互换、协调问题的主要因素是一些机体结构设计不够合理,特别是那些协调准确度要求高的对接部件。因此,改进飞机结构设计是解决飞机制造中互换、协调问题的主要方向。飞机设计部门不但应了解协调尺寸的形成过程,还应该掌握协调尺寸形成过程中各个传递环节固有的误差特性(包括随机误差、装配变形误差及热膨胀误差等)。在结构设计中,应根据误差特性,对装配和对接部位协调尺寸的积累误差进行估算,从而对结构设计的合理性、经济性进行详细的分析、论证和评定。

因此,从新机设计开始,设计部门应与工艺部门共同讨论、研究和决定全机互换协调原则及相应的方法措施;计算对接、配合部位协调尺寸的积累误差;确定在结构上解决互换、协调问题应采取的措施;编制与飞机结构设计有关的互换性文件;研究和拟定各种结构补偿形式等。当其积累误差不能满足装配或对接协调准确度要求时,在结构设计中就必须采取相应措施加以解决,如在装配尺寸链中加入调整补偿环等。不能在飞机结构中留下在生产难以解决或在经济上需要付出过高代价的互换、协调问题。

（2）采取工艺保证措施

在制造工艺方面，可以依靠制定正确的装配和协调方案，合理地安排装配顺序和确定装配型架的总体结构形式，以减少装配过程中的不协调问题，具体方法主要有：

① 留出必要的工艺补偿量。对于同一部件内有长度协调要求的各装配件（如中央翼、中外翼以及机身各段件中的壁板、梁等），在制定装配协调方案时，可将一端能确定壁板或梁长度的对接型材、梳状件或接头等，在壁板或梁装配时只进行工艺定位，在下一装配阶段时，再按型架定位件（如型架平板）或已定位零件调整其长度并进行最后装配。这样，可以解决装配件与装配件或装配件与型架之间的长度协调问题。否则，即使采用标准工艺装备协调相关型架，也会由于铆接伸长、热膨胀等误差的存在，无法取得协调。

② 避免套合装配。为减少装配过程中的不协调问题，在划分工艺分离面时，注意要尽量避免出现套合结构。

③ 合理安排装配顺序。对于一些协调准确度要求高的重要接头，在安排装配顺序时，应尽量放在装配件的其他铆接装配工作完成之后再进行，以减少装配变形对这些接头位置准确度的影响。

④ 采用非固定式型架。由于地坪的热膨胀系数与产品的热膨胀系数相差几十倍，因此装配型架的总体结构形式，应尽量采用不与地坪固定的整体式或整体底座式结构，以减少热膨胀不一致对协调的不利影响。在条件允许的情况下，应尽量采用铝制整体式或带铝制整体底座的型架，以减少因钢与铝热膨胀系数不同而产生的热膨胀误差。

⑤ 采用可调整的型架结构。对于型架中一端的型架平板，可采用移动式结构，以清除型架与产品长度的不协调。

8.3　互换与协调图表

8.3.1　互换与协调图表分类和组成

互换协调图表（又称"互换协调系统图"）是表示零件制造工艺装备、装配工艺装备和标准工艺装备之间制造关系、从属关系及协调关系的图表，是指令性的工艺文件，是编制其他有关工艺文件的依据。通过互换协调图表的设计，使制造飞机零部件的工艺装配达到完整、正确、协调和统一，从而确保飞机零件、组件和部件的互换与协调。

根据产品和图表的功能，可将互换协调图表分为以下几类：

（1）零件制造互换协调图表

这类图表主要用于表示零件工艺装备的制造协调方法及其制造依据之间的协调关系，同时表达零件之间、零件与组件、部件之间的协调关系。

（2）部件装配互换协调图表

这类图表用于表示部件、组件工艺装备的制造协调方法及其制造依据之间的协调关系，同时表达部组件之间、部组件与零件之间、部组件与成品之间的协调关系。

（3）零件、部件综合互换协调图表

这类图表用于综合表达零件制造、部件装配的互换协调关系。适用于协调关系密切但协调范围不大的情况，例如天窗盖、机头罩的互换协调图表。

（4）成品与主机的厂际互换协调图表

这类图表用于表达成品与主机之间厂际互换协调用的标准工艺装备、检验工艺装备及其制造依据的相互协调关系，主要用于解决安装位置要求严格、协调关系复杂的成品与主机连接部位间的协调关系。

互换协调图表一般应包括以下部分：

① 协调程序图，这是互换协调图表最主要的内容，用来表示原始依据到零件、组件、部件使用的各类工艺装备的协调关系；

② 标准工艺装备目录，主要包括产品图号、标准工艺装备名称及图号、数量、申请单位、设计单位、制造单位、使用车间和必要说明等；

③ 标题栏，主要包括编制、校对、质审、审核、批准及有关部门会签栏等；

④ 附注，对于图面上无法表示的内容和协调关系，可用文字说明。

8.3.2　互换与协调图表的设计

在飞机制造中，应按部件或组件为单元编制互换协调图表，不同类型互换协调图表的名称可按如表 8.1 所列进行编写。

表 8.1　互换协调图表名称编写规定

序　号	项　目	示　例
1	部件装配互换协调图表	×　×　×　装配互换协调图表　　部件名称
2	零件制造互换协调图表	×　×　×　△　△　零件互换协调图表　　零件所属部件的名称　制造零件的专业名称

序 号	项 目	示 例
3	零件、组件、部件综合互换协调图表	×　×　×　互换协调图表 ↘ 部件名称
4	成品安装互换协调图表	×　×　×　安装互换协调图表 ↘ 成品名称

在互换协调图表中,协调程序图采用网络和框图形式表示互换协调关系,设计的协调程序图应满足:

① 显示出从原始制造依据导出标准工艺装备和过渡工艺装备,并将其形状和尺寸移制到工艺装备上的全部过程;

② 正确地标出零件、组件、部件、成品和各种工艺装备间的协调关系,以及标准工艺装备和过渡工艺装备的对合、组合关系;

③ 合理地处理外形用常规模拟量传递方法和利用计算机(包括数控技术)数字量传递方法之间的关系。

图 8.13 所示为零件互换协调图表图面布置示意图。

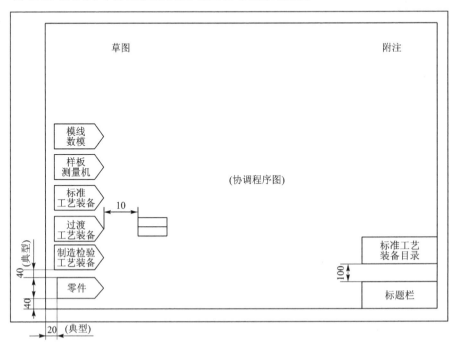

图 8.13 零件互换协调图表图面布置

图 8.14 所示为装配互换协调图表的图面布置示意图,图 8.15 所示为某机 06 段

机械加工零件互换协调图表。

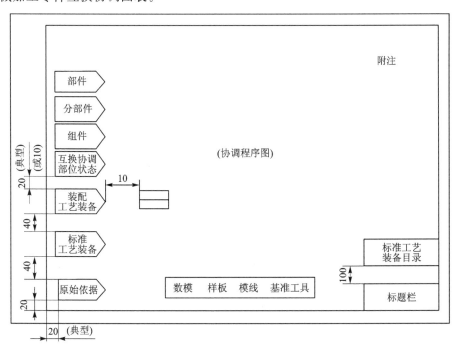

图 8.14　装配互换协调图表的图面布置

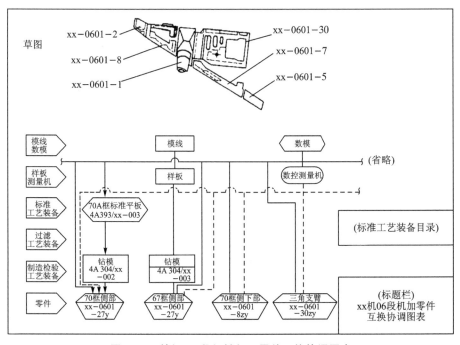

图 8.15　某机 06 段机械加工零件互换协调图表

图 8.16 所示为某机水平尾翼装配互换协调图表示意图。

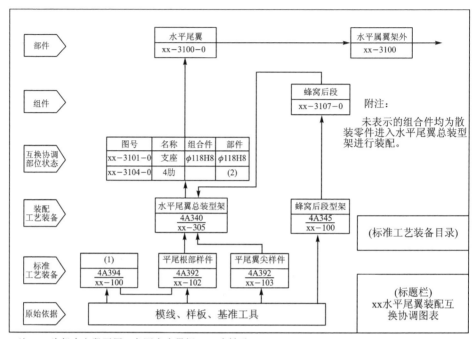

注：(1)为机身六段平尾三角区交点量规，(2)为轴承。

图 8.16　某机水平尾翼装配互换协调图表

8.4　标准工艺装备

8.4.1　基本概念及技术要求

根据功用的不同，飞机制造中的工艺装备可以分为标准工艺装备和生产工艺装备。标准工艺装备是具有零件、组合件或部件的准确外形和尺寸的刚性实体，它是作为制造和检验生产工艺装备外形和尺寸的依据。生产工艺装备则是直接用于制造和检验飞机零件、组合件或部件的工艺装备，生产工艺装备之间的外形和尺寸是通过标准工艺装备来保证的。因此，标准工艺装备必须具有足够的刚度，以保持其尺寸和形状的稳定性，而且它应比生产用工艺装备具有更高的准确度。

在飞机制造中，根据保证互换与协调的内容，标准工艺装备可归纳为以下 3 类：

① 保证对接分离面协调的标准工艺装备，如标准量规和标准平板。

② 保证外形协调的标准工艺装备，如外形标准样件（或称表面标准样件）。

③ 保证对接分离面与外形综合协调的标准工艺准备，如安装标准样件。按相互联系制造原则进行协调时，标准工艺装备是保证生产工艺装备之间相互协调的重要手段，在重要协调部位应具有较高的制造精度。

　　标准工艺装备的主要技术要求包括以下几个方面：

　　① 协调性高。必须保证成套标准工艺装备之间的协调性和必要的制造准确度，因为标准工艺装备是保证成套工艺装备和产品协调准确度与制造准确度的重要依据。而且，对于有协调性要求的标准工艺装备，使用前必须检查协调性。标准工艺装备上的交点（接头）应尽量采用固定式结构，避免采用活动式结构，若使用上有要求，也可设计为活动式结构。

　　② 长期的稳定性。凡是用焊接、铸造和冷轧钢材制造的标准工艺装备构件，在加工或安装工作交点之前，都必须进行相应的热处理，以消除内应力。对工作交点、工作孔、基准孔等，必须进行淬火处理或压淬火衬套，以提高耐磨性；对于骨架材料，除钢材外，有条件时应尽量选用与产品材料热膨胀系数相同的铝材或玻璃钢，以减小热膨胀引起的误差。

　　③ 刚性好。标准工艺装备结构的刚性是保证长期稳定性的基础，因此，要求其自身重量所产生的挠度在任何方向上都不得大于产品准确度的 1/3。要特别注意重要交点骨架连接部位的局部刚度（如杯套与骨架连接部位的局部刚度），此外，还要注意采用合理的结构布局，以减轻其结构重量，增加刚度。对于标准工艺装备的骨架，可采用由壁厚小、断面尺寸小的管材焊接而成的空间桁架式结构。

　　④ 合适的精度和表面粗糙度。标准工艺装备工作部位的公差一般应为产品公差的 1/4~1/3，表面粗糙度 Ra 应不大于 1.6。在 100 mm 的长度上，交点（接头）上孔轴线对工作面的垂直度偏差不应大于 0.05 mm。

　　⑤ 防止变形和便于搬动。为防止搬运过程中的变形和损坏，对尺寸较大的标准工艺装备，应设有专用的支承和吊运装置，其位置可布置在距端头约 1/4 全长的地方。

8.4.2　常用标准工艺装备及应用

　　（1）标准量规

　　飞机部件间的连接主要有叉耳式连接和围框式凸缘多孔连接两种形式。标准量规是组合件或部件间一组叉耳式对接接头的标准样件，主要用于保证对接分离面的互换协调，而且标准量规是成对制造的，如图 8.17 所示。

　　在装配过程中，各接头之间必须保证非常高的协调准确度，因此成对的标准量规不宜分别按图纸单独制造，而应采取配合制造，即首先根据对接接头的结构图纸制造其中一个，然后以制造好的量规为依据，制造与其成对的另一个量规。

　　在工艺装备制造中，凡是与这对接头有关的工艺装备，如标准样件上的接头、安装量规（主要用于安装各装配型架上接头定位件以及精加工台上接头定位件）等，都应按照这个成对的标准量规安装，从而保证在分离面处具有很高的协调准确度。

　　需要注意，标准量规是协调的依据，其结构要有较大的刚度，一般是用钢管焊接成立体构架作为标准量规的骨架，以避免标准量规在使用或存放过程中的变形。

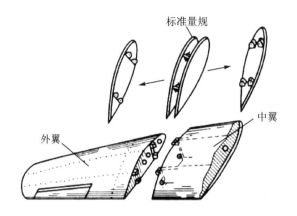

图 8.17　中、外翼对接接头标准量规

(2) 标准平板

标准平板是部件间围框式凸缘多孔对接面的标准样件,用于保证对接分离面的互换协调。平板上有准确的对接孔,用来协调对接零件的钻孔夹具、组合件装配夹具、板件和部件装配型架上的型架平板以及部件精加工台的钻模等。使用标准平板,不仅可以保证两个接合部件之间对接孔的互换协调,还可以保证孔相对于分离面处气动外形之间的协调。因此,标准平板还带有所在对接面处的外形(或外形线),如图 8.18 所示。

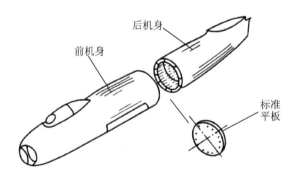

图 8.18　前后机身分离面标准平板

一般采用厚度为 20～30 mm 的低碳钢板制造标准平板。为保证平面刚度,对于大尺寸的标准平板,需将平板固定在用钢管焊接成的加强框架上。平板平面度一般为±0.1 mm,平板上孔相对于平面的不垂直度为 0.2 mm/100 mm。用标准平板制造其他工艺装备时,关键技术是把标准平板上的孔准确地转移到其他工艺装备上。与标准量规一样,标准平板也应是成对制造的,首先可以把两块平板重叠一起钻出孔,然后再分别压入经淬火的衬套。

（3）外形标准样件

外形标准样件是一种保证外形协调的标准工艺装备，主要用于保证飞机部件上外形比较复杂部位有关工艺装备曲面的外形协调，外形标准样件是制造带复杂曲面外形的各有关成形模的原始依据。根据型面复杂程度与协调方案的不同，可根据需要选用正外形标准样件或反外形标准样件。

外形标准样件的结构形式取决于它的尺寸，常见形式有固定框架式或固定平台式。固定框架式由底座、样板构架、面层及表面划线所构成，常用于尺寸较大的外形标准样件。安装时，样板构架可通过基准孔用光学仪器测量，并调整到准确位置，然后用螺栓、角材等固定于底座上。样板之间充填泡沫水泥或掺有麻刀的石膏，再用刮板进行流线加工，表面喷以保护漆，最后在表面上画线（如基准线和有关零件位置线）。

固定平台式主要用于中等尺寸的外形标准样件，与固定框架式不同，固定平台式标准样件的底座多为铸铝平台，也有用钢管和钢板焊接成的，并用千斤顶支承，如图 8.19 所示。面层填料可以采用掺麻刀的石膏、环氧塑料和硬泡沫塑料等。

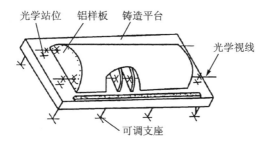

图 8.19　铸铝平台固定式外形标准样件

随着科学技术的发展，计算机辅助设计和计算机辅助制造技术在飞机生产中的应用越来越广泛，复杂的曲面外形（不论零件还是模具）可以直接用数控加工得到，而且还能大大提高加工准确度，保证较高的协调性。因此，外形标准样件的应用越来越少，甚至可以不用。

（4）安装标准样件

安装标准样件是用于安装装配型架的标准工艺装备。它带有组合件或部件的外形（一般只具有局部外形）和接头，由于装配型架上只需控制主要切面处的外形，因此在安装标准样件上只是在装配件的纵、横向骨架处才加工出实际外形。

安装标准样件是模线–样板工作法中保证互换协调的重要工艺装备，除了用于安装装配型架外，还应保证有关装配工艺装备之间的协调，如图 8.20 所示。

为保证部件及其各段件、板件和组合件装配型架之间的协调准确度，应制造可分解式的部件安装标准样件，即组合式安装标准样件，如图 8.21 所示。当制造部件装配型架时，样件作为整体使用；当制造各段件、板件和组合件装配型架时，就将标准样

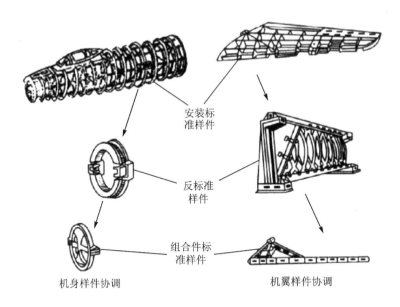

图 8.20　标准样件的协调

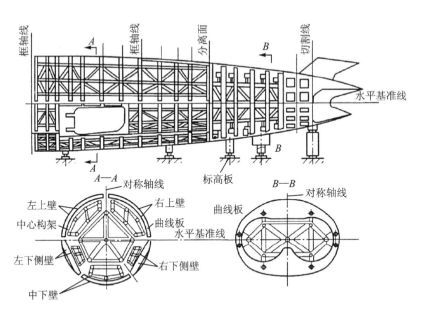

图 8.21　某歼击机后机身安装标准样件

件进行相应分解,分别制造各部分的装配型架。

　　例如,苏-27 飞机部件的标准样件大都采用组合式结构,全机标准样件包括前机身标准样件、进气道标准样件、后机身标准样件、中央翼标准样件和外翼标准样件等 5 大部分。对于这种组合式结构,当若干分(局部)样件组合成整体样件时,标准样可以作为安装大型型架、精加工台的依据。另一方面,当把整体标准样件分解后,这些分解的标准样件又可作为段件、组合件及零件工艺装备的协调依据。

（5）反标准样件

反标准样件是保证部件标准样件与其组合件标准样件之间相互协调的标准工艺装备。例如,机翼安装标准样件的制造准确度要求很高,样件尺寸较大且结构刚度小,如果从机翼安装标准样件分解出一个梁架样件用于安装机翼梁架装配型架,很容易因梁架样件刚度不足而影响准确度。又如,对于机身安装标准样件上的某些重要隔框,隔框上带有较多的接头,若将其分解出隔框样件,也会因刚度不足而影响准确度。此时,需要单独制造一个有足够刚度的组合件标准样件来安装组合件装配型架。但是,为了保证组合件样件和部件安装样件的协调问题,通常需根据部件安装样件制造一个反标准样件,以此制造组合件标准样件。机身隔框和机翼的反标准样件及其组合件安装标准样件如图 8.20 所示。

对于大尺寸的飞机部件,制造部件安装标准样件比较困难,不仅制造周期长,制造费用高,而且容易产生变形,无法保证样件的制造准确度。因此,飞机制造的发展趋势是:不再采用大尺寸的部件安装标准样件和反标准样件。但是,对于那些结构和形状比较复杂的组合件(如座舱罩、舱门和门框等)只采用组合件标准样件。

8.5　模线–样板协调技术

8.5.1　模线–样板技术的内容

在飞机制造中通常采用模线–样板技术,以保证各种工艺装备和零件的相互协调,保证装配的顺利进行,制造出符合设计要求的飞机。采用模线–样板技术的原因主要有:

① 飞机必须具有光滑流线且合乎气动力学要求的几何形状,因此飞机的大量零件具有与气动力外形有关的曲线或曲面外形,并要求相互协调。

② 飞机零件大部分用板材制造,尺寸较大,工艺刚度差,不便于用通用量具来度量其外形。

③ 各部件间的连接,一般均采用成组空间接头对接,准确度要求高,配合部位多,关系复杂。

模线–样板工作法是按相互联系制造原则建立的,在飞机制造中的尺寸传递过程可表述为:首先根据飞机部件、组合件的外形及结构,绘制“模线”,即按 1:1 的尺寸在专门的图板上准确地画出飞机的真实外形与结构形状。模线可作为飞机外形与结构形状的原始依据,模线主要分为理论模线和结构模线。然后根据模线加工出具有工件真实外形平板,即“样板”。样板在生产中可作为加工或检验各种工艺装备及测量工件外形的量具。模线–样板工作法在保证机翼部件某切面工艺装备之间和零件之间相互协调的原理图如图 8.22 所示。

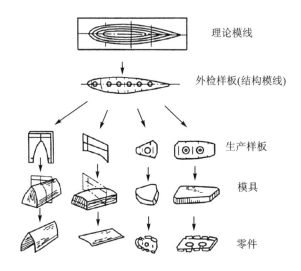

图 8.22　模线-样板工作法工作原理图

8.5.2　理论模线

（1）基本概念和作用

依据飞机理论图纸和飞机工艺要求进行设计，以飞机部件、组件的理论外形和结构轴线为主要绘制内容，按 1:1 的比例精确地画在金属平板或透明胶板上的图样，称为飞机理论模线。理论模线的绘制内容包括飞机部件的设计基准、部件平面（包括各切面）的理论外形以及部件的主要结构轴线（如大梁、翼肋、隔框和长桁等轴线）。

理论模线的主要用途有：

① 作为飞机外形数学模型的直观精确图像，以及验证飞机外形数学模型的正确性（包括光滑流线性）的依据；

② 理论模线可以作为数字量到模拟量之间的桥梁和 CAD/CAM 技术的辅助手段；

③ 理论模线可用于校核结构模线的剖面外形、结构轴线和斜角值，校核从飞机外形数学模型算出的各种数据；

④ 理论模线可作为某些样板的制造或检验依据，并可以量取某些外形或结构轴线的数据。

需要注意的是，随着 CAD/CAM 技术及其应用深度和广度的提高，理论模线的作用和重要性将进一步减弱。

（2）绘制方法

在绘制飞机的理论模线时，一般以部件或分部件为单位进行绘制。部件理论模线一般分为机身前段、机身后段、机翼、水平尾翼、垂直尾翼、发动机短舱和起落架舱等。而分部件理论模线的划分与飞机类型有关,一般有襟翼、襟翼舱、副翼、翼尖、驾驶舱、尾舱、舱门、各种整流罩和油箱等。另外,需要注意分部件理论模线必须根据相关部件理论模线进行协调绘制。

根据飞机各部件外形的特点,理论模线可归结为两种类型:一类是单曲度外形部件的理论模线,如机翼和尾翼等;另一类是双曲度外形部件的理论模线,如机身和发动机短舱等。两种类型的部件具有不同的理论外形。

(3) 机身理论模线

依据飞机理论图,绘制得到机身理论模线示意如图 8.23 所示。机身的理论模线包括机身综合切面模线、机身平面模线(包括机身侧视投影和俯视投影)、压缩模线和真实外形的长桁模线。在机身理论模线上,有设计基准线(水平基准线和对称轴线)、外形线、长桁轴线以及其他结构轴线。由于机身外形是左右对称的,因此机身隔框切面外形相对于对称轴线只画一半。

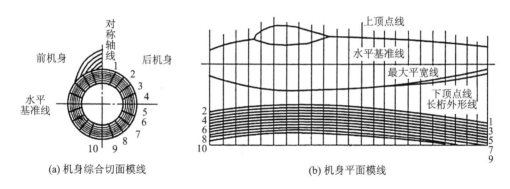

(a) 机身综合切面模线　　　　　　　(b) 机身平面模线

图 8.23　机身理论模线示意图

机身综合切面模线是以水平基准线和对称轴线为重叠基准,将横切面的外形以1:1 比例重叠绘制在一起的模线图。短舱则以水平基准线和垂直基准线为重叠基准画出。如果是翼面类部件,则以翼弦线为重叠基准。

机身平面模线一般以 1:1 的比例绘制。但是,对于大型飞机,由于其尺寸过大,只有对比较复杂的部件(如机身前段和尾段)才按 1:1 比例画出平面模线。而对外形比较简单的中段,可不画平面模线,或只画压缩模线。

绘制压缩模线时,部件的纵向切面外形沿纵向以 1:5 或 1:10 的比例绘制,沿横向则以 1:1 的比例绘制。该模线作用是:检查部件外形曲线是否为光滑流线和作为量取尺寸的依据。

(4) 机翼理论模线

飞机翼面类型部件的外形曲线一般是单曲度的,如机翼、水平尾翼、垂直尾翼、襟翼、副翼等(除翼尖外)。这些部件以几个基准翼肋切面外形(即翼型)为控制曲线,在基准翼肋外形之间的同一百分比弦长处用直线相连,形成单曲度曲面。这种以直线为母线紧贴着两端的控制曲线滑动而产生的曲面,称为直纹曲面。

图 8.24 所示为机翼理论模线示意图,包括 3 个部分:翼肋综合切面模线(即把各翼肋切面外形按统一的弦线重叠画在一起)、平面投影模线和翼梁切面模线。其中,最主要的是翼肋综合切面模线,它是绘制各翼肋切面结构模线和加工样板的主要依据。

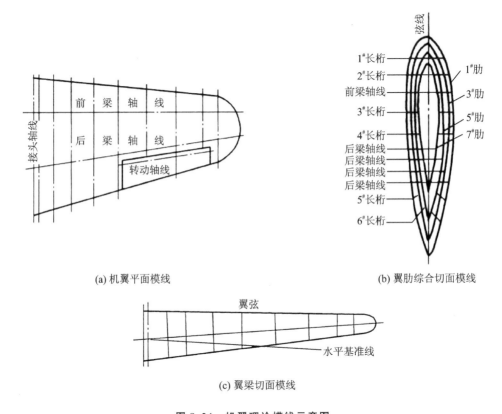

(a) 机翼平面模线

(b) 翼肋综合切面模线

(c) 翼梁切面模线

图 8.24　机翼理论模线示意图

另外,从图 8.24 中可以看出,在机翼综合切面模线上,画有各翼肋切面的外形线、桁条的结构位置线、在各翼肋切面上翼梁的结构轴线。这些线条都是绘制结构模线和加工样板所必需的。平面模线视结构和外形而定,或画局部的,或不画。

需要注意的是,在绘制机翼理论模线时,一般先画基准翼肋外形,因为在机翼理论图上会标注几个基准翼肋位置和翼型数据;而对于中间各翼肋的外形数据,则可以根据直母线外形的特点,利用相似比例关系计算出来。

8.5.3　结构模线

（1）基本概念和作用

结构模线是对飞机部件某个切面按 1:1 比例绘制的结构装配图,绘制的主要内容有设计基准线、该切面上全部零件的外形及其所在位置。结构模线也称为外形检验样板,因为结构模线上的切面外形线是从理论模线复制而来的,或者是按理论模线加工出部件某个切面的真实外形。此外,还需在该切面外形线内画出结构装配图。

在飞机制造中,结构模线的作用主要有:

① 结构模线可以作为保证飞机内部结构协调的依据;

② 结构模线可以作为用于加工生产各种样板的依据;

③ 为制造样件、装配型架、模具和夹具等工艺装备,量取一些经过模线协调的尺寸。

（2）绘制方法

绘制结构模线通常使用两种底板:一种是金属图板;另一种是明胶板。

绘制结构模线需要注意以下几个方面的内容:

① 飞机部件各主要切面的结构均绘制在结构模线上,如机翼或尾翼的大梁切面、各翼肋切面和机身隔框切面等。为协调每个切面上的全部结构,对于一个切面上的结构不分开绘制。

② 零件形状一般不取剖面图,而是通过各种符号来表示,如零件弯边高度和角度、减轻孔的形状和加强筋的形状等。

③ 为了保证零件与装配件尺寸的协调,在结构模线上还需绘制各种工艺孔,如基准孔、定位孔、导孔等,如图 8.25 所示。

④ 结构模线的主要结构轴线位置、外形线和角度等的绘制公差要求应与理论模线相同。

⑤ 结构模线是按 1:1 比例画出的,无需加注尺寸。

在保证零件和装配件的尺寸协调方面,工艺孔起着非常重要的作用,在制造工艺装备以及装配过程中,这些工艺孔是主要的工艺基准或零件钻孔依据。工艺孔的孔径需根据孔的用途不同而定,一般有 8.0 mm、5.2 mm、2.7 mm。各种工艺孔在结构模线上的布置示意如图 8.25 所示。

（3）金属图板结构模线

金属图板结构模线可分为不加工出外形和加工出外形两种。加工出外形的结构模线属于基本样板,通常称为外形检验样板,简称"外检",是制造生产样板的依据。外形检验样板的制造过程为:按理论模线移形于厚度为 1.5～2.0 mm 的冷轧低碳钢板上,加工出样板外形并喷漆,在样板上绘制内部结构并进行协调。为了保护样板上的线条和标记,在完成结构绘制之后,可加喷一层油基清漆。

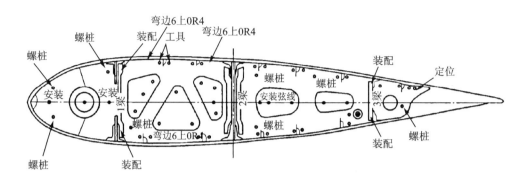

图 8.25　机翼某切面结构模线示意图

在制造过程中,理论外形线的移形是关键工作,直接影响产品的准确度。传统的移形通常采用手工方法,即将描图纸盖在理论模线上,然后描绘理论外形线,紧接着将它再复描到结构模线底板上。除此之外,还有的是直接按理论模线外形的坐标数据来画,显然,这种移形的生产效率和精确度都较低。

（4）明胶板结构模线

这种方法的实质是:将结构模线上的理论外形和主要结构轴线（如基准轴线、与理论外形有关的外形线、梁和长桁结构轴线等）,通过正像反射法从理论模线图板上移形过来。所谓正像反射法,是指将透明胶板聚酯薄膜的一面涂上感光剂,把它复贴在理论模线图上,然后用光线照射,再进行显影。

显影之后,将画在明胶板上的全部结构模线用接触照相法晒在金属图板（一般用铝板）上。这种图板称为照相图板,照相图板用于制造和检验样板。需要注意的是,明胶板上的模线则起底图作用,不直接用于生产。

与直接按坐标数据或用图纸描绘的方法相比,使用明胶板画模线具有以下优点:

① 便于模线的协调、移形和复制,提高了移形的准确度和生产率;

② 可以用明胶板结构模线直接在装配型架卡板和钣金型胎毛坯上晒制所需的外形,利于工艺装备的制造;

③ 可以用接触照相法晒制样板毛料,加工方便,有效地缩短了样板制造周期;

④ 模线底板轻便,便于使用和保管。

8.5.4　常用样板

样板是根据模线加工出具有工件真实外形的一种平面量具,是加工和检验带曲面外形的零件、装配件和相应工艺装备的依据。在飞机制造中,样板起着制造、协调、检验零件和工艺装备的作用,因此,要求样板之间有着相互协调的关系。几种常用样板介绍如下:

（1）外形样板

外形样板一般用于检验平面弯边零件、平板零件和单曲度型材零件,同时也是制造与协调成套零件样板的依据,可以直接作为成形模具的加工依据。图 8.26 所示为翼肋前段的外形样板的示意图。

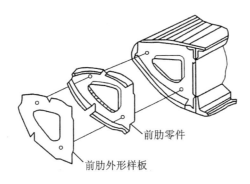

前肋零件

前肋外形样板

图 8.26　翼肋前段的外形样板

外形样板通过样板的外廓边缘线和样板上的标记符号来表示出整个零件的形状,图 8.27 所示为利用样板获取零件形状示意图。对于无弯边的平板零件,样板的外缘就是零件的外廓形状;对于有弯边的零件,样板外缘是零件弯边处外形交叉线所形成的轮廓线,如图 8.27(a)和(b)所示;对于双弯边的零件,外形样板的外缘与零件的外形关系如图 8.27(c)所示,通过在图中零件弯边处的符号标记表示几何信息,例如"弯边 15 上 R3",这说明该零件弯边高度为 15 mm,弯边方向向上,弯曲半径为 3 mm,弯边角度为 90°。

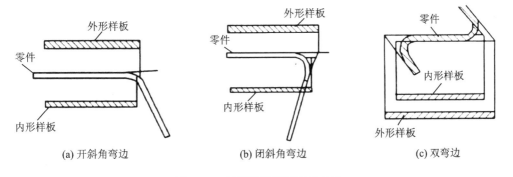

(a) 开斜角弯边　　　　　　(b) 闭斜角弯边　　　　　　(c) 双弯边

图 8.27　利用样板获取零件形状

（2）内形样板

内形样板的外缘是由零件弯边外、内形交叉线所构成的曲线,内形样板是零件成形模的制造依据,也是检验零件成形模的样板。内形样板与外形样板之间外缘位置的差值为 s,如图 8.28 所示,相应计算公式为

$$s = \tan\left(\frac{90° \pm \beta}{2}\right) \cdot \delta = \tan\frac{\alpha}{2} \cdot \delta \tag{8.23}$$

式中:δ 为零件材料厚度;β 为弯边斜角值。α 的取值为:开斜角时,$\alpha = \pi/2 + \beta$,如图 8.27(a)所示;闭斜角时,$\alpha = \pi/2 - \beta$,如图 8.27(b)所示。

在生产中,为了减少样板数量,现在基本上不再使用内形样板,而直接按外形样板和角度样板来制造与检验零件的成形模。

(3) 展开样板

展开样板是根据零件展开后的形状制成的样板。展开样板形状的获得方式主要有:

① 对于弯边线为直线的零件,其毛料尺寸可以通过直接计算得到;

② 对于弯边线为曲线的零件,可根据弯角大小、弯曲半径、弯边高度等把零件的展开尺寸大致地计算出来;

③ 对形状复杂的钣金零件,其毛料形状只能通过反复试验求得。

图 8.29 所示为制造隔框零件时使用的几种样板。

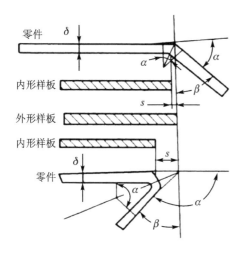

图 8.28　内形样板和外形样板间的差值

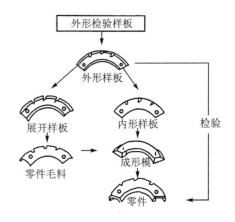

图 8.29　制造隔框零件的成套样板

(4) 切面样板

对于形状复杂的立体零件(如双曲度蒙皮),必须使用一组切面样板来控制把零件的形状。为制造与检验这类模具和零件,必须用多种切面样板,如切面内形、切面外形、反切面内形和反切面外形,这 4 种切面样板及其用途如图 8.30 所示。此外,为了保证一组切面样板在使用中相互位置准确,在每块样板上必须刻有基准线,如图 8.31 所示。需要注意的是,如果对形状复杂的模具采用数控加工和数控测量,则有时可以不用切面样板。

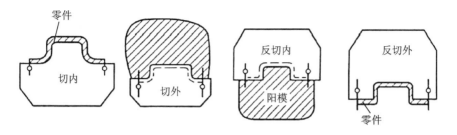

图 8.30　4 种切面样板及用途

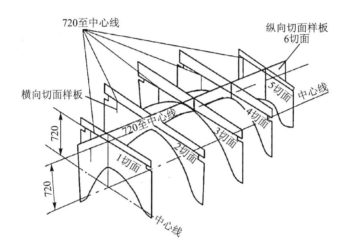

图 8.31　成套切面样板组合

（5）生产样板

常用生产样板如图 8.32 所示,它们的作用分别是:下料样板用于在下料设备中下料;切钻样板用于在具有复杂立体形状的零件上切割边缘和钻孔;夹具样板用于制造装配夹具。值得一提的是,随着飞机零件和工艺装备制造技术的发展,数控加工和数控测量比重不断增长,生产样板的数量也在逐渐减少。

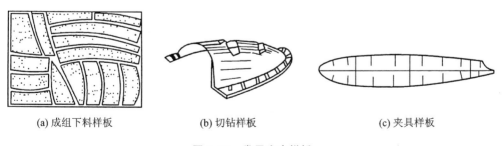

　　(a) 成组下料样板　　　　　(b) 切钻样板　　　　　(c) 夹具样板

图 8.32　常用生产样板

8.5.5　典型协调系统

（1）模线样板-标准样件协调系统

模线样板-标准样件协调系统的原始依据是模线样板,是一种适合于成批生产小型飞机的协调系统。根据样板来制造安装标准样件,通过安装标准样件来制造装配型架,或直接用样板安装一些平面组合件的装配夹具。安装标准样件可以采用组合式结构,然后利用这些分解结构制造各有关工件的装配夹具;当然,也可以单独制造组合件标准样件,但必须经过部件反标准样件协调。

图 8.33 所示为模线样板-标准样件协调系统原理图。该协调系统有以下特点:

① 对复杂型面使用外形标准样件进行协调,可以提高零件的协调性;

② 在生产中出现不协调问题时,检查方便、直观;

③ 制造标准样件的周期长,技术要求高,所需费用多。

需要注意,对于大、中型飞机,制造标准样件存在的问题较多,因此现在这个协调路线已不适用。

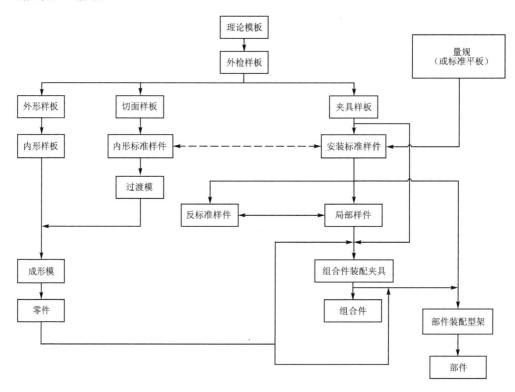

图 8.33　模线样板-标准样件协调系统原理图

（2）模线样板-局部标准样件协调系统

模线样板-局部标准样件协调系统是当前飞机生产中常用的一种协调系统。它采用型架装配机、划线钻孔台和光学仪器等通用工具，并附加平面样板和局部标准样件作为协调全部工艺装备的依据。采用这个协调系统可以不使用大尺寸的安装标准样件，但在装配工艺装备之间仍然可以获得较好的协调性。

图 8.34 所示为模线样板-局部标准样件协调系统原理示意图，该协调系统具有以下特点：

① 省去了全机安装标准样件，只用制造局部的标准样件，为保证复杂型面的协调，也只需制造局部外形标准样件；

② 可以使用通用的工具（如型架装配机、划线钻孔台和光学仪器）制造装配型架以及其他工艺装备；

③ 这种协调系统提高了制造精度，还减少了安装型架的时间，尤其在安装大尺寸的装配型架时，其优越性更为突出。

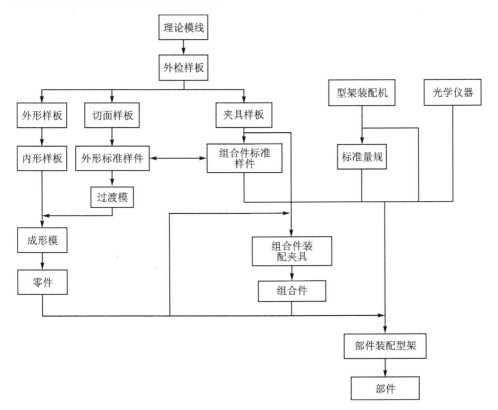

图 8.34　模线样板-局部标准样件协调系统原理图

8.6　飞机装配容差

公差是指允许几何形状和尺寸的变动量,例如尺寸公差是指允许尺寸的变动量。

容差是指用于描述几何形状和尺寸变动基准、变动方向和变动量的精度特征,既包含公差限定变动量,也确定了公差带位置,在飞机制造中,通常将工艺容差称为容差。

装配容差是用于描述装配过程中限定装配体变动量和变动带位置的精度特征。

8.6.1　容差分析

容差的合理选择、分配与优化对产品性能和生产成本具有很大的影响。容差要求太高,产品精度高,但制造成本将会上升;反之,容差要求太低,可降低产品制造成本,但产品精度将可能无法满足设计要求。

容差分析(又称"容差验证"),是指在已知装配零、部件公差的基础上,根据一定的技术条件要求,分析与求解装配过程中装配件误差累积影响下的装配成功率或封闭环尺寸公差的过程。若计算结果不能达到设计要求,则需要调整各组成环的容差,重新分析计算。

从尺寸链理论的角度来看,容差分析是解决正计算问题,即从误差来源开始分析,验证设计的正确性。基本过程为:在已知各组成环尺寸和容差的前提下,确定装配完毕后封闭环的尺寸和容差,以审核各组成环按照给定的基本尺寸和上、下偏差加工后是否能满足总的功能要求。若计算结果未满足要求,则需要重新修改各组成环的容差,并经过反复试算,直至满足性能要求为止。

1. 分析方法

传统容差分析方法主要有极值法、概率法以及蒙特卡洛法。

(1) 极值法

极值法是根据各组成环的极限值计算封闭环的极限尺寸,其计算结果能够保证完全互换。封闭环基本尺寸可表述为

$$A_0 = \sum_{i=1}^{n} \xi_i A_i \tag{8.24}$$

式中:A_0 为封闭环基本尺寸;A_i 为第 i 个组成环的基本尺寸;ξ_i 为第 i 个组成环的传递系数;n 为组成环数量。

封闭环中间偏差可表述为

$$\Delta_0 = \sum_{i=1}^{n} \xi_i \Delta_i \tag{8.25}$$

式中:Δ_0 为封闭环中间偏差;ξ_i 为第 i 个组成环的传递函数;Δ_i 为第 i 个组成环的中

间偏差。

封闭环公差可表述为

$$T_0 = \sum_{i=1}^{n} |\xi_i| T_i \qquad (8.26)$$

式中：T_0 为封闭环公差；ξ_i 为第 i 个组成环的传递函数；T_i 为第 i 个组成环的公差。

（2）概率法

概率法又称为概率统计法，由于封闭环误差通常近似于正态分布，在取置信水平 $P = 99.73\%$ 时，可保证大多数产品的互换，此时，封闭环相对分布系数 $K_0 = 1$；在某些对置信水平要求较低的场合，可适当放宽组成环公差，置信水平 P 与 K_0 的对应关系如表 8.2 所列。

使用概率法进行容差分析时，需要确定尺寸链中各组成环的公差、极限偏差以及实际尺寸数值信息在其公差带内的分布信息，用来估算统计参数 e 与 K 的取值。通常可根据实际加工调进行确定。概率法适用于封闭环精度高、组成环环数较多的尺寸链，应用概率法有可能使各组成环获得较为宽松的公差量。

表 8.2　置信水平与相对分布系数对应关系表

置信水平 $P/\%$	99.73	99.5	99	98	95	90
相对分布系数 K_0	1	1.06	1.16	1.29	1.52	1.82

采用概率法时，封闭环基本尺寸可表述为

$$A_0 = \sum_{i=1}^{n} \xi_i A_i \qquad (8.27)$$

式中：A_0 为封闭环基本尺寸；A_i 为第 i 个组成环的基本尺寸；ξ_i 为第 i 个组成环的传递系数；n 为组成环数量。

封闭环中间偏差可表述为

$$\Delta_0 = \sum_{i=1}^{n} \xi_i \left(\Delta_i + e_i \frac{T_i}{2} \right) \qquad (8.28)$$

式中：Δ_0 为封闭环的中间偏差；Δ_i 为第 i 个组成环的中间偏差；e_i 为第 i 个组成环的相对不对称系数；T_i 为第 i 个组成环的公差。

封闭环公差可表述为

$$T_0 = \frac{1}{K_0} \sqrt{\sum_{i=1}^{n} \xi_i^2 K_i^2 T_i^2} \qquad (8.29)$$

式中：T_0 为封闭环公差；K_0 为封闭环组成分布系数；K_i 为第 i 个组成环的相对分布系数；T_i 为第 i 个组成环的公差。

（3）蒙特卡洛法

该方法又称为"计算机随机模拟方法"，这是一种基于随机数和概率论，通过大量随机试验解决问题的数值方法。

在实际生产中,由于尺寸链中每个组成环的尺寸都是通过机械加工方法得到的,这些组成环尺寸值是位于公差带内并符合某种分布规律的随机变量。因此,不仅可以通过建立相应的尺寸链来计算封闭环尺寸,还可以将尺寸链方程转换为尺寸链中各组成环为自变量的函数。

利用蒙特卡洛法进行容差分析,其本质是将求解封闭环尺寸的问题转化为求解随机变量的统计量方程问题,基本的分析步骤包括:

① 确定各组成环的基本尺寸值以及公差分布情况;

② 根据所需的计算精度,确定需要的模拟次数 N;

③ 根据组成环的公差带分布范围及规律进行随机抽样,得到组成环尺寸的随机数 $(A_1, A_2, \cdots, A_N)$;

④ 将从上一步得到的随机数 $(A_1, A_2, \cdots, A_N)$ 代入尺寸链方程,从而计算封闭环尺寸 A_0,得到其子样。

将第③和第④步重复进行 N 次,能够得到封闭环尺寸的 N 个子样,构成一个样本。

⑤ 对得到的封闭环尺寸样本进行统计分析,最终得到封闭环的极限值、平均值以及公差分布规律等。

2. 案　例

图 8.35 所示为 APU 舱门与机身外蒙皮结构简图及尺寸链示意图,下面采用 3 种方法对容差进行实例分析。

在此结构中,A_0 为舱门外蒙皮与机身蒙皮的阶差,是尺寸链的封闭环;A_1 为 APU 舱门固定在机身的安装框在周向的高度;A_2 为后机身尾段的机身蒙皮厚度;A_3 为 APU 舱门外蒙皮厚度;A_4 为 APU 舱门安装蒙皮骨架的厚度;A_5 为 APU 舱门与机身安装框连接垫圈的厚度;A_6 为安装框的钣金件厚度。

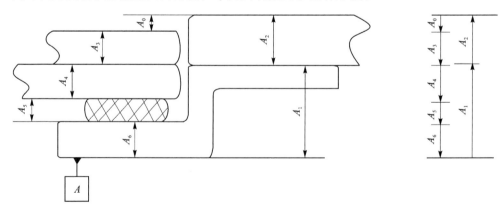

图 8.35　容差分析尺寸链示意图

整个尺寸链包含 7 个尺寸（A_0、A_1、A_2、A_3、A_4、A_5、A_6），A_0 为封闭环，其余的尺寸为组成环。已知各组成环的尺寸分别为 $A_1 = 6.4_0^{+0.20}$ mm，$A_2 = 2_{-0.20}^{+0.20}$ mm，$A_3 = 2_{-0.20}^{+0.20}$ mm，$A_4 = 2.4_{-0.03}^{-0.01}$ mm，$A_5 = 1.8_{-0.04}^{0}$ mm，$A_6 = 2.2_{-0.10}^{0}$ mm。而且，根据组成环的增减性，可以确定传递系数为 $\xi_1 = 1, \xi_2 = 1, \xi_3 = -1, \xi_4 = -1, \xi_5 = -1, \xi_6 = -1$。

蒙皮阶差 A_0 作为封闭环，其尺寸公差要求为 $A_0 = 0_{-0.70}^{+0.70}$ mm。根据上述已知条件，可得各组成环的数据列表如表 8.3 所列。

表 8.3　组成环数据列表

名　　称	传递系数	基本尺寸/mm	极限偏差/mm	公差/mm	中间偏差/mm
A_1	1	6.4	$0 \sim +0.20$	0.2	0.10
A_2	1	2	$-0.20 \sim +0.20$	0.4	0
A_3	-1	2	$-0.20 \sim +0.20$	0.4	0
A_4	-1	2.4	$-0.03 \sim -0.01$	0.02	-0.02
A_5	-1	1.8	$-0.04 \sim 0$	0.04	-0.02
A_6	-1	2.2	$-0.10 \sim 0$	0.1	-0.05

（1）用极值法分析

首先，根据式（8.26）可得封闭环 A_0 的极值公差为

$$T_0 = \sum_{i=1}^{n} |\xi_i| T_i = (0.2 + 0.4 + 0.4 + 0.02 + 0.04 + 0.1) \text{ mm} = 1.16 \text{ mm}$$

接下来，根据式（8.25）可得封闭环 A_0 中间偏差为

$$\Delta_0 = \sum_{i=1}^{n} \xi_i \Delta_i = (0.1 + 0.02 + 0.02 + 0.05) \text{ mm} = 0.19 \text{ mm}$$

然后，封闭环 A_0 的极限偏差为

$$\text{ES}_0 = \Delta_0 + \frac{T_0}{2} = \left(0.19 + \frac{1.16}{2}\right) \text{ mm} = 0.77 \text{ mm}$$

$$\text{EI}_0 = \Delta_0 - \frac{T_0}{2} = \left(0.19 - \frac{1.16}{2}\right) \text{ mm} = -0.39 \text{ mm}$$

最后，根据上述结果可得封闭环为

$$A_0 = 0_{-0.39}^{+0.77} \text{ mm}$$

这表明，上偏差超差，不满足 APU 舱门与机身蒙皮对阶差的要求。

（2）用概率法分析

采用概率法进行分析计算，取置信水平 $P = 99\%$，此时的相对分布系数为 $K_0 = 1.16$，各组成环服从正态分布，则可解出

封闭环 A_0 的统计公差为

$$T_0 = \frac{1}{K_0}\sqrt{\sum_{i=1}^{n}\xi_i^2 K_i^2 T_i^2} = 0.527\ 8\ \text{mm}$$

封闭环 A_0 的中间偏差可表示为

$$\Delta_0 = \sum_{i=1}^{n}\xi_i\left(\Delta_i + e_i\frac{T_i}{2}\right) = 0.19\ \text{mm}$$

然后,封闭环 A_0 的极限偏差为

$$\text{ES}_0 = \Delta_0 + \frac{T_0}{2} = \left(0.19 + \frac{0.527\ 8}{2}\right)\text{mm} = 0.453\ 9\ \text{mm}$$

$$\text{EI}_0 = \Delta_0 - \frac{T_0}{2} = \left(0.19 - \frac{0.527\ 8}{2}\right)\text{mm} = -0.073\ 9\ \text{mm}$$

最后,根据上述结果可得封闭环为

$$A_0 = 0_{-0.073\ 9}^{+0.453\ 9}\ \text{mm}$$

这表明,计算结果满足设计要求,即按概率法进行容差分析的结果有效。

(3) 用蒙特卡洛法分析

采用蒙特卡洛法进行容差分析。首先,根据混合同余法产生(0,1)均匀分布的随机数,并将其转化为正态分布的随机数,然后,通过计算机编程的方法进行 10 000 次计算,得到封闭环尺寸为 $A_0 = 0_{-0.139\ 6}^{+0.494\ 1}\ \text{mm}$,装配成功率为 99.99%。

蒙特卡洛法计算得出的封闭环尺寸分布如图 8.36 所示,用极值法求得各组成环的贡献率如表 8.4 所列。

表 8.4　蒙特卡洛法分析时各组成环的贡献率

组成环编号	贡献率	组成环编号	贡献率
A_0	0	A_4	3.389 830 508 474 58e−02
A_1	0.169 491 525 423 729	A_5	3.389 830 508 474 58e−02
A_2	0.338 983 050 847 458	A_6	8.474 576 271 186 44e−02
A_3	0.338 983 050 847 458		

3. 方法比较

极值法是按照完全互换要求进行容差分析的。也就是说,如果采用极值法进行容差分析,得出的封闭环满足要求,则装配中的各组成环可以任意选取,均能满足要求。极值法常用于公差等级较高、组成环数目不多的尺寸链,如孔轴的配合;也用于组成环数目较多的枪械产品尺寸链中。此外,对于对公差要求比较低的某些尺寸链,如限制齿轮副轴向错位量等,也常用极值法分析。该方法的计算相对保守,对组成环容差要求严格,制造成本较高。

采用概率法进行容差分析,需做如下假设:各组成环均服从正态分布;装配公差和零件公差之间为线性关系。在分析过程中,还需基于这些假设行简化处理。概率

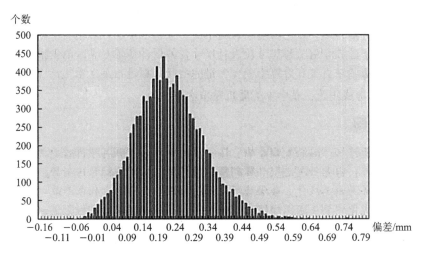

图 8.36　封闭环尺寸分布示意图

法主要用于对封闭环精度要求高、组成环数目较多的尺寸链。其实,概率法对产品生产过程中的建模更加接近实际情况,采用该方法能够保证绝大多数互换,而且由于其置信度水平高,基本可以保证无需挑选装配。

与极值法和概率法相比,采用蒙特卡洛法进行容差分析,其计算精度更高,与实际情况的符合程度也更高,特别是对于公差相对公称尺寸较大且尺寸公差设计函数是高阶的情况,蒙特卡洛法更加精确。采用蒙特卡洛法进行容差分析,其实质是通过随机变量的统计试验和随机模拟来求解工程问题,是数值分析和概率统计的有机结合。因此,该方法适用于工件公差分布为包括正态分布在内的任意分布,而且可以进行非线性表达式的计算。但是,该方法也有缺点,即在计算中需要大量的统计数据进行多次重复计算,收敛速度较慢,其精度与 $1/\sqrt{n}$ 成正比(n 为随机模拟次数)。

8.6.2　容差分配

容差分配是指将已知产品装配的容差值,按一定准则分配到各零件容差的过程。容差分配要解决两个问题:一是根据不同的方法,确定各组成环的容差 T_i;二是根据求出的容差 T_i,确定各组成环 A_i 的极限偏差。也就是说,容差设计要确定容差带的大小和容差带的位置。

从尺寸链理论的角度来看,容差分析是解决正计算问题,即从误差来源开始分析,验证设计的正确性。而容差分配是反计算问题,是从误差结果进行分析,即已知封闭环容差及各组成环的基本尺寸,在保证产品装配要求的前提下,权衡产品设计精度和制造成本,在一定的优化模型下求出经济合理的各组成环尺寸容差和极限偏差,其目的是根据总的技术要求来确定各组成环的容差和上、下偏差。

1. 容差分配方法

飞机产品的容差分配方法有很多,随着计算机技术的发展,相关的容差分析软件

也得到了广泛应用,现将一些常见容差分析方法介绍如下:

(1) 等容差法

采用该方法进行容差分配时,需假设各零件的加工容差相同,即对所有组成环分配相等的容差值。这是一种容差平均分配的方法,一般用于粗略估算,且适用条件特殊,不能广泛使用,因为它容易导致大尺寸小容差、加工困难等问题。

(2) 等精度法

采用该方法时,首先对待分配容差的全部组成环取相同容差等级,然后根据标准查出各个组成环的容差因子,最后确定各组成环的容差。该方法仅考虑了尺寸对容差的影响,具有一定片面性,一般用于粗略计算。

(3) 等影响法

等影响法是指各组成环对封闭环的影响相同。通常来说,组成环对封闭环的影响取决于组成环的容差、传递系数及相对分布系数,容差值即为三者之积。该方法仅考虑了传递系数和相对分布系数,过于片面。

(4) 综合因子法

采用该方法进行容差分配时,需考虑组成环加工难易程度、成本等因素,并根据工作经验给定各组成环容差的综合因子。

(5) 等工序能力分配法

采用等工序能力法进行容差分配时,应使各组成环具有相等的加工能力。该方法比较接近生产实际,但是需要大量统计试验以评估加工能力,对于新产品的设计较为困难。

(6) 最小成本法

最小成本法是在提供充足的成本与容差的统计资料前提下,通过概率统计方法确定尺寸链中各组成环容差,并使制造成本降至最低,即根据成本与容差的函数关系确定各组成环容差。从理论上来说,该方法可以获得最佳经济效益。

(7) 线性规划法

该方法在很大程度上考虑了制造成本,在实际的分配过程中,将容差和成本函数关系进行了线性简化,计算比较简单,

(8) 基于容差设计软件的容差分配方法

目前常用的容差分析软件包括 Tecnomatix 的 eM-Tolmate,SigmetrixCETOL6σ 等。应用容差分析软件进行容差分配的流程如图 8.37 所示。

容差分析软件的主要功能包括:

① 基于 ISO、ANSI 或 ASME 标准对形位公差进行分析;

② 确定装配工序、装配配合条件和装配方法;

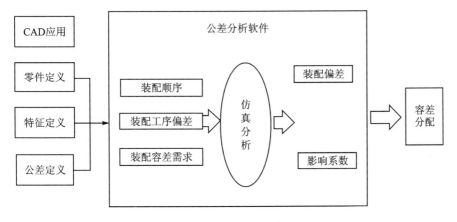

图 8.37　容差分配示意图

③ 定义装配过程中需要测量的关键质量特征;

④ 根据装配顺序和装配工序,应用蒙特卡洛仿真方法对关键质量特征进行仿真,据此预测零件公差和装配工序所造成的装配偏差,并估算其对装配偏差的影响比例,同时按照影响比例的大小,进行特征的分级;

⑤ 以仿真分析所得各容差环节影响比例的大小为权重,使用容差分配方法进行各环节的容差分配。

需要指出的是,在上述各种方法中,等容差法、等精度法、等影响法、综合因子法和等工序能力分配法等 5 种方法没有考虑到制造成本,只适用于容差设计的初级阶段。最小成本法和线性规划法考虑了制造成本,因此也称为"优化分配法"。优化分配法是在满足封闭环精度要求下,以制造成本作为评定容差综合合理性的指标,要求在满足精度要求条件下的制造成本最低,然而这种优化分配方法很少考虑到质量损失。

2. 案例分析

在 8.6.1 小节的算例中,采用极值法进行容差分析时,得到封闭环上偏差为 0.77 mm,无法满足 APU 舱门与机身蒙皮对阶差的要求,需要调整各组成环的容差重新计算。

装配结构如图 8.38 所示,在 8.6.1 小节的计算中,尺寸链的计算以 f_b 为基准面,然而在实际装配过程中,面 f_b 不存在配合关系,因此可以选择面 f_t 为基准重新构造尺寸链,从而无需考虑尺寸 A_6 对尺寸 A_0 的影响,重新构造的尺寸链如图 8.38 所示。

基于图 8.38 所示尺寸链,分别采用极值法、概率法和蒙特卡洛法重新进行容差分析,计算过程中认为组成环 A_1 的尺寸值及上下偏差仍为 $A_1 = 6.4_0^{+0.20}$ mm。其中极值法计算过程如下:

根据式(8.26)可得封闭环 A_0 的极值公差为

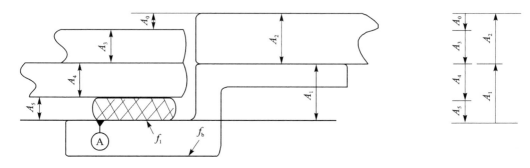

图 8.38　重新构造的尺寸链图

$$T_0 = \sum_{i=1}^{n} |\xi_i| T_i = (0.2 + 0.4 + 0.4 + 0.02 + 0.04) \text{ mm} = 1.06 \text{ mm}$$

根据式(8.25)可得封闭环 A_0 中间偏差为

$$\Delta_0 = \sum_{i=1}^{n} \xi_i \Delta_i = (0.1 + 0.02 + 0.02) \text{ mm} = 0.14 \text{ mm}$$

然后,封闭环 A_0 的极限偏差为

$$\text{ES}_0 = \Delta_0 + \frac{T_0}{2} = \left(0.14 + \frac{1.06}{2}\right) \text{ mm} = 0.67 \text{ mm}$$

$$\text{EI}_0 = \Delta_0 - \frac{T_0}{2} = \left(0.14 - \frac{1.06}{2}\right) \text{ mm} = -0.39 \text{ mm}$$

最后,根据上述结果可得封闭环为

$$A_0 = 0_{-0.39}^{+0.67} \text{ mm}$$

这表明,上下偏差均符合要求,即满足 APU 舱门与机身蒙皮对阶差的要求。

与前述计算过程相似,采用概率法与蒙特卡洛法对封闭环进行计算,所得的结果分别为 $A_0 = 0_{-0.119\,4}^{+0.399\,4}$ mm 和 $A_0 = 0_{-0.139\,6}^{+0.494\,1}$ mm。

算例表明,通过改变配合基准,重新建立尺寸链,可使得装配部件满足配合要求,进而实现了容差的优化分配。

思考题

1. 说明互换和协调的区别和联系。
2. 飞机制造中的互换要求有哪些?
3. 简述 3 种不同协调原则之间的关系和区别。
4. 什么是标准工艺装备? 常用的标准工艺装备有哪些?
5. 理论模线和结构模线的作用分别是什么?
6. 简述容差分析和容差分配的必要性和基本方法。

第9章　飞机装配型架

9.1　装配型架结构及技术要求

9.1.1　装配型架结构及功用

装配型架(见图9.1)一般可由以下几个部分组成:

① 骨架。骨架是型架的基体,应具有足够的刚度,主要用于固定和支撑定位件、夹紧件等元件,保持各元件空间位置的准确度及稳定性。

② 定位件。定位件是型架的主要工作元件,应准确可靠、彼此间相互协调,且使用方便,用于保证工件在装配过程中具有准确的空间位置。

③ 夹紧件。夹紧件是确保工件牢靠地固定在定位件上的加力元件,一般与定位件配合使用,可合称为定位夹紧件。夹紧件应装夹迅速、可靠、使用方便,不致损伤工件表面。

④ 辅助设备。辅助设备包括工作踏板、工作梯、托架、工作台、起重吊挂、地面运输车、照明设备以及压缩空气管路等。辅助设备是保证工作方便、安全、减轻劳动强度、提高生产率所必不可少的型架组成部分。

飞机装配型架的主要功用是:

① 保证产品的准确度及互换性。即保证进入装配型架的飞机零件、组合件、板件或段件在装配时能迅速准确地夹紧、定位,保持其正确形状、位置和工艺刚度,并限制其在装配过程中的连接变形,使得装配完成的产品符合图纸及技术条件要求,进而满足产品准确度及互换协调的要求。

② 改善劳动条件,提高装配生产率。在飞机装配工作中采用装配型架,能更好地实现工件的快速准确定位和夹紧,保证连接可靠性,还可以改善工人劳动条件,操作方便,从而提高生产率。

另外,在使用飞机装配型架进行装配时,还需注意:

① 装配型架定位件数量应根据零件或装配件的刚度适当调整,应有一定的"过定位";

② 装配型架(或夹具)能限制工件的连接变形(如铆接、焊接等);

③ 飞机装配型架具有成套性和协调性特点。

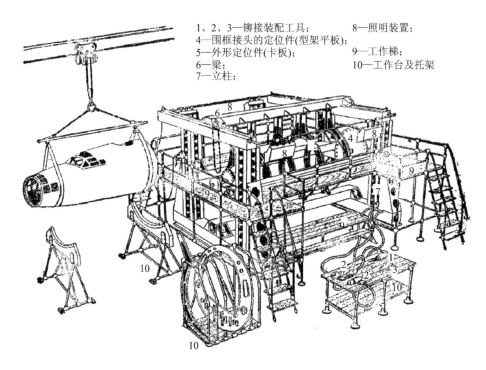

1、2、3—铆接装配工具;   8—照明装置;
4—围框接头的定位件(型架平板); 9—工作梯;
5—外形定位件(卡板);   10—工作台及托架
6—梁;
7—立柱;

图 9.1 装配型架的构造

9.1.2 型架基本要求

飞机装配型架的基本要求包括:

① 准确度和协调性要求。在飞机装配中,关于装配型架准确度和协调性的要求包括以下几点:

- 装配型架的制造和安装准确度应高于装配对象的制造准确度,因为装配型架的制造和安装准确度是保证飞机装配准确度的基础;
- 对于装配型架之间具有协调性要求的部位,必须保证良好的协调性和必要的制造准确度,其协调误差应小于产品间的协调公差;
- 为保证装配过程中不损伤产品,定位面和夹紧面的粗糙度 Ra 应小于 1.6。

② 刚性要求。装配型架的刚性是保证其长期稳定性的基础,因此,要求装配型架自身重量所产生的挠度在任何方向上都不得大于产品准确度的 1/3,而且要注意采用合理的结构布局,以减轻其结构重量,增加刚度。

③ 长期的稳定性要求。只有保证装配型架在使用过程中的长期稳定性,才能保证型架准确度和成套型架之间的协调性。因此,装配型架结构应有必要的刚度,接头定位件的耐磨性要好,某些重要的接头定位器应进行淬火处理或压淬火衬套;结构中的活动部位要有小而稳定的间隙,采用耐磨材料,选用合理的结构。此外,在长期的

使用过程中还需考虑型架元件的焊接内应力、螺栓连接的间隙、操作中的冲击力、连接振动、强迫装配以及地基下沉等诸多因素的影响。

④ 装配效率的要求。型架结构应简单、开敞并尽可能轻便,工人接近工件方便、安全,能使装配工作在最有利的条件下进行。另外,产品的上架和下架要安全、方便。

⑤ 工艺性要求。型架构件的制造加工应简单、方便,准确度要易于保证,装配型架检修要方便,成本要低。此外,型架元件尽量标准化。

9.2 装配型架设计

9.2.1 设计依据和主要内容

一般来说,飞机装配型架设计所必需的原始资料有以下几种:

① 型架设计任务单(或工艺装备申请单)。这是设计人员接受任务和安排工作的依据。在任务单中,应指出型架的工件图号、名称、功能、数量以及该型架与其他型架的关系。

② 装配件的结构图纸与技术条件。根据产品图纸及技术条件,掌握装配对象的结构特点、装配准确度要求以及协调互换要求,等等。同时,还应据此熟悉与该装配件相配合组合件或部件的结构,弄清这对设计型架的影响。

③ 产品装配方案(或指令性工艺规程)和工艺装备协调图表。根据装配方案和协调图表,型架设计人员应当掌握:在该型架上进行装配的工件供应状态和先后顺序;该产品的装配工艺过程,包括零件、组合件及其定位方式,使用的工具和设备等;型架协调关系及安装型架所用的标准工艺装备;相关的其他工艺规程。

④ 型架设计技术条件。这是装配工艺员根据上述文件,从工艺和使用角度对型架提出的具体要求,通常以文件形式附于型架设计任务单中。其内容包括:型架内需要完成的工作、待装配工件的定位基准,特别是部件外形定位件和主要接头定位件的形式及定位尺寸;型架的制造依据和安装方法;对型架构造的原则性意见,如装配对象在型架内的放置状态、型架骨架的结构形式;工件的出架方式、方向及使用的设备;对辅助设备的要求。

⑤ 型架元件及结构的标准化资料。主要是指航空工业部门颁布的标准。

在进行型架设计时,一般可把设计工作分为 3 个阶段:拟定草图或型架设计方案;绘制工作总图;绘制零件图。其中,在设计草图或拟定型架设计方案应确定的主要内容包括:型架的设计基准;装配对象在型架中的放置状态;工件的定位基准,主要定位件的形式和布置方式,尺寸公差;工件的出架方式;型架的安装方法;型架的结构形式;骨架刚度验算、型架支承与地基估算;温度对型架准确度的影响。

9.2.2　型架设计基准

　　型架设计时,首先须正确地选择设计基准,根据它来确定型架上各个零件和装配件的相对位置。基准选择是否恰当,决定了设计过程中确定工作尺寸和检验这些尺寸是否容易,基准选择不合适,会降低型架准确度、延长安装周期。

　　一般情况下,应以飞机部件的设计基准作为成套装配型架和成套标准工艺装备的设计基准,如图9.2所示。这样,就可以避免基准转换时繁杂的计算,也可以消除制造时由于基准转换引起的误差积累。具体选择时,应注意的问题包括以下几个方面:

　　① 选择型架设计基准时,应保证同一设计基准原则,即对相邻部件的装配型架(如中翼–外翼–副翼–襟翼装配型架),或者同一部件中不同组合件的装配型架(如机翼中的前缘–梁–板件装配型架),都应当选择同一设计基准轴线。

　　② 选择型架设计基准还应力求简化尺寸的计算,以便制造及检验。

　　③ 选择型架设计基准应考虑安装方法。例如,用型架装配机安装型架时,要求有3根相互垂直的坐标轴线作为基准;又如,用划线钻孔台安装卡板端头或塑造卡板工作面时,要求基准线垂直于各框或肋的平面,各安装尺寸都应是50 mm的倍数。

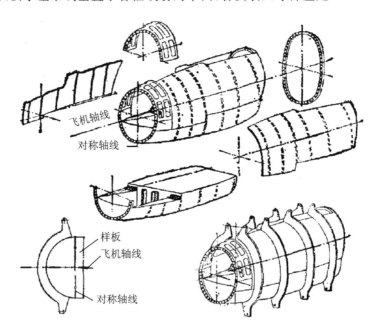

图 9.2　机翼和机身的设计基准线

9.2.3　装配对象在型架中的放置状态

　　装配对象在型架中的放置状态应使工人在最有利的工作姿态下进行工作,即应保证工人的大部分操作是在站立姿态下进行,工作高度在 $1.1\sim1.4$ m 范围内。此外,还应考虑位置优化布局,节省车间面积。

根据上述原则,结合装配对象结构特点和装配工作内容,从而确定装配对象在型架中的放置状态。常见工件放置状态的具体要求有:

① 对于大尺寸框类或圆形结构件,如大型机身隔板、机头罩等,可设计成转动式夹具。

② 对于一般尺寸的梁、隔框、翼肋等平面型组合件,可在非转动式夹具内平放或竖放,但最好采用转动式夹具。

③ 大型飞机机身装配时,往往以座舱地板作为定位基准,而且地板处于水平位置时,对装配工作有利。

④ 机身类段、部件的放置状态大多与飞机的飞行状态一致,从而使得隔框处于垂直位置、定位件布置方便,特别是型架卡板布置合理。

⑤ 对于板件,一般都采用立放。

⑥ 对于翼面类部件,习惯于垂直放置,即前缘向下,这样适合于采用卡板定位的型架,装配工作可以从两面接近,也便于前缘内部的操作。另外,翼面类部件的精加工型架多采用平放,因为主要操作是在接头区,水平放置便于机翼在架内定位、加工操作和吊运工件,也便于精加工头的布置。

9.2.4 产品出架方式

工件的出架方式是型架结构设计方案必须考虑的主要问题之一,对型架结构影响较大,出架方式选择恰当,不仅可以简化型架结构,使得出架安全、不致损伤工件,还可节省厂房面积、简化搬运设备。一般来说,对于较小的工件,出架方式较为简单,只要有关的定位件、夹紧件收缩足够尺寸,就能取出工件。对于大尺寸部件,尤其是大型飞机的大部件,出架方式应该认真考虑,一般有 3 种出架方式:型架上方出架、纵向出架、侧向出架。

① 型架上方出架。一般利用厂房吊车从型架上方出架,这要求厂房具有相应的高度。

② 纵向出架。要求一端的两立柱之间有较大的空间,型架内有吊挂导轨,另外,要求型架出架一端外面留有较大面积。

③ 侧向出架。对于重量不大的产品,可用型架内专用吊车吊出;对于较重的产品,可用架车从侧向下架。

9.2.5 产品的定位

在保证装配准确度和协调性的前提下,飞机产品装配定位还应满足下面基本要求:

① 合理选择定位部位,定位方法要可靠、稳定,定位件结构简单;

② 在同一型架上,不得存在定位干扰,工序型架之间定位必须协调;

③ 定位过程不会导致产品划伤;

④ 定位操作要简单、迅速、轻便,型架开敞性较好。

在定位过程中,合理选择定位部位至关重要,直接关系到飞机产品的装配准确度和协调性。在实际选择时,通常需遵循的原则有:

① 必须能保证直接或间接控制飞机的几何参数;

② 必须定位对合交点和分离面;

③ 在工序型架中,保证定位部位不变,即后一工序型架上的定位部位必须是前面工序型架上的定位部位;

④ 在保证定位目的前提下,应尽量减少定位件数量,保证型架结构简单,工作开敞;

⑤ 应根据零组件的刚度确定过定位部位。

飞机装配一般过程是指将大量的飞机零件,按一定的组合和顺序(按图纸、技术条件),逐步装成组合件、板件、段件和部件,最后将各部件对接成整架飞机的机体。在不同的装配阶段,其定位特点不同,应根据情况合理选择定位部位和定位方式。

在组件装配阶段,应注意参与装配的产品零件之间的相互定位,并控制其形状。

在段件或部件装配阶段,主要是定位参与装配的组合件,并控制其外形。在此阶段,由于组件具有一定刚度和整体性,因此,可大大减少定位件的布置密度。另外,应注意利用组合件之间的相互定位,以减少定位件数量和避免定位不协调。

在部件的对接阶段,主要是确定部件之间的几何关系。由于此时的部件已经具有较大刚度,因此这个阶段应特别注意定位基准的选择问题。合理选择定位基准或模拟部件几何参数控制关系或结构关系,可简化型架结构。

9.3 型架骨架

9.3.1 骨架结构形式

装配型架由骨架、定位夹紧件和辅助设备等几部分组成,骨架的结构形式大体可分为框架式、组合式、分散式和整体底座式。

(1) 框架式

图 9.3 所示为由槽钢或钢管焊成的典型框架式骨架,多用于隔框、翼肋、大梁等平面形状组合件、板件,小型立体组合件及段件(如翼尖、舱门、小尺寸的尾翼)。框架的放置方式有竖放式、转动式和平放式。

竖放式框架可用地脚螺栓固定在专用基础上,也可直接安放在地坪上,用混凝土固定,当然,还可通过 3 点支承或 4 点可调(螺旋)支承,浮置于地坪上而不与地坪固定。采用 3 点支承时,需另加两个辅助支承,以克服 3 点支承不够稳定的缺点,如

图 9.3 所示。采用转动式框架,既便于操作,又可节省车间面积,但只限于尺寸不大的框架。

(2) 组合式

组合式骨架一般由底座、立柱、支臂、梁等标准化元件组成,如图 9.4 所示。组合式骨架的主要特点是规格化、标准化程度高,类似于积木式结构,有可能缩短设计和制造周期。而且,当机型改变时,元件大多可重复使用。根据梁布置方式的不同,组合式骨架可分为单梁、双梁、三梁和四梁式。

制造骨架时,梁一般由槽钢焊接而成,此外,为减小焊接变形及工作量,槽钢对焊时常采用断续焊缝。梁通过螺栓固定在底座或立柱上,定位件(包括卡板)及夹紧件大都固定在梁上。立柱、底座、支臂的材料一般采用铸铁,表面加工出间距为 100 mm 的孔,以便通过螺栓互相连接。

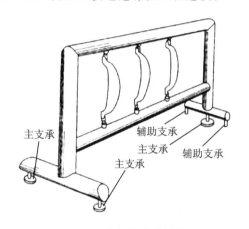

图 9.3　典型框架式型架

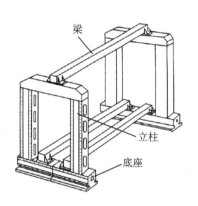

图 9.4　组合式骨架

(3) 分散式

图 9.5 和图 9.6 所示为采用分散式骨架的装配型架示意图。从图中可以看出,此时的型架不设整体骨架,而是将定位夹紧件固定在分散的金属骨架上,这些分散的骨架以车间地基为基础,按一定次序和位置连接成一个整体。在制造时,骨架一般用槽钢或钢管焊接而成。在使用过程中,型架定位件的尺寸稳定性主要取决于车间地基和型架基础的稳固程度。

分散式骨架的主要优点是:

① 取消了整体骨架,大大节省了材料,与组合式型架相比,可省约 50% 的金属;

② 型架结构大大简化,位置比较开敞,有利于架内装配工作的进行;

③ 分散式骨架主要适用于大尺寸的装配型架,尤其是比较复杂的机身总装型架。

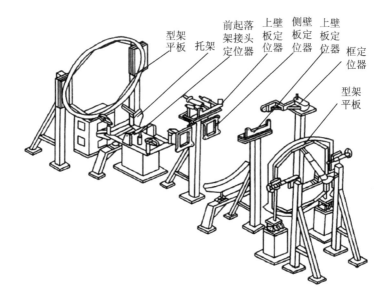

型架平板　托架　前起落架接头定位器　上壁板定位器　侧壁板定位器　上壁板定位器　框定位器　型架平板

图 9.5　典型分散式骨架的装配型架

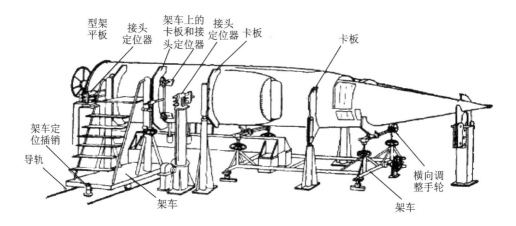

型架平板　接头定位器　架车上的卡板和接头定位器　接头定位器　卡板　卡板

架车定位插销　导轨　架车　横向调整手轮　架车

图 9.6　分散式前机身总装型架

在实际使用过程中,有的大型机翼总装型架也采用这种骨架,此时要求翼弦面水平放置,从而减少整个型架的高度。分散式骨架往往和架车、内型板配合使用,而且还常将工作台与骨架结合在一起,这对大型飞机来说,可大大简化型架。

采用分散式骨架,要求车间地基比较稳固,因为如果地基有不均匀下沉,将严重影响型架准确度。此外,地基与工件(如铝合金)的膨胀系数差比整体式骨架(钢)与工件间的膨胀系数差要大,这会影响型架准确度。

（4）整体底座式

整体底座式骨架是指型架的骨架中有一个整体的底座,底座用多支点可调支承支撑在车间地面上,型架的其他骨架元件及所有的定位夹紧元件都固定在底座上,如图 9.7 所示。

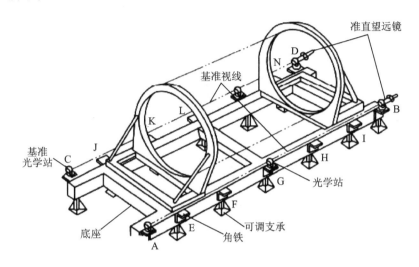

图 9.7 整体底座式装配型架

整体底座式骨架可降低型架对地基的要求,当地基发生变动时,可调整各支承点,以保持底座的正确位置,从而保证型架准确度的稳定性。此外,型架是浮动的,搬移比较方便。这种形式的缺点是花费金属多,一台大型部件装配型架需几十吨金属。整体式底座一般可用钢管、型钢或钢板焊成平面框架,也可以采用铸造的标准块体,当型架比较大时,其底座可由几块标准块体直接拼接而成。

需要强调,结构刚度是保证装配型架长期稳定性、飞机装配准确度和协调互换性的重要条件之一,型架刚度不好,就难以保证产品的装配准确度和协调互换性的要求。在飞机装配中,影响装配型架刚度的因素主要有:型架的总体结构形式选取不当;结构布局不合理;某些安装重要接头定位器的位置局部刚性不足。因此,在选定型架骨架的结构后,必须对装配型架的刚度进行校核验算。

9.3.2　骨架的刚度

型架刚度是影响定位准确度的重要因素之一,为保证型架具有足够刚度,又不至于笨重,就需要对型架进行刚度验算。

1. 组合式型架骨架的刚度验算

图 9.8 所示为骨架的变形示意图,如图所示,纵梁的总变形 f 包括 3 个部分,即

纵梁本身因弯矩和扭矩产生的挠度 f_1、横梁弯曲使纵梁产生的位移 f_2 以及立柱弯曲引起的纵梁位移 f_3。在生产实际中,通常假定骨架为静定结构,此时,总变形 f 可以由 f_1、f_2 和 f_3 叠加得到,而且由于 f_1 占比最大,一般主要考虑纵梁的情况。

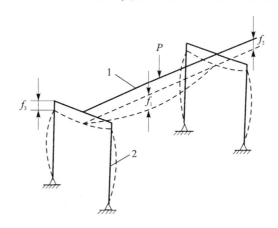

图 9.8　型架骨架变形示意图

(1) 梁的刚度计算

为简化计算过程,在进行纵梁刚度验算时,一般将受弯曲的梁假设为双简支梁;当有偏离梁对称线的垂直载荷作用时,计算梁受扭情况可简化为双固支梁。然后,根据材料力学公式计算其挠度。

例如,如图 9.9 所示,梁中部的弯曲挠度 f_w 由均布载荷和集中载荷引起,可按下式进行计算,即

$$f_w = K_q \cdot \frac{5}{384} \frac{qL^4}{EJ} + K_p \cdot \alpha \frac{1}{48} \frac{PL^3}{EJ} \tag{9.1}$$

式中:q 为均布载荷,N/cm;P 为集中载荷,N;E 为材料弹性系数;J 为梁剖面的轴惯性矩,EJ 为抗弯刚度,即产生单位位移所需的载荷;α 为集中载荷位置系数,$\alpha = \beta(3-4\beta^2)$;$K_q$ 和 K_p 分别为均布载荷折减系数和集中载荷折减系数,一般在 $0.35 \sim 0.75$ 之间,对于焊接的整体骨架可

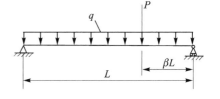

图 9.9　型架梁上的载荷

取 $K \approx 0.45$,对于通过螺栓与立柱连接的梁,取 $K \approx 0.7$。

如果还有偏离对称中心线的载荷作用于纵梁时,计算还需考虑扭转变形,即纵梁总挠度应是弯曲和扭转变形的总和。此外,为准确地计算出挠度,除适当选取 K 值外,还应正确地确定计算载荷,即能引起定位件产生位移的载荷,一般包括:

① 后加载荷，主要包括产品重量、操作者体重、卡板重量和接头定位件重量等。

② 基体载荷，即型架梁或框架的自重。计算得到的挠度值应不超过允许的变形值，一般来说，对于精度要求高的型架，f 不应超过 0.1 mm；对于中等要求型架，如某些机身型架、板件型架，f 不应超过 0.2 mm；对于要求较低的型架，如内型板结构的板件型架等，f 不应超过 0.3 mm。

（2）标准立柱的截面选择

立柱截面的大小，与受力形式、力的大小以及立柱刚度要求等因素有关，而作用在立柱上的载荷主要包括立柱所支承的偏心载荷、操作力、产品变形力和其他意外载荷等。一般情况下，计算立柱截面尺寸时，只考虑偏心载荷和其他意外载荷。

① 按偏心载荷计算。如图 9.10(a)所示，偏心载荷作用于立柱上，设悬臂同立柱之间无角位移，则立柱的计算惯矩（斜立柱取高度中点处截面的惯矩）可由下式计算，即

$$f_s = \theta \cdot e = \frac{Pe^2 H}{EJ_H} \tag{9.2}$$

式中：f_s 为偏心载荷 P 作用下产生的垂直位移。

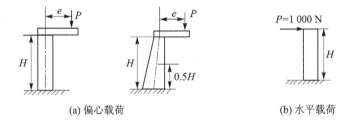

(a) 偏心载荷　　　　　　　　　　　　　　(b) 水平载荷

图 9.10　立柱载荷

② 按其他载荷计算。考虑立柱工作稳定性时，需考虑其他载荷，一般设力 P 水平作用在立柱上部（结构最弱的方向）某一点。如图 9.10(b)所示，$P = 1\,000$ N，允许的水平位移为 1 mm，根据挠度公式计算可得

$$J_H = \frac{PH^3}{3Ef} \tag{9.3}$$

③ 按梁的支承要求确定立柱截面。在计算梁的刚度时，引入的折减系数涉及立柱与梁的惯性矩比值，因此，所选立柱的惯性矩不应小于上述比值中的立柱惯性矩。

4. 构架刚度计算

对于平面构架，可采用纵梁的刚度计算法。对于空间的焊接构架，在实际应用中，可采用近似计算法，其结果比精确计算所得的挠度值稍偏大。在近似计算时，需进行如下假设：当构架承受外力而弯曲时，其弯矩由纵向构件承受，组成构架的其他

撑杆只起纵向构件的稳定支撑作用。据此,仍可采用梁的挠度公式计算构架刚度,惯
性矩 J 代之以构架纵向构件的复合惯性矩。

例如,图 9.11 所示为一常规构架,现计算其自重产生的挠度。首先确定中性轴
位置,当纵向构件的弹性模量 E 相同时,根据 $F_1 a = F_2 (A - a)$,求得 a 与 b 的值,然
后再计算复合惯性矩 $J = J_1 + F_1 a^2 + J_2 + F_2 b^2$。最后根据图中数据,并将 $J \approx$
20 400 cm^4 代入,可得构架在自重作用下的中点挠度为

$$f = \frac{5qL^4}{384 \cdot EJ} = 0.016 \text{ cm}$$

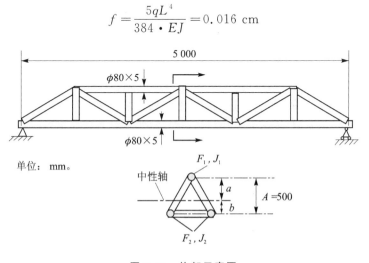

图 9.11　构架示意图

9.4　型架定位件

9.4.1　型材定位件

一般来说,对于刚度较小、外形较复杂的零件,可采用具有连续定位的定位件(如
曲线板);反之,则采用多个单独的定位件,仅定位于控制零件的局部外形。对于带弯
边的隔框、翼肋、梁的钣金零件、梁的型材缘条、直线和曲线形状的长桁等零件,通常
采用弹簧式、螺旋式、杠杆式等定位夹紧件。

图 9.12 所示为典型角型材(或 T 型材)定位示意图,其中,图(a)、(b)和(c)所示
的定位形式,其型材的一个面由另一产品零件或定位件定位;图(d)和(e)所示定位件
兼作支托用。此外,图(a)和(d)所示仅用于不要求固定型材的活动定位件。

图 9.13 所示为典型 Z 型材定位示意图,其中,图(b)和(c)定位件可兼做型材的
支托。图 9.14 所示为典型 π 型材定位示意图,其中,图(a)、(b)和(d)所示方法可用
于按型材的中心定位;图(c)所示为游动结构;图(e)所示方法用于内型板上开缺口定位。

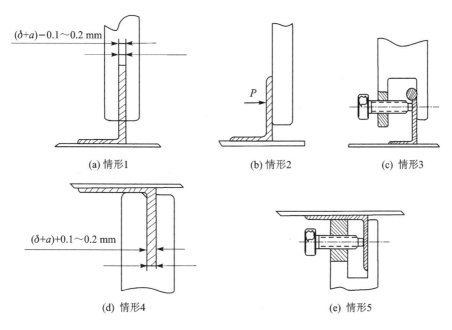

(a) 情形1　　　　　　(b) 情形2　　　　　　(c) 情形3

(d) 情形4　　　　　　　　　　(e) 情形5

图 9.12　角型材定位示意图

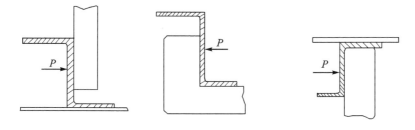

图 9.13　Z 型材定位示意图

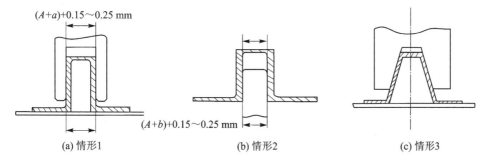

(a) 情形1　　　　　　(b) 情形2　　　　　　(c) 情形3

图 9.14　π 型材定位示意图

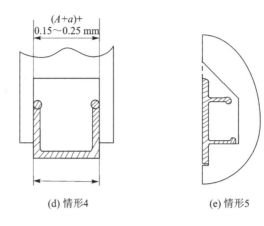

(d) 情形4　　　　　　　　(e) 情形5

图 9.14　π 型材定位示意图(续)

图 9.15 所示为几种常见的型材定位夹紧件。

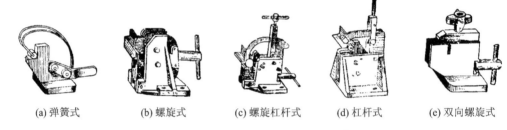

(a) 弹簧式　　(b) 螺旋式　　(c) 螺旋杠杆式　　(d) 杠杆式　　(e) 双向螺旋式

图 9.15　几种型材定位夹紧件

9.4.2　外形定位件

型架外形定位件主要用来确定飞机部件的气动力外形,一般可分为 3 类:卡板、内型板和包络式定位面板(或称包络板)。卡板和内型板仅用来定位某些切面外形,包络板则可用于定位整个空间曲面外形。在定位过程中,卡板及包络板一般位于部件外形的外侧,如图 9.16(a)所示;内型板一般位于工件内侧,常用于定位蒙皮内形,如图 9.16(b)所示。当然,也可以同时使用外卡板和内卡板来定位某些板件,如图 9.16(c)所示。需要注意的是,内卡板与内型板不同,内型板是外形定位件,而内卡板对于外形表面来说只是个夹紧件,需与外卡板配合使用。位于部件下方,起支承作用的卡板一般称为托板,如图 9.16(d)所示。

(1) 卡　板

在装配定位过程中,卡板工作表面可以是飞机的蒙皮外形,也可以是骨架外形(蒙皮内形)。例如,在某些以骨架为基准的装配型架上,有时要求卡板既能定位骨架外形,又要求卡板带蒙皮外形,一边在装配时夹紧蒙皮。在这种情况下,卡板的工作

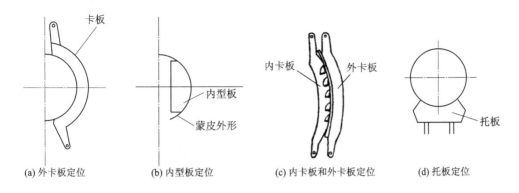

(a) 外卡板定位　　(b) 内型板定位　　(c) 内卡板和外卡板定位　　(d) 托板定位

图 9.16　卡板、托板及内型板示意图

表面加工成蒙皮外形,而在卡板表面上分布一些局部的活动垫板,垫板的工作面就是骨架零件外形。当然,侧面还有靠板,以确定骨架零件(如隔框或翼肋)的位置。

把卡板用在以蒙皮为基准的装配型架上,卡板工作面为蒙皮外形。装配定位过程中,骨架零件按蒙皮内形定位,卡板上不再需要骨架定位件。另外,为保证蒙皮能紧靠住卡板工作面,需采取适当方式夹紧蒙皮,常见的方式有:

① 同时使用内、外卡板时,在内卡板上有橡皮垫或螺旋式夹紧件。

② 不使用内卡板时,可在卡板侧面装上角片,用工艺螺栓将蒙皮夹紧,如图 9.17 所示。螺栓通过蒙皮与桁条的一个铆钉孔拉紧,此孔暂不铆上铆钉。

③ 采用临时装上的螺旋式顶杆从蒙皮内部顶紧蒙皮,如图 9.18 所示。

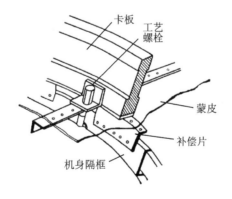

图 9.17　带蒙皮夹层装置的卡板

卡板的位置和数量,取决于装配件构造、铆接工作内容、工件刚度和准确度要求等因素。用卡板定位部件、段件时,因其刚度较好,在不使用接头定位器时,一般可在两处设卡板;使用接头定位器后,还可适当减少。对于部、段件尺寸较大的,应适当增加卡板数量。然而,用卡板定位板件时,因板件刚度一般较差,故卡板数量较多。如果蒙皮表面上的铆钉已经铆好,在型架上只进行补偿片与骨架零件的铆接,卡板在任何位置都不妨碍铆接工作的进行,图 9.17 中卡板的位置就取在框平面上。但在某些

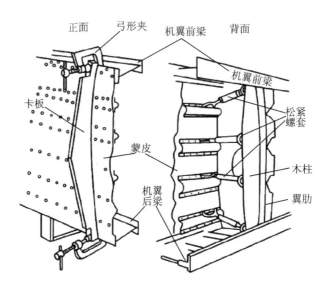

图 9.18　用螺旋式钉杆从内部顶紧蒙皮

板件型架上,要进行补偿片与蒙皮的铆接,这时卡板就需与铆缝错开,以免妨碍钻孔。

　　采用外卡板定位的主要缺点有:卡板尺寸较大、质量较重,操作不便,型架复杂,特别是中、大型飞机的装配型架,卡板长度可达 4～5 m。因此,外卡板的应用逐渐减少,但是对于外形准确度要求高的翼面类部件,在要求以蒙皮外形为基准进行装配时,一般仍采用外卡板,目前已有新的形式,即"活动卡板"。活动卡板不固定在型架骨架上,而是直接固定在待装工件上,一般选择固定在比较强的飞机骨架上,如机翼的前后梁等。

　　图 9.19 是为某型客机机翼装配型架用的活动卡板示意图,在机翼板件装配完成后,预先将一定数量的卡板固定在板件上,通过卡板上附有的耳片,用工艺螺栓穿过铆钉孔与板件相连接。为控制板件外形,卡板的工作外形虽不采用全翼剖面外形,但在耳片附近局部与蒙皮外形接触处,需取翼面外形。装配时,板件和卡板一起吊运到架外,进行压铆,把带有卡板的板件送入段、部件装配型架。可见,活动卡板既可作为外形定位件,又可增强板件工艺刚度,有利于控制铆接气动力外形。而且,由于卡板不固定在型架上,可简化型架结构。

　　(2) 内型板

　　与卡板相比,采用内型板定位的主要优点是型架结构简单、质量轻,定位操作和工件出架都比较方便。内型板可以对蒙皮内表面及骨架零件进行定位,图 9.20 所示为内型板在型架上的固定及其工作情况示意图。蒙皮按内型板外形面定位,并在蒙皮外表面用橡皮绳将其压紧。隔框、翼肋由内型板侧面(基准面)上的定位孔销定位并固定,长桁等纵向骨架零件则通过内型板上的缺口定位。

　　对于以骨架为基准装配的部件,在板件装配阶段,一般只进行桁条与蒙皮的铆

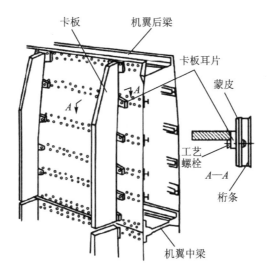

图 9.19　活动卡板

接,隔框不铆接。此时,板件装配型架的内型板可以简化,即内型板可不加工出蒙皮内形,而只装有长桁的定位夹紧件,蒙皮按已定位好的长桁定位,用尼龙绳夹紧。

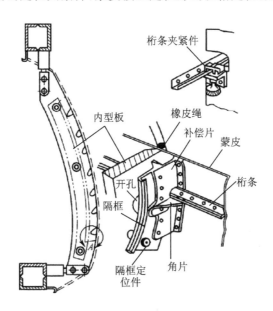

图 9.20　内型板工作状态

9.4.3　接头定位件

　　装配型架上的接头定位件是用来保证各部件的互换和对接接头的协调,用于叉耳式对接接头的称为叉耳式接头定位件,简称接头定位件;用于围框式接头(凸缘连接接头)的则称为型架平板。

(1) 叉耳式接头定位件

叉耳式接头定位件包括固定式、折动式和导杆式等形式,接头定位件的定位面应与飞机部件上叉耳接头的配合面一致,如图 9.21(a)所示。对于配合面较多的多耳片叉耳接头,只选取其中精度最高的配合面进行定位,其余的则不需进行定位,如图 9.21(b)所示。定位时,一般应以产品上对应的界限尺寸为其公称尺寸,其公差一般选用间隙配合,定位件精度选用与产品同级或适当地略高。

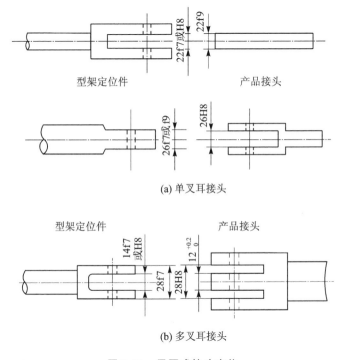

(a) 单叉耳接头

(b) 多叉耳接头

图 9.21　叉耳式接头定位

(2) 型架平板

图 9.22 所示为型架平板示意图,其工作面一般可用 20～25 mm 厚的钢板制成,而且为保证刚度,可把型架平板连接在钢管焊成的加强框架上,平板上配置有与部件围框式接头相协调的对接孔。型架平板的对接孔和基准孔按标准平板协调制造,孔内镶有淬火的钢衬套。型架平板应具有足够的刚度,工作面的表面粗糙度 Ra 不大于 3.2。

型架平板在型架上的安装形式可分为固定式、移动式和转动式,在实际装配中,需根据工件出架方式、方向和方便程度进行选择。

固定式型架平板一般通过叉耳接头安装在型架上,在使用过程中无需打开,必要

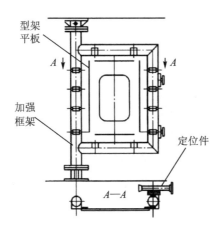

图 9.22　型架平板

时可用吊车整个取走。转动式型架平板可分为铰链式和转轴式,小型型架平板可用铰链式转动机构;大中型型架平板则用转轴式转动机构,一般在产品采用纵向出架方式时,多用转动式型架平板。移动式型架平板可沿导轨滑动一定距离,其纵向位置由产品确定,也可用刻度指示,装配式导轨适用于大、中型平板,燕尾槽式导轨适于较小的平板。

9.4.4　工艺接头

工艺接头是为了装配时定位和夹持工件的需要而加在飞机结构较强部位上的暂时性接头,在飞机装配完成后,即可卸下。为了能起到定位的作用,也为了能承受和支持板件,甚至支承整个大型部件的重量,工艺接头应具有一定精度、足够的刚度和强度。通常来说,工艺接头的工作情况有以下几种:

① 在段件或部件装配型架中,对工件既起支承作用,又起定位作用。图 9.23 所示为某客机机身前段装配型架,各板件及组合件、小段件全部采用了工艺接头定位和支承。

② 在段件或部件装配型架中,仅对工件起支承作用。图 9.24 所示为某强击机机身侧壁通过工艺接头安装在调整机构上,侧壁的全部重量由工艺接头支承。

③ 在段件或部件的对接型架中,起支承及定位作用。图 9.25 所示为某客机机身前段与中段对接时的情况。机身中段通过工艺接头定位和支承在型架上,机身前段把工艺接头作为吊挂点正在吊运中。

采用工艺接头进行装配定位,具有以下优点:

① 一般板件、段件、部件都具有较大的刚度,采用工艺接头定位,有可能用少数几个小面积的"点"定位来代替卡板的"线"定位,从而简化型架结构。

② 工艺接头可以在段件装配、部件装配和部件对接等各个阶段共同使用,更好地保证定位基准不变,从而提高定位和协调准确度。

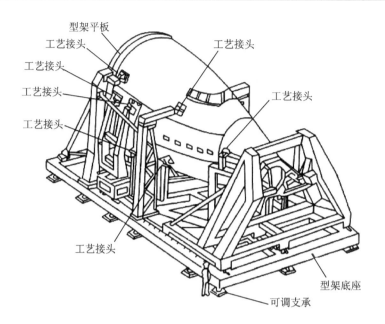

图 9.23　工艺接头起支承和定位作用

　　③ 工艺接头是定位孔定位和接头定位件定位相结合的结果。既具有定位孔定位方法的简便,又具有接头定位的刚度及精度。此外,工艺接头位置选取比较灵活,一般位于部件外表面,选择安排在最有利的位置上。相对于内型板等定位方法,工艺接头定位更为方便,既可以保证支承刚度,又利于工件装配和部件对接。

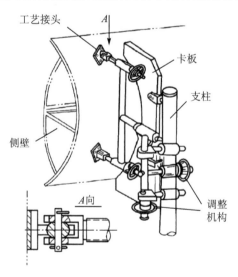

图 9.24　用工艺接头支承板件

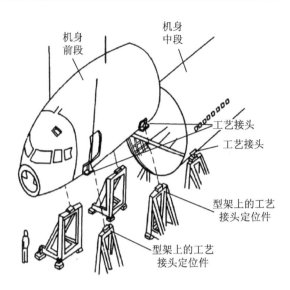

图 9.25　工艺接头用于机身部件对接

9.5　装配型架安装方法

　　飞机装配型架的制造包括型架元件的加工和型架的安装,对于型架元件的制造,采用常用机械加工方法即可达到相应的技术要求,而保证大尺寸型架的安装准确度则比较困难。必须强调的是,型架的安装准确度是保证飞机装配准确度的基础。本节对一些常用的飞机装配型架的安装方法进行介绍。

9.5.1　用通用测量工具安装型架

　　用通用测量工具安装型架是一种简单、原始的安装方法。对于小型装配型架,可以使用钳工平台,安装时,在平台上划出型架的结构位置线,并利用直角尺和高度尺建立起空间坐标系。对于大尺寸型架,可以用细钢丝在型架骨架上建立纵向基准线、水平基准线和横向基准线,并以此作为型架安装时测量用的基准线。对于带曲线外形的定位件,还需借助样板在空间进行定位。

　　用通用测量工具安装型架的方法简单,但是安装时很费时间,且很不准确,这种方法通常只能作为辅助的方法使用。例如采用标准样件安装大型装配型架时,型架骨架的组装可以用拉线和吊线的通用测量方法进行找正。

9.5.2　用标准样件安装型架

　　标准样件是具有飞机部件、组合件或零件真实外形和对接接头、尺寸准确的刚性立体样件,可作为部件、组合件或零件尺寸和形状的标准,是制造与协调有关工艺装备的依据。根据安装的需要,安装标准样件只具有部件、组合件各切面的外形和对接接头。

　　用标准样件安装型架的典型过程包括型架骨架的装配、标准样件在型架中的定位和型架卡板的安装等过程。详细过程为:

　　① 型架骨架装配。用标准样件安装型架时,骨架要预先装配好。对于焊接的骨架,焊接以后要进行退火或自然时效处理,以便消除焊接产生的内应力,防止以后变形。

　　② 标准样件在型架中定位。用标准件安装型架时,首先需在型架骨架上固定标准样件,一般是通过标高板进行定位和固定。需要注意的是,在定位时,标高板至少应有 3 个,而对于大尺寸标准样件,为保证其固定牢固,需适量增加标高板。图 9.26 所示为机翼装配型架示意图,标准样件通过机翼前缘上的 3 个标高板,以及翼面上的 3 个标高板进行定位。

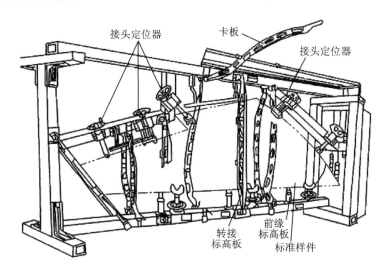

图 9.26　机翼总装配型架示意图

　　对于大尺寸的标准样件,自身笨重、容易变形,若直接用标准样件安装标高板,既不方便,又不准确。因此,在装配型架上,可用轻便、刚性好的标高架来安装标高板。标高架是装有一组标高板的空间构架,该结构比较简单,刚度较大,如图 9.27 所示。标高架上各标高板的位置,与相应的标准样件上的标高板完全一致。

　　③ 型架卡板的安装。凡是有型架卡板的隔框或翼肋切面处,安装标准样件都带有该切面的实际外形,因此,卡板的安装比较方便、准确、迅速。型架卡板安装后,需在型架卡板的基准面上划出水平基准线、对称轴线、长桁轴线和大梁轴线等结构轴线,以便在卡板上安装相应小型定位件时使用。而且,在标准样件的曲线板基准面上,也应划上这些结构轴线。型架上的接头定位件,直接按标准样件上相应的接头进行安装。用标准样件安装型架时,对一些非主要的定位件,也可以借助样板进行安

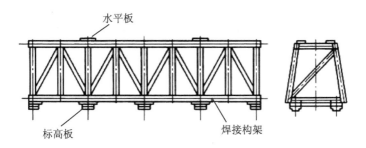

水平板

标高板

焊接构架

图 9.27　标高架示意图

装,以简化标准样件结构,节省加工时间。

用标准样件安装型架具有以下优点:

① 用标准样件作为装配型架之间、装配型架和零件工艺装备之间的协调依据,能保证工艺装备之间具有良好的协调性。

② 型架制造周期短。采用标准样件安装型架,卡板固定、卡板外形塑造、定位件定位和固定比较方便、迅速,各定位件可以同时安装。

③ 在飞机批量较大、型架数量较多情况下,复制型架很快、一致性好。

④ 便于型架的定期检修。

但是,用标准样件安装型架的方法,也存在一些缺点:

① 标准样件的制造工作量大、周期长,且需要大量的钳工操作,会大大拖长整个飞机的生产准备期;

② 标准样件的尺寸越大,刚度就越难保证,就更易变形,且搬运、使用都很不方便。

③ 标准样件属于专用工艺装备,一旦飞机停产或改型,全部标准样件都要报废,成本高、不划算。

④ 标准样件的定期检修增加了工艺装备定期检修的工作量。

9.5.3　用型架装配机安装型架

型架装配机是一种精密的空间三坐标机械定位、测量设备,主要用来安装型架骨架上的固定内型板、外卡板悬挂叉耳和接头定位器,如图 9.28 所示。型架装配机实质上是一台带有纵、横、竖 3 组互相垂直的标尺所构成的空间坐标架,可以准确地确定空间任一点坐标位置,其标尺上每相邻两孔的中心距均为(200±0.01)mm。

型架元件的组合安装,主要使用安装杆或安装平板,并借助光学仪器精密水准仪和精密经纬仪等或其他方法,精确地测量调整型架梁之间(上、下梁或多梁式骨架)的相对位置。另外,为保证装配型架上飞机部件对接接头定位件的协调安装,对叉耳式接头一般利用成对量规(卡具)作安装依据;对于围框式接头(凸缘多孔连接),则以标准平板作为各有关型架上的安装依据。

用型架装配机安装型架,不需要制造大尺寸的标准样件,型架的定位件主要依靠型架装配机来安装。只对协调要求比较高或形状比较复杂的部位,用一些局部的标准样件安装有关定位件,如各部件之间的对接接头、某些机头罩、机尾罩、座舱罩、翼尖、舱门和门框等。这样可以减少生产准备工作量,缩短生产准备周期。此外,因型架装配机是机床化的设备,对于中小型框架式的型架,型架安装的效率比较高,操作比较方便。

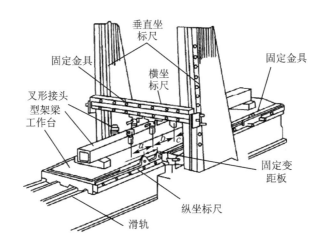

图 9.28　典型型架装配机

但是,用型架装配机安装型架,也存在一定的缺点:

① 受型架装配机尺寸的限制,对于大尺寸的装配型架,只能将型架的各个梁放在型架装配机上安装,然后在装配车间进行型架总装配。这种方法不能用于大型分散式型架的安装。

② 型架装配机的准确度不仅受机床导轨、3 组坐标尺和有关附件加工精度和安装精度的限制,而且还要受到温度变化、刚度和地基的稳定性等多种因素的影响。

③ 对于大型装配型架,定期检修比较困难,不便于把型架拆开重新搬到型架装配机上进行检查。

9.5.4　用光学仪器安装型架

用光学仪器安装型架的基本原理是确定各定位件在型架上的空间位置,即必须控制定位件的 6 个自由度,如图 9.29 所示。通常的方法是,在型架一端放一台准直望远镜,在另一端放一目标,使准直望远镜的光轴对准目标的中心,就可以建立一条光学视线。一条光学视线可以控制 2 个自由度,即定位件的垂直位移和横向位移。若使用 2 条光学视线,则可以控制 3 个自由度,包括垂直位移、横向位移和绕光学视线的转动,如图 9.30 所示,图中①、②和③分别表示垂直位移、横向位移和轴向转动。

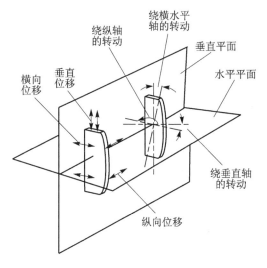

图 9.29　空间中的 6 个自由度

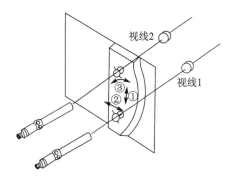

图 9.30　光学实现控制示意图

以光学视线作为基准线来安装型架十分准确,而且型架尺寸和结构形式不受限制。用光学仪器安装型架时,控制型架定位件 6 个自由度的方法如图 9.31 所示,详细步骤如下:

建立基准视线和辅助视线 1,控制定位件的 3 个自由度,包括垂直位移、横向位移和绕纵轴的转动自由度。定位件沿光学视线的纵向位移,可以用平行于光学视线的工具轴(即坐标尺)确定,也可以用其他长度测量工具如长杆千分尺或精密带尺确定。

其余的 2 个自由度,即绕竖轴转动自由度和绕横轴转动自由度,可以采用以下方法进行控制:

方法一:首先在工具轴上安装坐标经纬仪或带光学直角头的准直望远镜,然后利用经纬仪或望远镜扫描与光学视线相垂直的平面,进而控制这两个转动自由度。

方法二:首先在定位件上安装光学视线的目标处安装反射镜,并保证反射镜面与定位件的基准面平行,然后用建立光学视线的准直望远镜进行自动反射或自准直测量,测量反射镜面与光学视线的垂直度,进而实现对这 2 个转动自由度的控制。

用光学仪器安装型架,这种方法的主要优点有:

① 该方法以光学视线为基准,消除了大尺寸机械测量中各种因素(如机械设备的制造精度、刚度不足、温度变化等)所引起的误差,提高了测量精度。

② 光学仪器的使用比较灵活,可以在车间安装各种型架,特别适用于安装大型分散式型架。

③ 光学仪器通用性好、质量轻、价格低,可以多套设备同时进行安装,从而缩短生产准备期。

④ 安装完成后,利用保留的光学站可方便地检修型架。

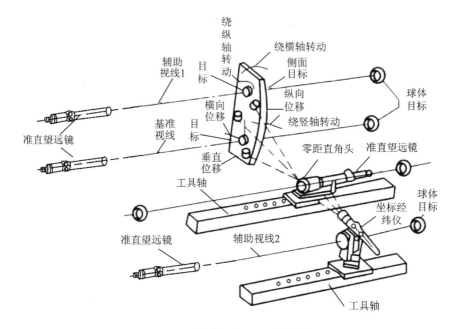

图 9.31   用光学仪器和工具轴安装型架

但是,用光学仪器安装型架,还存在以下问题:

① 光学仪器不能解决型架定位件安装时的支撑问题,仅能作测量用,因此,还需要配备定位件的夹持和位置调整用的装置。

② 观察光学仪器和调整定位件的位置要分别由两个工人来进行,难以配合很好,影响工作效率和安装准确度。

9.5.5   用激光准直仪器安装型架

为克服光学仪器使用时操作效率低和大距离测量精度低的缺点,在型架安装中开始用激光光束代替光学视线。

利用激光光束作为安装型架的基准线,其优点如下:

① 激光是有色的可见光,便于寻找目标和观测;

② 激光光束具有良好的方向性,发散度比较小,在型架安装所需的距离范围内,光束的直径基本不变,大距离测量时比较准确;

③ 激光光束可以被光敏目标接收,光束和目标之间的偏差可以用电压表指示出来,从而可避免人为的观测误差;

④ 便于实现自动定位,即将电位变化传递给自动控制系统,实现自动定位;

⑤ 用激光光束进行定位和安装时,观测和调整可由一个人进行,可提高工作效率,节省人力。

用自动准直型架安装机安装型架的过程包括:光学站的建立;将安装机移到型架

骨架旁的工作位置；安装机的初定位；安装机的自动准直；在横坐标尺上定位型架元件，并将其固定在型架骨架上；将安装机移到下一个工作位置，安装下一个定位件。

用激光准直仪安装型架，具有准确度高和安装效率高的优点，是一种很有发展前途的安装方法。但是，仍存在一些问题：

① 在一般车间的环境下，由于温度和气压不断变化，导致各处空气密度不均匀，这样会引起激光光束中心的微小移动，光束经过的路程越长，影响越显著，进而影响光束中心位置的判断，导致精度下降。

② 由于带激光准直仪的型架安装机较重，在一般车间地坪上使用会使地坪产生较大变形，进而使旁边的型架也产生变形，必须采取一定的措施予以解决。

9.6　用计算机辅助经纬仪技术安装型架

9.6.1　系统组成和建立

计算机辅助经纬仪（Computer Aided Theodolite）测量技术，又称为 CAT 技术，是结合了激光准直技术和计算机技术的一种测量技术，利用该技术可使型架的安装更加方便、直观。

1. CAT 系统组成

以 ManCAT 系统为例，CAT 系统通常由电子经纬仪、计算机、通道接口、标尺、观测目标、经纬仪脚架、目标适配器和打印机等组成。主要组成部分的作用为：

① 电子经纬仪。电子经纬仪是一种高精度测量仪，具有动态测角、全自动读数、电信号传递和误差自动补偿等功能。经纬仪可提供水平和垂直两个方向上的角度精确数据，可用 2 台或多台电子经纬仪的光学视线构成测量系统。

② 计算机。计算机用于控制测量过程、存储和处理数据。

③ 通道接口。用于连接计算机与电子经纬仪，以构成完整的测量系统。

④ 标尺。标尺可以用来确定测量系统尺度的绝对基准或系统的比例。标尺的材质最好与被测对象的主体材质一致或近似，以避免测量过程中环境因素的影响。

⑤ 观测目标。在测量系统中，作为电子经纬仪光学视线前方的交汇目标。

⑥ 经纬仪脚架。用于支撑电子经纬仪，保证经纬仪在工作过程中具有良好的稳定性。

⑦ 打印机。用于输出测量结果。

2. CAT 系统建立

CAT 系统的建立包括的步骤有：

（1）电子经纬仪的设站

电子经纬仪的设站是测量工作的第一步，也是最关键的一步。站位选择合适，不仅可以避免许多重复性工作、节省测量时间，而且可以提高工作效率和测量精度。通常情况下，在电子经纬仪设站时应考虑下列因素：

① 电子经纬仪测量角的范围。图 9.32 所示为两台电子经纬仪测量角范围的示意图，考虑到测量精度的原因，一般测量角应在 $50°\sim130°$ 之间，角的顶点位于由几个圆弧段组成的闭合区域内。

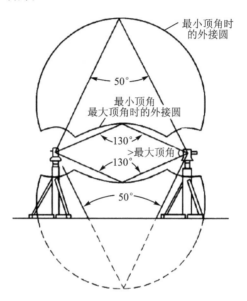

图 9.32　两台经纬仪测量角的范围

② 几台电子经纬仪的测量包线能包容整个工艺装备。受电子经纬仪测量距离和测量角的限制，当 2 台电子经纬仪不够用时，可使用 3 台电子经纬仪。若 3 台仍不够用，则可以使用更多的电子经纬仪。总之，必须保证被测量工艺装备在多台经纬仪的联合测量允许视线范围内，而且尽量使所有的仪器能进行精确的互瞄。

③ 一次设站后应尽可能完成全部测量工作。一次设站后，最好能观测到所有测量点，即观测视线能包容整个工艺装备，如图 9.33 所示。但有时并不容易实现，因为即使整个工艺装备被包容在电子经纬仪的视线测量包线内，电子经纬仪也不一定能扫描到所有测量点。

④ 电子经纬仪的高度。一般应将电子经纬仪高度设置在所有测量点的中间高度，尽量减少仪器的垂直俯仰角度。

⑤ CAT 系统的工作环境。电子经纬仪站位处的地基要稳定，保证仪器不受阳光直接照射，测量范围内的空气应无强烈流动，并尽量避免光线折射率的变化。

（2）仪器的调整

电子经纬仪设站完成后，要按以下步骤对其进行调整：

① 对经纬仪进行精确整平。整平目的有两个：一是将水平和垂直度盘归零，使

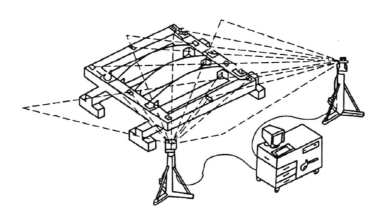

图 9.33　观测视线覆盖整个工艺装备

仪器处于水平和垂直的准确工作位置;二是使测量水平角与垂直角时的投影基准保持一致,以形成 CAT 测量系统的基础坐标系统,如图 9.34 所示。

② 运行系统的误差补偿程序,对仪器水平角和垂直角的测量值进行补偿,以得到精确的测量结果。

③ 为了便于今后检查仪器状态,需要在一个稳定位置(如墙壁)上安放水平方向的零点目标,即将其设为水平角度的零点。

(3) 经纬仪的定向

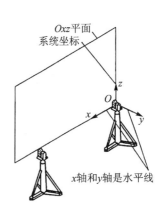

图 9.34　基准坐标系

经纬仪的定向包括相对定向和绝对定向两部分。

相对定向就是确定仪器间的相对位置,由仪器间的相对互瞄来实现。对于任何 1 台仪器都必须进行 3 次以上的精确互瞄,也可以通过测量共同的基准点来实现互瞄,一般至少需要测量 3 个共同点。

绝对定向的过程就是对标尺进行测量的过程,即精确地测量具体尺寸的过程,该测量过程应满足下列要求:

① 标尺的摆放位置应遍及测量包线范围内各站位上的经纬仪视线所能扫描到的所有标尺,如图 9.35 所示;

② 对于被测工艺装备,应摆放足够数量的标尺。

(4) 系统精度的检查

整个测量系统设定后,必须检查系统的精度是否符合要求,系统检查涉及的主要指标有:

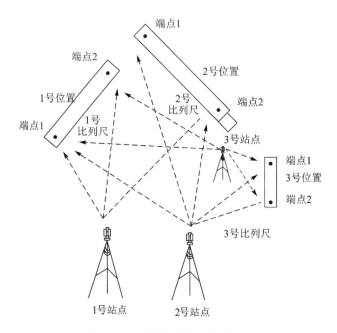

图 9.35　测量比例尺的放置位置

① 电子经纬仪的所有测量角应在 50°~130°范围内；

② 所有点和互瞄时的瞄准误差应小于 0.000 8°；

③ 标尺误差应满足要求，即用于系统定向后的系统测量标尺，其长度与计量时标定长度的差应小于 0.05 mm。

（5）系统解算误差的分析和处理

在测量过程的误差大致可分为两种：粗大误差和系统误差。粗大误差是测量错误、记录错误以及仪器故障产生的误差。通常情况下，通过认真检查和分析，粗大误差是可以及时发现和避免的。系统误差是指仪器误差、标尺误差、瞄准误差，以及设站方式给测量带来的误差等，这些误差很难避免。在系统进行解算以后，若无法通过合格性检查，则必须进行误差分析，具体包括：

① 需要确定系统是否存在粗大误差，这是因为系统解算的过程是误差平均的过程，只要有一个粗大误差，就会破坏系统的精度。粗大误差的排除过程大致考虑以下方面：测量点号错、瞄错或超差，标尺点号错、瞄错或超差，互瞄错或超差。

② 在排除粗大误差后，如果系统仍不合格，就要考虑系统误差对精度的影响主要包括仪器精度、仪器设站、工作场地空气流动状况及其温度梯度等方面的影响。

9.6.2　工作原理

CAT 系统工作的基本原理是利用电子经纬仪的光学视线在空间的前方进行交汇形成测量角。图 9.36 所示为 2 台经纬仪光学视线在空间的交汇原理示意图。

如图 9.36 所示,2 台经纬仪分别设站于 A、B 两处,A、B 两点间水平距离为 d,高度差为 h。以 A 点为坐标原点建立测量坐标系统,A、B 两点连线在水平方向的投影为 x 轴,过 A 点铅垂向为 z 轴,以右手法则确定 y 轴。通过 A、B 两处的经纬仪互瞄,以及分别对目标 P 观测,通过获得的观测值,进行三角运算,在水平距离为 d 已知的条件下,可计算出被观测点 P 的坐标值。

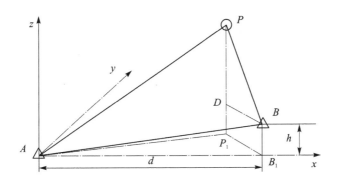

图 9.36　CAT 系统工作原理

在测量过程中,2 台经纬仪的互瞄以及对被测量点 P 的观测过程称为相对定向。如图 9.36 所示,A、B 两点间的水平距离 d 称为基线,确定基线长度 d 的过程称为绝对定向。通过绝对定向获得 d 的具体数据后,才可以获得被测点 P 的实际坐标值。绝对定向的过程如图 9.37 所示。图中 A、B 点分别放置 2 台经纬仪,标尺长为 L(已知值),基线长为 d,经过相对定向(即 A、B 处 2 台经纬仪互瞄),以及 2 台经纬仪分别对标尺的两端点 P_1 和 P_2 进行观测,测得角度值。这样,通过三角运算可得到基线的长度 d。

综上所述,CAT 系统的工作原理可概述为:当经纬仪互瞄对准后,通过观测已知长度的标准标尺的两端点,求得 2 台经纬仪之间的基线长度 d 值。在此基础上,通过经纬仪再去观测被测量点,则可求得此测量点的实际坐标值。

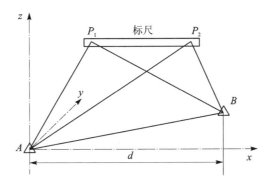

图 9.37　绝对定向原理图

由 CAT 系统的工作原理可知,系统对空间点的测量精度不是固定的,而是变化的,主要受仪器的设站、标尺的摆放、标尺的长度以及被测物体的位置等因素影响。因此,为了保证测量的准确度,技术人员一方面要对系统的工作原理有较深刻的理解,在建立 CAT 系统过程中,确保仪器设站、标尺摆放、观察角度等合理可靠;另一方面,应制定较详细的实际操作规程,包括仪器保管、定检以及参数设定等。

9.6.3　型架安装

(1) 空间零件的定位原理

空间零件的定位可以采用 3-2-1 原则,其定位原理如图 9.38 所示。图中,P_1、P_2 和 P_3 为 3 个基准点,用来放置电子经纬仪的观测目标(即工具球)。空间中的任何零件都有 6 个自由度,定位的实质就是对这几个自由度进行限定的过程。只要限定 P_1 的 x、y、z 坐标,就限定了零件沿 x、y、z 移动的 3 个自由度;如果再限定 P_2 的 Y、Z 坐标,则可限定零件的 2 个转动自由度;最后,只要再限定 P_3 的一个坐标,就可限定零件的最后一个转动自由度。这就是 3-2-1 原则的基本定位过程。

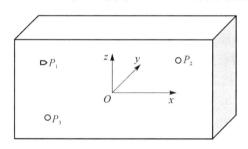

图 9.38　零件空间定位原理

利用 CAT 技术安装型架可分为两个步骤:一是在框架上建立机身坐标系的增强参考坐标系统;二是零件、组合件的定位安装。

(2) 建立机身坐标系的增强参考坐标系统

增强参考坐标系统是指框架上用于建立一定数量的已知机身坐标系 x、y、z 坐标值的工具球点,这些点大体均匀分布在框架上。这些工具球点既是系统建立时的共同点,又是型架的辅助基准点。

建立机身坐标系的增强参考坐标系统必须先将坐标系转换至机身坐标系。这是在测量框架上各基准工具球点后,由 CAT 软件中的坐标系转换功能实现的。坐标系转换的方法主要有:

① 比例——变换系统的比例尺;

② 平移——移动坐标系的原点;

③ 旋转——旋转 x、y、z 轴的方向;

④ 轴对准——通过空间不共线的 3 个点,按照 3-2-1 原则形成新的坐标系;

⑤ 最小平方转换——通过空间不共线的 3 个或 3 个以上的点,拟合形成新的坐标系。

(3) 零件、组合件的定位安装

零件、组合件的定位安装均按照 3 - 2 - 1 原则,用归零方法进行安装,即是指将坐标系转换至零件理论位置后,再将零件归位的安装方法。

思考题

1. 简述装配型架的组成和功用。
2. 装配型架设计包括哪些基本内容?
3. 简述装配型架骨架的结构形式和适用性。
4. 常用型架定位件有哪些? 各有何特点?
5. 工艺接头与普通定位件相比,有何不同?
6. 型架的安装方法有哪些? 各有何特点?
7. 简述 CAT 测量系统的建立过程,以及用 CAT 技术安装型架的方法。

第 10 章　飞机总装配及装配检测

10.1　总装配内容和工艺设计

10.1.1　总装配内容

飞机总装配就是把制成的飞机结构部件(包括部分功能系统)进行对接,在机上进行各种功能装置和功能系统的安装、调整、试验及检测,使飞机成为具有飞行功能和使用功能的完整整体。详细内容介绍如下:

(1) 飞机结构部件对接及对接后整流部分安装

大部件对接包括机身各段(机头、机身中段、尾段)、机翼(中央翼、中外翼、外翼)、尾翼(水平尾翼、垂直尾翼)和发动机短舱等部件的对接。

(2) 功能装置的安装和调整

主要包括:保证飞机产生飞行动力的动力装置(含辅助动力装置)的安装;保证飞机起降、滑行、停放的起落架装置的安装与调整。

(3) 各功能系统的安装

主要包括:保证飞机各种飞行功能系统的安装,如操纵系统、液压系统、燃油系统、环境控制系统、导航系统、电源系统及各种飞行仪表等;满足飞机各种使用的功能系统安装,如武器系统、火控系统、救生系统、生活设施及各种特殊用途的功能系统等。

(4) 各功能系统和装置的调整试验及检测

调试和检测的目的是使各功能系统和装置能完全满足各自的使用要求和质量要求。具体的调试和检测方法很多,例如,对系统和装置进行压力、时间、行程、电阻、电流、电压等的测量,以及对收放、开关、通断、告警、搜索、瞄准和发射等飞行和使用功能进行试验。

飞机总装配工作量的大小,主要取决于飞机的型别和结构,同时受生产规模和工厂技术水平影响。飞机总装配大致包括的工作有:飞机机体各部件的对接;进行水平测量工作;发动机及其操作系统的安装和调整;试验油箱及燃油和滑油系统的安装;液压和冷气系统相关设备(包括附件和导管)的安装、敷设及试验;起落架(包括收放机构和信号系统)的安装、调整和试验;飞机操纵系统的安装与调整;电气、无线电、仪表设备与电缆的安装、敷设和试验;高空救生设备的安装和试验;特种设备的安装和试验等。

10.1.2　工艺设计

总装配工艺流程设计就是按总装工作内容来合理规划总装配过程。

1. 总装配与部件装配及试飞站工作的分工

① 通常把铆接工作量大、需要固定式型架或使机体结构形成一个整体的部件对接工作,交由部装车间完成,例如中央翼与机身的对接、发动机短舱与机翼的对接,以及按工艺分离面划分的机身各段对接等。

② 对于某些功能系统,由于结构上的限制,很难在总装配车间完成或不可能装配,此时,可将这些功能系统交给便于进行这项装配工作的部件装配车间来完成。

③ 部装车间对本车间所装的功能系统负责,进行局部的系统密封性试验、清洁度检测和功能试验。

④ 考虑到安全问题,不便于在总装厂房内进行的工作,如火工品安装、氧气充填、各种油液灌注等由试飞站进行。

⑤ 在厂房内不能进行的各种功能试验,如发动机及辅助动力装置的试车及相关系统功能试验、罗盘校准、雷达校准、武器热校靶、外挂物地面投放等由试飞站进行。

⑥ 为保证交付飞机的整洁,内部装饰(如窗帘、地毯等)、旅客座椅、某些生活用品及化学氧气设备等由试飞站在交付前进行安装。

⑦ 为减少总装和试飞的重复性试验,缩短重要成品的周转周期,某些重要成品(装配较简单的成品)应移至试飞站安装并进行试验。

2. 总装配工艺流程设计原则

总装配工艺流程设计的总原则是在保证产品(飞机)高质量的前提下,合理组织生产,尽可能缩短总装配周期。通常来说,缩短飞机总装配周期能明显缩短飞机生产总周期;能有效提高飞机产量、降低成本;可促进新机试制、利于占领市场、提高部队战斗力。

为缩短总装配周期,最重要的是成品配套和现场技术质量问题的及时处理,具体包括:

① 在设计方面,应注意提高装配件的整体性,增加快速装卸的连接件,改善装配工艺性,从结构和系统设计的总体上减少总装配工作量;

② 在工艺分工方面,把部分装配元件放在条件相对较好的部件装配中去完成安装;

③ 在技术方面,确保零组件和部件的制造质量,把技术难题提前在工件制造和工艺试验中去解决;

④ 在总装配方面,合理利用装配空间,提高操作技能,扩大高效工具的使用,合理安排生产和劳动力的使用。

飞机总装配工艺流程设计应遵循的原则有：

（1）组织形式合适原则

组织形式主要包括按专业组织和按站位组织。按专业组织进行设计的特点有：系统性、专业性强，便于全面掌握系统原理和操作；但是，各系统间的协调问题多，相互交叉作业多。因此，在试制和生产批量小时宜采用。

按站位组织进行设计时，便于协调站位内各专业间的问题，易打破工种界限；而且在产批量大时，利于生产作业的安排，提高生产效率。但是，按此原则设计，对系统不易全面掌握，常需要专设调试工段。

（2）缩短机上工作周期原则

为了缩短机上工作周期，通常可采取的方式有：

① 扩大工作台（地面）工作。一般来说，能在地面完成装配的工作，不得带到机上装配；尽量做好地面准备工作，减少机上工作时间。

② 平行作业。尽可能同时安排互不影响的多种作业。

③ 减少重复性工作。合理安排生产，使重复性工作减至最少。

（3）最佳装配顺序原则

最佳的装配顺序应满足以下细则：

① 保证交叉工作的相互影响最少。为此，在装配设计时，应先装系统的定位部位，后装其他部位；先装难装部位的元件，后装易装部位的元件；先装内层系统，后装外层系统；先调试公用部分的系统；生产安排要尽量使相互交叉的工作系统相互影响最少。

② 保证飞机架水平次数最少。飞机架水平时，其他系统不能同时工作，应尽量减少飞机架水平次数；几个系统需飞机架水平时，尽可能合在一起进行。

③ 保证飞机移动最少。飞机移动会影响全机工作，应尽可能少移动；合理配置，使得移动飞机的装配站位数量尽可能少；多架或多种飞机同时生产时，应合理安排飞机位置，减少移动次数；某架飞机移动时，尽量少移动或不移动其他飞机；装配顺序要考虑飞机移动；要适当配置移动架车等设施。

④ 装配顺序安排要合理。每个系统本身的安装调试顺序要合理；几个有相互关联的系统，其安装调试的交叉作业顺序要合理安排；重点安排好关键部位的装配顺序；通常用网络图、周期表等形式来综合设计装配顺序。

（4）人力、物力资源配置合理

① 劳动力合理配置。根据工作量大小，配置各个专业和各个站位的劳动力；提倡一专多能，便于支援薄弱环节；提高劳动者素质。

② 选择合理的工具和工装。工具、工装设备和必要的专用工装应配套齐全；多用综合性好、使用率高的工装工具；扩大高效工具的使用；合理配置工装设备和工作梯，便于工人使用和提高工作效率。

③ 合理的设置站位。各站位工作量要平衡,工作节拍大致相等,有利于流水作业。

(5) 其他应遵循的原则

除上述原则外,在进行飞机总装配工艺设计时,还应遵循以下原则:

① 检验工序应计入流程;

② 遵循最大工序原则,抓住花费时间最多的工作,从工艺方法、操作、工装等多方面采取措施,尽量缩短需时最长的工序;

③ 遵循最大剩余路程原则,抓住剩余路程最长的路线,从多方面采取措施来缩短周期;

④ 在新机研制阶段,除考虑前述各项原则外,还应尽可能创造条件,提前试装,暴露问题,便于及早采取措施。

10.1.3　飞机总装配过程

由于飞机的机体封闭,机体内各种设备、装置和系统的安装数较多,且这些系统、设备在空间又相互交错,从而使得飞机总装配阶段的工作内容复杂、专业性强、专业工种多、工作面狭窄。而且,飞机总装配的劳动量比较大,一般占飞机制造总劳动量的 8%~20%,总装配周期占百分比更大,可达 25%~40%。此外,飞机总装配占用的生产面积大,要求使用高度和跨度较大的厂房。因此,如何减少总装配工作量,有节奏地进行装配工作,加强生产组织管理,是总装配工作中十分重要的问题。

在飞机成批生产中,飞机总装配通常采用流水生产的组织形式,其过程示意如图 10.1 所示。在总装配时,飞机基准部件(机身)沿着流水线移动,其他部件则在不同阶段进入总装配。各系统、设备、附件等也在各个不同的阶段安装到飞机上,并进行相应的调整和试验,最后总装出整架飞机。

为节省总装配占用的生产面积,布置流水线应认真考虑飞机的安排方案,图 10.2 所示为某歼击机总装流水线的各种布置方案示意图。

在总装配工作中,凡是必须在飞机上安装调试的工作称为装配站工作;不在飞机上的总装配工作(各种准备及组合工作)称为工作台工作。

流水作业的基础就是安装、调试工作的节奏化。在进行飞机的流水生产时,须将机体对接、安装和调试等工作划分为许多工序,然后根据飞机结构,将必须在机上完成的若干工序组合成一个任务。而且,完成该任务的时间应等于或倍比于流水线生产的节奏时间。这个任务就是某装配站上的工作内容。节奏系指流水线上连续生产两架飞机的时间间隔。

必须指出,由于飞机结构的特点,飞机上各个系统往往不是在一个装配站上实现完全装配,而是分散在流水线的几个站上陆续完成安装。另外,为减少飞机总装配工作量,缩短飞机总装配周期,可从以下方面入手:

① 应尽可能地把总装配工作安排在部件装配阶段完成,即把每个部件装配成模

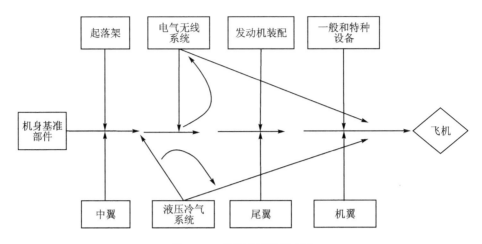

图 10.1　总装配过程示意图

块(功能较完整的部件),总装配时把这些模块对接起来即可;

　　② 在编制总装配工作的流水作业时,应尽可能地把总装配工作安排在工作台上完成。

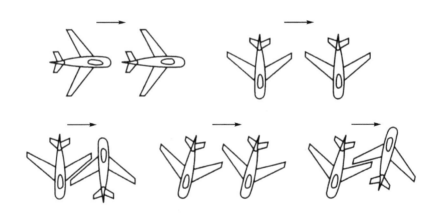

图 10.2　流水线上歼击机的布置方案

例如,在总装 F-14 时,可划分为 5 个装配站进行装配,相应的工作内容为:

- 1 号站:前、中机身与进气道短舱的对接;前、中机身与后机身及发动机短舱的对接。
- 2 号站:安装主起落架、垂直安定面、方向舵、前起落架舱门、主起落架舱门、电器系统;前、中及后机身电气系统的导通试验。
- 3 号站:安装机翼、水平尾翼、发动机;滑油系统试验与检测;液压系统试验;操纵系统的检查与试验;燃油系统充气检漏试验;安装发动机舱。
- 4 号站:安装机翼整流罩、机头罩、弹射座椅;操纵系统的机械调整;变后掠机翼运动协调性调整;全机水平测量;液压系统功能试验;校靶。

- 5 号站：飞行控制系统电子装置试验；飞行数据中心计算机调试；变后掠机翼电控试验；飞行自动控制系统调试；飞机综合自动控制系统调试；火控系统调试。

10.2　飞机装配检测方法

10.2.1　气动外缘偏差检查

飞机部件气动外缘偏差检查（又称飞机表面质量检查）是指对飞机接触气流的表面制造质量进行检查。一般在部件装配完成或部件架内总装完成之后，才进行气动外缘的检查工作；有时在组件（如前缘、梁、翼尖、壁板、舱门等）和部件骨架装配完成后，也对其气动外缘偏差进行检查。

气动外缘的偏差分为两类：一类是部件外形偏差，即部件切面型值偏差和纵向、横向波纹度偏差；另一类是表面平滑度偏差，如蒙皮对缝间隙和阶差的偏差，以及铆钉、螺钉、焊点等相对蒙皮表面凸凹量的偏差。需要注意的是，飞机气动外缘的准确度要求与机型、部件乃至同一部件的不同部位息息相关，因此，检查方法及工具也应根据具体情况进行合理选择。

1. 型值偏差的检查

（1）装配型架工作卡板检查法

利用装配型架工作卡板检查型值偏差，适用于组件外形检查，如机翼前缘、机身组件等，也适用于小型飞机分部件及气动外缘准确度要求不高的部件。

利用装配型架工作卡板检查工件外形，不需另设检验卡板；但是，卡板工作面为工件理论外形，因此，仅能检查各切面气动外缘的负偏差。当工件产生正偏差时，工作卡板上有应力，通过安装卡板的销钉孔可以判断。

图 10.3 所示为用塞尺（塞柱）检查工件外形与卡板工作面之间的间隙示意图。当测量的间隙数值不大于设计技术条件规定的气动外缘型值负偏差时，检查合格。

（2）装配型架等距检验卡板检查法

装配型架等距检验卡板检查法适用于机体各切面外缘型值正负偏差的检查，如机翼、安定面、机身分部件及进气道等装配件的外形。

采用该方法进行检查时，等距检验卡板设置位置应遵守部件设计技术条件的规定；检验卡板与被检查处理论外形之间的等距间隙一般取 3 mm、5 mm 或 10 mm；而且，检验卡板应具有足够的刚性，检验样板示意图如图 10.4 所示。

采用装配型架等距检验卡板检查工件型值时，具体方法如下：

① 完成组件或分部件的架内铆接装配工作，卸下的组件应重新安装，以保持外形的完整性。

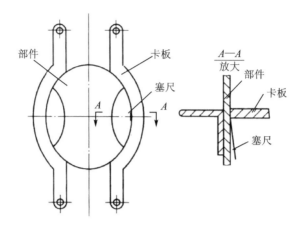

图 10.3　用工作卡板检查间隙

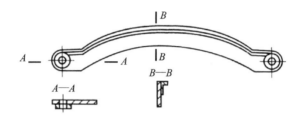

图 10.4　等距检验样板示意图

② 安装检验卡板,有两种方法:方法一是卸去工作卡板,换装检验卡板,其余工作卡板全部关闭,检查部件切面型值偏差;方法二是部件按对接接头定位,换装检验卡板,打开其余工作卡板,检查部件切面型值偏差,同时检查扭转情况。

③ 按技术条件规定,用间隙塞尺(见图 10.5)检查等距检验卡板工作面与部件外形之间的间隙。

④ 检查时,间隙塞尺与外形表面相切,其轴线必须平行外形面等百分线,测量间隙方向应垂直于部件表面被测点切面,检查机翼示意如图 10.6 所示。

最后,将实测间隙换算成型值实际偏差,型值实际偏差应小等于设计技术条件中规定的气动外缘型值偏差。

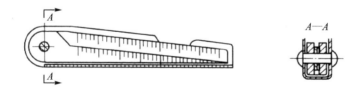

图 10.5　间隙塞尺示意图

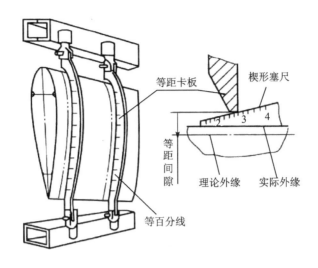

图 10.6　用等距检验卡板检查机翼外形

（3）检验型架检查法

检验型架检查法一般用于部件外形尺寸较小，气动外缘准确度要求高或有互换要求的部件，而且该方法一般适用于成批生产。

利用检验型架，可以检查部件切面型值的偏差、扭转变形和外形相对接头位置的实际偏差。检验型架的结构类似于装配型架，结构元件刚度应适当增大。在检验型架上，部件应以对接分离面和接头为定位基准，图 10.7 所示为某垂直安定面以与机身对接接头为基准的定位情况。另外，在操纵面（升降舵、方向舵、副翼）平衡夹具上（台）设置检验卡板，能起到检验型架的作用。

（4）架外等距检验样板检查法

架外等距检验样板的方法适用于只检查单个切面外形的中型飞机机翼、尾翼和小型飞机的机身等部件，一般情况下，气动外缘准确度要求较低。

采用该方法检验型值偏差时，在架外用等距检验样板只能检查部件单个切面的气动外缘型值偏差，部件各切面的相对扭转和外形相对接头位置的实际偏差不能被检查出来。检验样板外形距部件理论外缘的等距间隙一般选取 5 mm 或 10 mm，定位基准一般选择梁轴线和梁缘条处外形，某机水平尾翼架外等距检验样板示意图如图 10.8 所示。

2. 波纹度偏差的检查

波纹度偏差是指飞机部件横向和纵向气动外缘流线光滑程度的偏差。采用实际外缘波深与波长之比值来表征。

（1）横向波纹度检查

一般来说，可使用等距检验样板（卡板）对横向外形波纹度进行检查，具体方

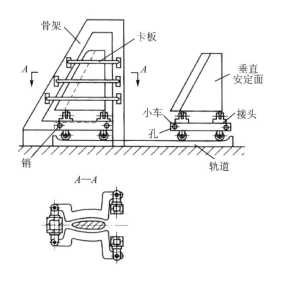

图 10.7　用检验型架检查垂直安定面

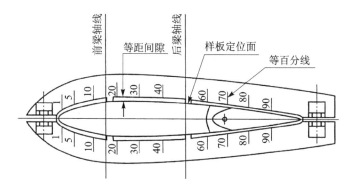

图 10.8　水平尾翼架外等距检验样板示意图

法为：

①按检验样板测出波峰、波谷并测量实际外形与检验样板之间的间隙(Y_n、Y_{n+1}、Y_{n+2})，如图 10.9 所示；

②测量波长，即相邻两波峰的距离(L_1、L_2、L_3、…)；

③联合式(10.1)和式(10.2)，即可计算得到波纹度的实际偏差。

相关计算公式可表述为

$$H = Y_{n+1} - \frac{Y_n + Y_{n+2}}{2} \tag{10.1}$$

$$\Delta = \frac{H}{L} \tag{10.2}$$

式中：H 为波深，mm；Y_n 和 Y_{n+2} 为波峰与样板之间的间隙，mm；Y_{n+1} 为波谷与样板的间隙, mm; Δ 为波纹度; L 为波长, 即相邻两波峰间的距离, mm。

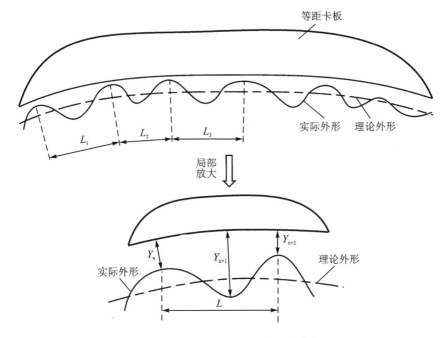

图 10.9　按检验样板检验横向波纹度

（2）纵向波纹度检查

对于纵向波纹度的检查, 可以选用直尺、样条或样板。一般来说, 用直尺检查部件外形的平直部分, 如机身的等切面段; 又如, 机翼、尾翼多为单曲度外形, 可沿等百分线进行检查。对于部件曲度较小的外形, 可用样条进行检查; 而曲度较大的外形则采用样板进行检查。图 10.10 所示为用直尺和样条检测波纹度示意图。

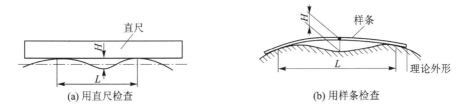

(a) 用直尺检查　　　　　　　　(b) 用样条检查

图 10.10　用直尺和样条检查波纹度

对于波纹度偏差是否合格的判定, 主要有两种方法:

① 在波纹度极限偏差给出条件下, 计算出的波纹度实际偏差在其规定范围内为合格。

② 当给出波深和波长的极限偏差时, 可以绘制出波纹度曲线, 当实测波长和波深的坐标点在波纹度曲线之下时, 判定为合格。波纹度曲线示意如图 10.11 所示, 图

中的 A 点的位置表明,该段外形波纹度合格。

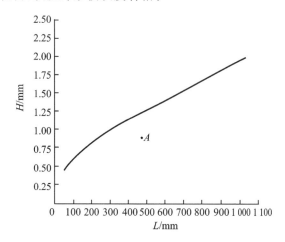

图 10.11　波纹度曲线

3. 表面平滑度检查

通常来说,表明平滑度包括:

① 气动外缘蒙皮对缝间隙及阶差,气动外缘口盖周边对缝间隙及阶差;

② 沉头螺钉及铆钉对气动外缘的凸凹量;

③ 因铆接而引起的蒙皮表面凸凹不平。

图 10.12 所示为用塞尺检查蒙皮对缝阶差示意图,图 10.13 所示为用有刻度的指示器检查蒙皮对缝阶差示意图,图 10.14 所示为用千分表检查铆接引起的蒙皮表面不平度示意图。

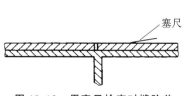

图 10.12　用塞尺检查对缝阶差

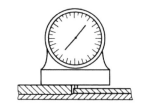

图 10.13　用指示器检查对缝阶差

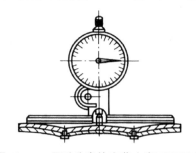

图 10.14　用千分表检查蒙皮表面不平度

10.2.2　部件相对位置准确度检查

飞机部件对接后,需要检查各部件相对位置的准确性,以判断是否符合产品图样和技术条件的要求。部件相对位置准确度的检查内容大致可分为两部分:

① 机翼、尾翼相对机身的位置准确度检查,相关位置准确度参数是上(下)反角、安装角、后掠角及对称度,通常采用水平测量方法进行检查。

② 活动面相对定翼面的吻合性检查。活动面包括升降舵、方向舵、副翼、襟翼、前缘缝翼等,相应的位置准确度参数是外形阶差、剪刀差及间隙(前缘缝隙间隙和对合间隙)。

采用飞机水平测量的方法,除可以检查机翼、尾翼、机身相对位置外,还可以对发动机短舱、发动机、起落架的安装位置进行检查。此外,操纵面的偏转角度也可以通过水平测量方法进行检查。

1. 操纵面吻合性检查

操纵面吻合性是指操纵面处于中立位置时相对定翼面及相邻操纵面相互之间的外形和间隙的吻合程度。在部件装配完成后,应合理选择确定中立位置的方法,使相关的操纵面同时处于中立位置。

(1) 确定操纵面中立位置的方法

1) 用水平测量方法确定操纵面中立位置

采用水平测量方法确定中立位置,适用于较大部件的操纵面。用水平测量法将翼面(含操纵面)的弦平面调整到相当于全机水平状态的位置,常用的方法有:

① 将翼面置于可调节高度的托架上,用水准仪测量定翼面上各水平测量点之间的高差,使其安装角和上(下)反角符合要求。

② 用水准仪测量位于操纵面尾缘上的水平测量点 C 的高度,使水平测量点 C 与定翼面上水平测量点 A 或 B 的高差符合水平测量图或水平测量数据的要求。此时,操纵面处于中立位置,如图 10.15 所示。

此外,采用该方法确定中立位置,还需注意以下两点:

① 将定翼面的理论弦平面调节到水平状态,然后再将操纵面上的理论弦平面调节到水平状态,此时操纵面相对于定翼面位于中立位置。

② 将翼面弦平面调节到水平状态的方法,常用于方向舵中立位置的确定。

2) 用架外等距检验样板确定操纵面的中立位置

该方法适用于采用架外等距检验样板检查气动外缘偏差的中、小部件,如升降舵、方向舵和调整片的中立位置确定。采用这种方法检查操纵面吻合性时,应与气动外缘检查同时进行,而且检验样板的安放位置及要求与部件气动外缘检查的相同。图 10.16 所示为按架外等距检验样板外形调整操纵面中立位置的示意图。

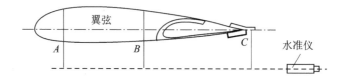

图 10.15　用水平测量法确定操纵面中立位置

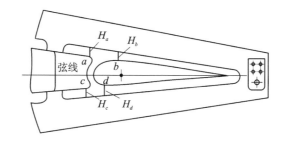

图 10.16　用架外等距检验样板确定操纵面中立位置

3）用角度测量卡板确定操纵面中立位置

该方法适用于中小部件上操纵面中立位置的确定，工作时，将操纵面后缘调整到零刻度时，操纵面处于中立位置，如图 10.17 所示。

4）在夹具上确定操纵面的中立位置

该方法适用于制造、检验过程中有对合台、平衡台、专用综合检验夹具的部件。检验时，可在夹具上设置操纵面中立位置定位件，如鱼形件。图 10.18 所示为在夹具上确定操纵面中立位置的示意图，检验时，调整操纵面，使翼型与定位件翼型吻合，操纵面即处于中立位置。

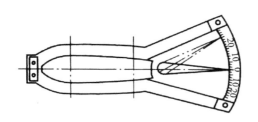

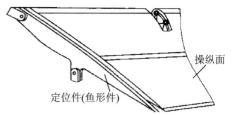

图 10.17　用角度测量卡板确定操纵面中立位置　　**图 10.18　在夹具上确定操纵面中立位置**

（2）操纵面与定翼面外形阶差的检查

1）翼弦方向外形阶差的检查方法

如图 10.16 所示，翼弦方向外形阶差是操纵面前缘 b、d 两点分别与定翼面后缘 a、c 两点的阶差（凸凹量）。

检查外形阶差时，首先应使操纵面处于中立位置，然后选择合适的方法进行检查：

① 用等距检验样板检查外形阶差。在操纵面中立位置确定之后,接着用楔形塞尺测量各切面处 a、b、c、d 点的实际间隙(H_a、H_b、H_c、H_d),如图 10.16 所示。

然后根据测量得到的间隙,计算外形阶差,测量间隙 H_a 与 H_b 之差、H_c 与 H_d 之差分别为操纵面相对定翼面的上、下翼面的外形阶差。

② 用吻合性检验样板检查外形阶差。检验样板以定翼面和操纵面外形作为基准,仅吻合性部分制成等距外形,以便测量实际间隙,如图 10.19 所示。另一种吻合性检查样板仅以定翼面外形作为定位基准,其余部分制成等距外形,如图 10.20 所示。

③ 用样条或直尺检查外形阶差。样条沿部件外形曲面放置,用塞尺测量 a 点或 b 点的间隙,此间隙值即是外形阶差,如图 10.21 所示。外形平直的翼面,可以用直尺代替样条检查外形阶差,如图 10.22 所示。

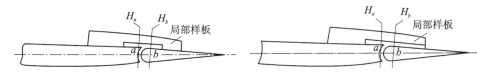

图 10.19　用吻合性检验样板检查外形阶差　　　图 10.20　以定翼面为基准的吻合性检验样板

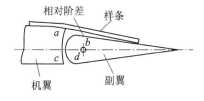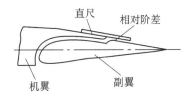

图 10.21　用样条检查外形阶差　　　　　图 10.22　用直尺检查外形阶差

2) 翼弦方向外形阶差的检查方法

当操纵面处于中立位置时,将直尺沿翼面等百分线方向立放于外形较高的翼面上,用塞尺测量直尺与外形较低翼面之间的间隙。测量所得到的间隙值为定翼面与操纵面或两个相邻操纵面在翼展方向的阶差。沿着尾缘条后缘线测出的阶差值即操纵面与定翼面或两个相邻操纵面之间的剪刀差,如图 10.23 所示。

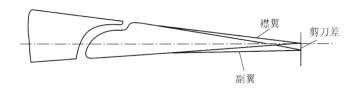

图 10.23　尾缘剪刀差

（3）缝隙间隙的检查

缝隙间隙是指定翼面后缘与操纵面前缘之间的间隙。检查缝隙间隙时，根据产品设计技术条件，旋转操纵面或将操纵面固定在某个位置上。

缝隙间隙用极限检验轴进行检查。例如，某飞机升降舵与水平安定面之间的缝隙间隙为（6±2）mm，其检验轴直径为 4 mm 和 8 mm，分别检查最小和最大间隙，如图 10.24 所示。

制造检验轴需注意，检验轴每套两件，其中一件用来检查最小间隙，另一件用来检查最大间隙。检验轴公称直径 d_T 和 d_Z 分别为定翼面后缘与操纵面前缘的最小和最大允许间隙，d_T 和 d_Z 的制造偏差分别为 $d_T {}^{+0.05}_{0}$ mm 和 $d_Z {}^{0}_{-0.05}$ mm。

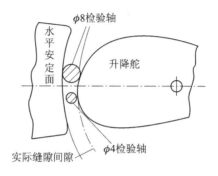

图 10.24　用检验轴检查缝隙间隙

（4）操纵面偏转角度的检查

检查操纵面的偏转角度，可以采用下列方法：

① 采用专用量角器检查偏转角度，如吸盘式量角器和夹紧式量角器，图 10.25 所示为用吸盘式量角器测量操纵面偏转角度示意图。

② 采用卡板式量角器检查偏转角度。

③ 利用平衡台、对合台或水平测量台上的量角器测量偏转角度，量角器设置在确立操纵面中立位置的"鱼形件"上，如图 10.26 所示。

④ 当操纵面偏转角度换算成线性尺寸时，可以直接用钢尺或卷尺测量。

⑤ 在飞机水平测量过程中，通过后边条上的测量点测量操纵面的偏转角度。

2. 飞机水平测量

飞机水平测量是飞机总装时对飞机各部件相对位置准确度进行检验和调整的工序，是对飞机各主要几何尺寸或参数的误差（飞机总装质量）的最后总检测。

（1）飞机水平测量时的一般要求

在进行飞机水平测量时，对飞机的支撑状态、水平状态、测试环境、仪器设备、量具精度等均有一定的要求，具体可参考相应测量标准。

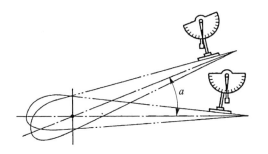

图 10.25　用吸盘式量角器测量操纵面偏转角度

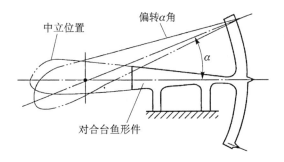

图 10.26　用鱼形件上的量角器测量操纵面偏转角度

（2）飞机水平状态的确定

飞机水平状态的确定方法即是飞机调平方法，是指以飞机轴系为基准，借助光学仪器和水平测量尺，通过千斤顶，将飞机横向和纵向的调平基准点调至水平状态。飞机轴系如图 10.27 所示，飞机调平操作程序一般为横向调平、纵向调平和检查等步骤。

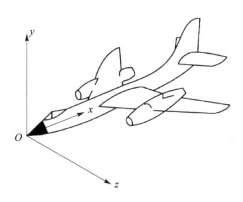

图 10.27　飞机坐标系

常用的飞机调平方法有经验调平法、计算调平法以及吊线、标杆调平法。经验调平法是指在飞机调平过程中根据经验估算,渐次消除飞机横向和纵向调平基准点标尺读数差值的调平方法,该方法适用于批生产的飞机调平,其缺点是劳动强度大、耗费时间长。

图 10.28 所示为计算调平飞机的示意图,横向调平与纵向调平的类似,下面以纵向调平为例。首先根据图 10.28 所示,计算出调平量 Δh,即

$$\Delta h = K \cdot A \tag{10.3}$$

$$K = \frac{l_1}{l_1 \pm l_2} \tag{10.4}$$

式中: K 为调平系数; A 为前后调平基准点 c 和 d 调平前的初始标尺读数的高度差,mm; l_1 和 l_2 分别为前后调平基准点 c 和 d 到主千斤顶顶头中心的距离,mm;对于式(10.4)中"$\pm$"选择,当主千斤顶位于纵向两个调平基准点之间时(见图 10.28),取"$+$"号;当主千斤顶位于纵向两个调平基准点的前面或后面时,取"$-$"号。

最后,根据计算获得的调平量调平飞机。

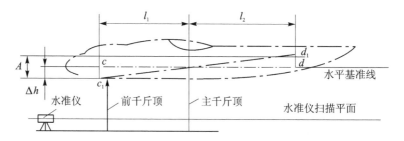

图 10.28　飞机纵向调平示意图

图 10.29 所示为吊线、标杆进行横向调平示意图,分别在左、右机翼翼尖上的横向调平基准孔内,悬挂铅锤吊线到地标板上,通过微调千斤顶,使吊线的测量头对准地标板上的"$+$"字刻线中心即可,调平误差应在地标板上的"$+$"字中心线圈内。

(3) 部件相对位置的测量方法

飞机水平测量方法多种多样,从设计方面考虑,可分为分项水平测量法和分点独立测量法。若从工艺方面进行划分,根据飞机姿态可分为飞机调平状态下的水平测量法和飞机不调平状态下的非水平测量法;根据仪器设备的不同,可分为常规光学仪器测量法、水准仪测量法、经纬仪测量法和经纬仪三维测量系统测量法等。其中,采用经纬仪三维测量系统进行测量时,可在飞机停放处于任何状态下进行水平测量。

1) 分项水平测量法

分项水平测量法是按飞机各部件相对位置的几何参数(如机翼安装角、下反角、机身同轴度、垂尾倾斜角等)的测量要求,逐项测量有关测量点相对于测量基准的距离,通过测量数据的对比处理,反映有关几何参数的误差。

这种方法的通用性好、使用方便,而且对光学仪器位置没有严格要求,只要一次

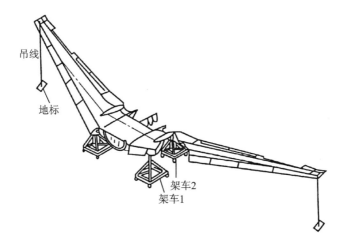

吊线

地标

架车2
架车1

图 10.29　横向调平示意图

测量能反映部件相对位置的全部测量点即可,测量数据反映被测几何参数的直观性较好,但测量重复精度和测量工作效率较低。

2) 分点独立测量法

分点独立测量法是按飞机整体外形及其对称度等水平测量要求,对飞机上全部测量点顺序逐点测量。通过测量数据与理论数据的对比处理,确定整体外形及其对称性误差。

采用该方法时,水平测量公差的制定原则为:以全机的理论外形数学模型或模线为基础,用飞机整体的外形综合公差在飞机的三面图(正面、侧面、上面)上定出水平测量公差的极限偏差包络面,然后在上、下极限包络面内确定分布在飞机外形上各测量点处的水平测量公差,同时考虑对称性的要求。

采用分点独立测量法进行水平测量,选择的测量基准应保证与飞机设计基准一致,在飞机水平测量图上规定光学仪器相对飞机的准确位置。因此,测量前的调整工作较繁,但测量的重复精度较高,便于实现自动扫描和计算机辅助测量数据的记录和处理。需要指出,采用该方法进行测量,测量结果只能反映部件截面测量点处的外形误差、该截面在部件中的平移和扭转误差、部件对接后的相对位置误差、飞机结构自重影响等误差在测量点的总和,而不能直观地反映几何参数的误差。

在实际生产中,有时也在非水平状态下进行水平测量工作,但是所有测量点的测量值均应按基准测量点的测量值进行修正,所有支撑飞机的部位均保持不变,当飞机的倾斜所引起的重力改变对测量值影响很小时,非水平测量法也是可靠的。

3) 常规光学仪器测量法

使用常规光学仪器进行飞机水平测量包括测量前准备、水准仪(或经纬仪)调平、飞机调平、全机水平测量和数据处理等操作步骤。

在使用光学仪器的过程中,应注意:

① 保持仪器支架稳定,仪器安置应能扫描到全机水平测量点;

② 仪器使用过程中,应始终沿一个方向转动,避免反向转动;

③ 仪器调平后,应使仪器保持水平状态,并在使用中随时检查,保持水平;

④ 各微调旋钮在最后调整时,原则上应按顺时针方向旋转,以减少螺纹间隙影响;

⑤ 平时注意防尘、防潮、防振。

在飞机调平的基础上进行全机水平测量,图 10.30 所示为运 7 飞机水平测量示意图。进行水平测量时,根据飞机水平测量图,事先绘制出各测量点标尺读数的记录简图,如图 10.31 所示。按部位顺序逐点逐项对飞机上的全部水平测量点进行测量,并记录各测量点标尺读数。按测量的标尺读数,整理出各部件相对位置几何参数的实测值,误差应符合规定。

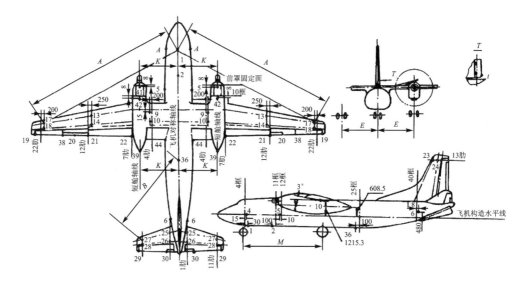

图 10.30　运 7 飞机水平测量图

(4) 部件水平测量

部件水平测量是在部件装配完成后,通过工艺装备,使部件处于飞机水平状态的条件下,对部件的姿态(如机翼安装角、下反角等参数)进行测量。在部件精加工和对接时也采用水平测量的方法进行定位。

部件水平测量项目内容与全机水平测量中相应部件的测量项目内容相同。但是,对于同一个部件,在部件水平测量时的测量点比全机水平测量时的测量点要多。例如,对于运 7 飞机的左右中外翼和左右外翼,在部件水平测量时,各需要 4 个测量点,而在全机水平测量时,则各只需要 2 个测量点。而且,与全机水平测量相比,部件水平测量的偏差要求更高。

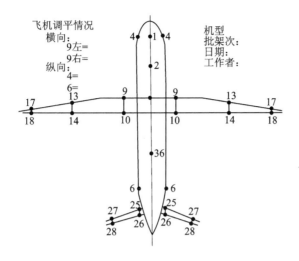

图 10.31　水平测量记录简图

进行部件水平测量时,部件安装在水平测量台上或安装在对合台上,除了专用工艺装备外,其他测量仪器设备、工具和测量方法都与飞机水平测量的相同。机翼在水平测量台上进行水平测量的状况如图 10.32 所示。

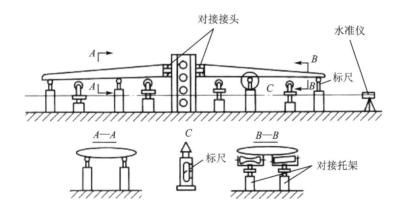

图 10.32　机翼在水平测量台上水平测量示意图

10.2.3　力学性能检查

1. 操纵面重量平衡检查

飞机操纵面是铰链在飞机机翼和尾翼上的可动翼面,用来操控飞机,如副翼、方向舵、升降舵、调整片等。操纵面在安装前应进行重量平衡检查,一般要求操纵面的重心位于转轴之前,以避免操纵面在飞机飞行时产生颤振。通常情况下,重心与转轴之间的距离用力臂"L_a"来表示,不同的机型对"L_a"值有不同的要求。

　　平衡状态是指操纵面悬挂在平衡台上，其弦平面处于水平静止状态的位置。在平衡试验中，操纵面尾边条与平衡台的鱼形件尾刃平齐时，操纵面便处于平衡状态。

　　在平衡检查试验中，操纵面的重心位置可用式（10.5）判断，即

$$m \cdot L_a = m_b \cdot l \tag{10.5}$$

式中：m 为操纵面实际质量，kg；L_a 为操纵面重心至转轴的力臂，mm；m_b 为砝码质量，kg；l 为砝码重心至转轴的力臂，mm。

　　操纵面的平衡条件如图 10.33 所示。

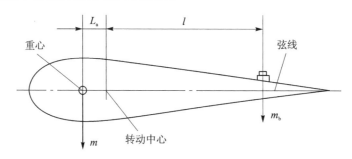

图 10.33　操纵面重量平衡条件

2. 摩擦力、操纵力和张力的检查

　　摩擦力是影响飞机操纵系统性能的重要因素，在操纵过程中，摩擦力过大或不均匀，将使驾驶员在操纵时得不到真实的感觉，并影响操纵动作的柔和与准确。因此，操纵系统的摩擦力在飞机试飞前必须按规定进行检查。

　　摩擦力的大小可通过操纵面开始偏转时所需要的杆力来测定。

　　检查操纵力时，先来回扳动操纵杆几次，排除可能出现的卡滞点，然后将测力计置于操纵杆手柄中部，并推、拉操纵杆。检查时应平稳扳动操纵杆，即从中立位置到正、反极限位置，再回到中立位置，在整个循环过程中操纵力应满足技术条件要求。

　　在软操纵系统中，适当的钢索张力是保证飞机钢索长距离传递载荷和正常工作的重要因素。在正常工作载荷下，钢索不应有松垂现象，否则系统就会出现死区和响应滞后。

　　另外，钢索张力应经常随环境温度变化而进行检查和调整。主要原因是钢索和机体之间热膨胀系数不同，钢索载荷变化受温度影响显著：当环境温度升高时，系统张力增加而使摩擦力加大，影响系统的正常工作；当环境温度降低时，钢索张力减小，会导致系统跟随性变差，出现死区或无响应的情况。

　　一般来说，钢索张力的检查和调整可按下述要求进行：

　　① 钢索传动的操纵面应处于中立位置，且不附加任何外力；

　　② 对应的钢索张力值应调整一致；

　　③ 测量张力时，测量点应选择距离滑轮、导向件、松紧螺套较远的位置，此外，为

提高测量准确度,应在每个测量点上进行多次测量,并取平均值;

④ 应根据飞机所处的环境温度范围,并参考钢索张力随温度的变化曲线,进行张力的调整;

⑤ 一般春夏交接时,钢索张力按设计规定数值取下限,秋冬交接时取上限。

3. 重量及重心的检查

对飞机及其零部件进行重量和重心的检查,主要目的是:获得飞机及其零件、组件和部件的实际重量;以理论重量检查产品重量,防止超重,控制制造过程的尺寸界限,以确保飞机性能的实现;全机称重能测定空机重量及重心位置,确保飞行安全。

4. 舵面的间隙测量

通过舵面间隙测量和测量数据分析,评估各舵面结构连接的可靠性,降低因连接不稳固等情况而产生的气动颤振,增加飞机的安全性。

思 考 题

1. 飞机总装配包括哪些内容? 并简述总装工艺流程设计的原则。
2. 简述飞机总装配的基本过程。
3. 简述飞机气动外缘偏差检查的必要性和具体内容。

第 11 章　飞机数字化装配技术

11.1　数字化装配内涵和关键技术

11.1.1　飞机数字化装配内涵

飞机数字化装配技术是机械、电子、控制、计算机等多学科交叉融合的高新技术，涉及飞机设计、零部件制造、装配工艺规划、数字化柔性定位、精密制孔连接、自动控制和计算机系统集成等众多先进技术及装备。飞机数字化装配技术体系主要包括飞机数字化装配关键技术和数字化装配工艺装备两大部分，如图 11.1 所示。

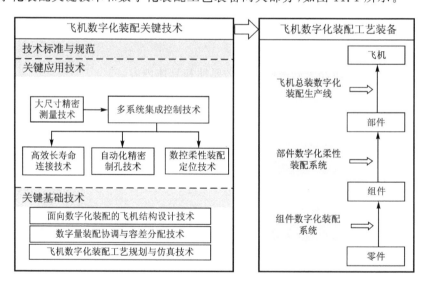

图 11.1　飞机数字化装配技术体系

飞机数字化装配关键技术主要包括技术标准与规范、关键基础技术和关键应用技术。技术标准与规范是对飞机数字化装配过程中相关技术的高度总结，是将理论研究和基础技术研究转化为生产应用的桥梁，是飞机制造企业实施数字化装配的指导原则。按照飞机数字化装配流程将标准与规范分为设计类标准规范、工艺类标准规范和装配操作类标准规范 3 大类。关键基础技术是指支撑飞机数字化装配的相关理论与基础技术，主要包括面向数字化装配的飞机结构设计技术、数字量装配协调与容差分配技术、飞机数字化装配工艺规划与仿真技术。关键应用技术是指支撑飞数字化装配现场的共性关键技术,涉及装配过程中的定位、制孔、连接、测量、控制等环节,主要包括数控柔性装配定位技术、自动化精密制孔技术、高效长寿命连接技术、大尺寸精密测量技术和多系统集成控制技术。

飞机数字化装配工艺装备是实现飞机数字化装配的重要支撑。根据飞机"零件→组件→部件→飞机"的装配流程,装配工艺装备系统可以分为组件数字化装配系统、部件数字化柔性装配系统和飞机总装数字化装配生产线3个部分。飞机组件装配实现从飞机零件到飞机组件的装配,其数字化装配系统主要包括柔性工装系统、自动化制孔系统和自动化钻铆系统。飞机部件装配系统实现从飞机组件到飞机部件的装配,其数字化柔性装配系统主要包括机翼类部件柔性装配系统、机身类部件柔性装配系统和平垂尾类部件柔性装配系统等。飞机总装配生产线实现从飞机部件到飞机产品的装配,其数字化装配主要采用移动生产线实现,包括引导驱动设备、飞机承载装置、动力传输装置以及工艺装备等设备。

11.1.2 飞机数字化装配关键技术

飞机数字化装配关键技术是整个飞机数字化装配体系的基础,涵盖了装配设计、工艺、现场、规范等众多环节,其具体组成如图 11.2 所示,主要包括 3 个部分:

① 飞机数字化装配关键基础技术;

② 飞机数字化装配关键应用技术;

③ 飞机数字化装配技术标准与规范。

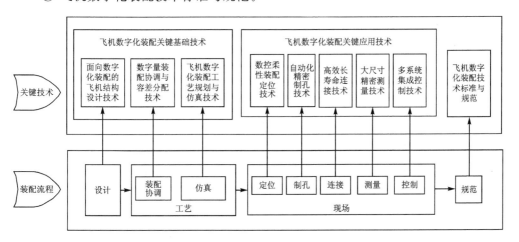

图 11.2 飞机数字化装配关键技术组成

(1) 飞机数字化装配关键基础技术

飞机数字化装配关键基础技术主要包括面向数字化装配的飞机结构设计技术;数字量装配协调与容差分配技术;飞机数字化装配工艺规划与仿真技术。

① 面向数字化装配的飞机结构设计技术。飞机数字化装配与飞机结构设计密

切相关,在设计飞机结构时,必须充分考虑数字化装配的需求和特点,设计出适用于数字化装配的结构形式与连接方式。也就是说,飞机数字化装配的关键在于将数字化装配的具体需求融入到飞机结构设计中,即面向数字化装配的飞机结构设计。

面向数字化装配的设计是产品数字化设计和数字化装配工艺相结合的产物,是并行工程的必然要求。即在飞机结构设计阶段考虑并解决装配过程中可能存在的问题,以确保零部件快速、高效、低成本地进行装配。面向数字化装配的飞机结构设计关键技术主要包括:飞机装配结构和装配性能分析;三维数字化模型预装配与装配虚拟仿真;面向数字化装配的结构特征设计;装配公差综合与分析。

② 数字量装配协调与容差分配技术。装配协调与容差分配是保证飞机装配准确度、提升飞机产品质量的关键。传统的基于实物样件以模拟量形式传递零部件形状和尺寸的方法,采用了大量复杂刚性工装进行定位和夹紧,手工劳动量大,而且装配精度、质量稳定性、装配效率等难以满足要求。然而,数字量装配协调与容差分配技术在工艺规划阶段以飞机数字化设计数据为基础,在数字化环境下完成对飞机协调及容差方案的进行规划,保证装配可行性、装配精度和装配质量。

③ 飞机数字化装配工艺规划与仿真技术。随着数字化装配技术在飞机制造领域应用的不断深入,数字化装配工艺规划、装配系统布局优化以及新型飞机研制等均对数字化装配仿真技术提出了应用需求。而且,飞机装配具有结构件尺寸大、装配装备密集、装备类别繁多、操作空间狭小等特点,需要飞机数字化装配仿真技术对装配干涉、人机工效进行深入分析,以提高装配效率,减少设备碰撞与干涉的发生。因此,精确合理地规划、分析和仿真装配过程的每个细节,有效解决工艺设计中的装配不协调、干涉、碰撞和超差等问题,保证产品精准快速装配,是提高产品装配效率和质量的关键。

(2) 飞机数字化装配关键应用技术

飞机数字化装配关键应用技术是指支撑飞机数字化装配现场的共性关键技术,主要围绕装配过程中的定位、制孔、连接、测量和控制等环节开展研究,并构建相应的试验单元,支持数字化装配技术的应用实施,主要涉及的技术有:数控柔性装配定位技术、自动精密制孔技术、高效长寿命连接技术、大尺寸精密测量技术和多系统集成控制技术。

(3) 飞机数字化装配技术标准与规范

飞机数字化装配技术标准和规范是对装配过程中相关技术的高度总结,是将理论和基础技术研究转化为生产应用的桥梁,是实施数字化装配的指导原则。因此,为了保证飞机数字化装配体系的顺利实施,有效地提高数字化装备研发能力,必须建立相关的装配技术标准与规范。根据飞机装配流程,将装配技术标准和规范分为 3 大类,即设计类标准规范、工艺类标准规范和装配操作类标准规范,如图 11.3 所示。

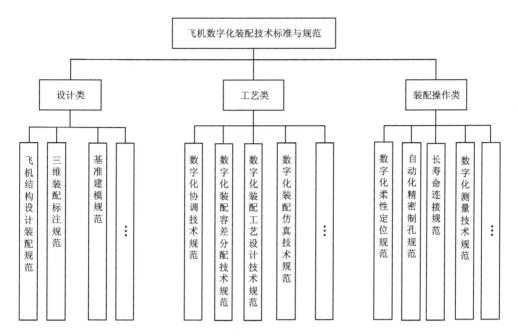

图 11.3　飞机数字化装配技术标准与规范

11.2　装配仿真

11.2.1　概　述

装配仿真是一种在三维数字样机的基础上,利用计算机仿真环境和数字资源模型对产品的整个装配过程进行模拟与分析的应用技术。通过该技术,可对产品与资源按实际装配工艺过程进行模拟试验,在结合人机模型基础上,可直观地分析产品的可制造性、可达性、可拆卸性和可维护性,并生成相关的分析报告,完成产品设计、资源设计、装配工艺设计、人机工程指标、装配生产线布局可行性和方便性研究,从而减少产品和资源设计的错误,优化装配工艺设计,提高装配工作效率,降低装配制造成本。

装配仿真通过对虚拟模型的交互试装来建立产品装配工艺,其关键的技术包括产品装配顺序和路径的表达及建立、装配过程实时干涉检测、虚拟环境下零部件的精确定位以及工装(包括工具)的装配操作等。

装配工艺过程仿真是在网络和计算机软件环境中,利用产品和资源的三维数学模型,对产品的装配工艺过程进行设计,并模拟产品移动、定位、夹紧等装配过程,检查产品设计、资源设计和工艺设计的缺陷,对工艺设计的结果进行仿真验证和评估。主要内容包括:

① 装配干涉仿真。在虚拟环境中，根据设计的装配工艺流程，通过对零件、组件或部件之间可能发生的碰撞、刮蹭及其他无法到达安装位置的装配干涉情况进行仿真。若存在干涉情况，系统应报警，并给出干涉区域及干涉量，以利于人员查找和分析干涉原因。

② 装配顺序仿真。在虚拟环境中，根据设计的装配工艺流程，对零件或组件按不同的装配顺序进行仿真，分析可能导致无法安装的情况。

③ 人机工程仿真。在产品结构和工装结构环境中，按照工艺流程，对人在装配环境中的可视性、可达性、可操作性及舒适性进行仿真。

④ 工艺布局仿真。在三维工艺布局中，根据设计的装配工艺流程，进行产品、资源、流程及操作者之间融为一体的三维动态仿真，使工作现场更加符合工艺布局原则。

飞机数字化装配过程仿真是在装配工艺规划后，对工艺方案和装配工艺细节的模拟分析和技术验证。将产品与资源按照实际装配工艺过程进行模拟，结合人机模型直观地分析产品的可制造性、可拆卸性、可达性以及可维护性。装配过程仿真可以分为 5 个阶段：数据准备；装配工艺流程创建；装配过程仿真；装配工艺过程分析；优化及仿真结果输出。装配仿真的一般流程如图 11.4 所示。

11.2.2　流程设计与干涉分析

飞机装配仿真工艺流程设计是装配过程仿真的重要工作内容之一，主要工作内容包括：

① 数据的导入和装配仿真场景的建立；

② 装配仿真工艺流程的创建及引用；

③ 为流程中的工作节点（工序、工步）指派产品和资源模型；

④ 工艺流程顺序的建立与调整；

⑤ 装配工艺流程验证。

装配干涉分析与优化的主要工作内容是：对产品、工艺装备和资源（即装配过程中涉及的工具、设备和人员等）之间可能存在的静态与动态干涉进行分析，并针对装配顺序、装配空间、装配路径、人机工效等方面存在的问题进行反馈和优化，综合评价飞机产品装配的可视性、可达性和可维护性。

装配仿真干涉大致可以分为三类：静态干涉、运动干涉和装配干涉。

① 静态干涉。静态干涉是指两件或两件以上产品与产品、产品与工艺装备、工艺装备与工艺装备之间的几何外形之间存在交集（不包含接触）。

② 运动干涉。运动干涉主要有两种情况：第一种情况，运动构件处在两个极限位置时，其与周围产品结构之间的间隙小于产品要求的最小间隙值；第二种情况，运动构件在运动过程中的某一时刻，其与周围产品结构之间或运动构件自身零件之间的间隙小于产品要求的最小间隙值。

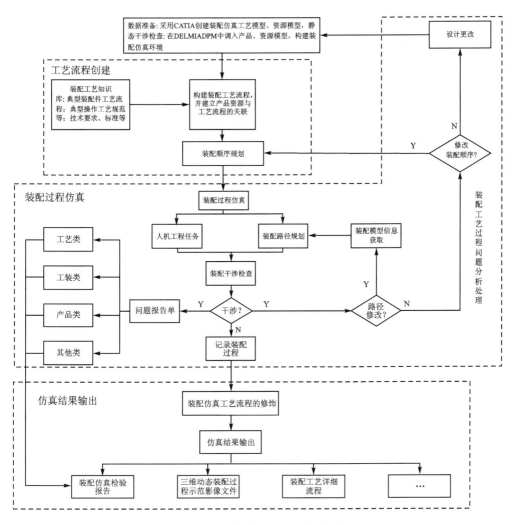

图 11.4　数字化装配过程仿真一般流程

③ 装配干涉。装配干涉是指产品或资源在按照工艺规划的流程进行装配操作的过程中,与其他产品或资源之间产生不可避免的几何外形交集,同时也包含无可视性和无可操作性的装配,但不包含装配过程中在工艺分离面产生的蒙皮与骨架的小范围运动接触。

11.3　数字化柔性装配工装

11.3.1　柔性装配工装的构成

数字化柔性装配工装是指用于飞机装配的、具有柔性可重构能力的、具备"一架多用"功能的工艺装备,通常来说,通过简单调整或重构,柔性装配工装即可用于多种飞机零组件的定位装配。柔性装配工装是为了满足现代飞机产品变化对工装快速响应能力的需求,伴随着飞机数字化装配技术的发展而出现的工装系统。与常规工装不同,柔性工装是由复杂的硬件系统和软件系统构成的综合工装系统。

　　与传统装配工装相比,柔性工装已发展成为一个由机械定位装置、数控系统、离线编程与仿真管理系统、在线测量系统等多种软硬件构成的综合集成系统,如图 11.5 所示,各子系统在工装调整时共同作用,协同工作,从而实现了工装的柔性可重构功能。

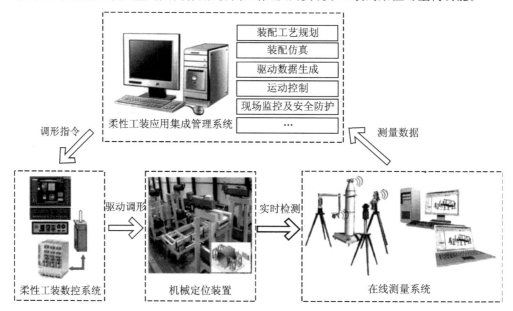

图 11.5　飞机装配柔性工装系统构成及工作原理

　　数字化柔性装配工装一般具有柔性化、数字化、模块化和自动化的特点。柔性化是柔性工装最根本的特点,具体表现在工装具有快速重构调整的能力,一套工装可以用于多种产品的装配;数字化则体现在柔性装配工装从设计、制造、安装到应用均广泛采用数字量传递方式,是一种数字化的工装;模块化体现在柔性工装的硬件主要由具有模块化结构特点的单元元件组成,模块化结构单元的重构实现了工装的柔性;自动化体现在各模块化单元可根据装配需求自动完成相应的装配动作。

　　数字化柔性装配工装系统工作的一般过程为:首先,在工装应用集成管理系统中进行装配工艺规划和装配工艺仿真,将生成的工装理论驱动数据解析为数控系统动作指令并传递至柔性工装的数控系统;然后,数控系统根据动作指令计算各定位器轴的调形轨迹,驱动定位器调形;紧接着,定位器调形到位后,在线检测系统实时测量定位器位置,并将测量数据传递至离线编程与仿真管理系统;最后,离线编程与仿真管理系统将测量数据与理论数据进行比较,并根据装配要求进行检查,若测量数据无法满足装配需求,系统将自动生成优化数据并由数控系统进一步调形,直到定位器位置精度满足装配要求。

11.3.2　典型柔性装配工装

图 11.6 所示为数控柔性工装的基本原理,通过在传统工装框架式骨架上增加多个可重构调形单元,将卡板定位支点设计在可重构调形单元上,利用数控技术精确控制可重构调形单元在竖直方向和水平方向的运动,实现卡板定位支点的快速精确调形重构,这样,这些卡板就可用于不同的壁板装配,进而可用于多个壁板类组件的装配。

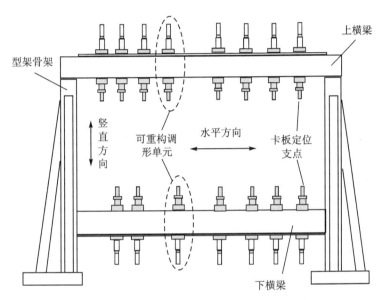

图 11.6　数控柔性工装原理

数控柔性工装可基于壁板装配的工艺特点实现"一对多"的产品装配,从而改变了壁板组件装配中"一对一"的装配模式,有效降低了壁板组件的装配成本。数控柔性装配工装的核心思想是将传统型架工装中固定的卡板定位支点变为由数控系统控制的可调支点,因此,可以快速精准地调整卡板定位支点的位置,从而通过更换不同壁板组件对应的定位卡板来实现工装的"一架多用"功能。

（1）多点阵真空吸盘式柔性工装

多点阵真空吸盘式柔性工装的模块化单元为带真空吸盘的立柱式单元,其在空间具有 3 个运动自由度,通过控制立柱式单元生成与壁板组件曲面外形一致并均匀分布的吸附点阵,利用真空吸盘的吸附力,可精确地定位并夹持工件,从而完成装配。

根据结构形式的特点,多点阵真空吸盘式柔性工装可分为立式、卧式和环式 3 种。立式和环式结构的工装主要用在机身壁板类组件的装配中;卧式结构工装则主要应用在一些复材结构的水平尾翼和垂直尾翼的装配中。图 11.7 所示为某机身壁板装配中应用的立式结构柔性工装;图 11.8 所示为某机水平尾翼装配中应用的卧式多点

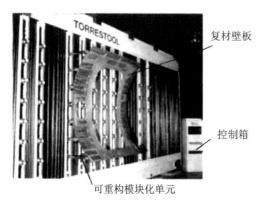

图 11.7   立式多点阵真空吸盘式柔性工装

图 11.8   卧式多点阵真空吸盘式柔性工装

阵真空吸盘式柔性工装。

(2) 机翼壁板装配柔性工装

飞机机翼壁板曲率小,尺寸大,在其装配中主要采用行列式柔性工装,其结构原理如图 11.9 所示。如图所示,行列式柔性工装是一般由多个行列式排列的立柱单元构成,各立柱单元为模块化结构,独立分散排列,每个立柱单元上均装有夹持单元,夹持单元一般具有三自由度的运动调整能力,因此,通过调整各立柱单元上多个夹持单元的排列分布,可以实现对不同飞机工件的装配。

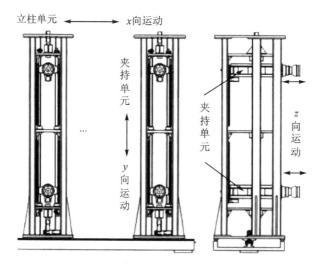

图 11.9   行列式柔性工装结构原理

(3) 柔性装配平台

部件装配主要针对机身类的机头、尾段、筒段和翼面类的机翼、平尾、垂尾等大型部件。柔性装配平台是以整体式工装框架作为可调整定位器的支撑平台,如图 11.10 所示,装配平台由 6 根立柱、上下各 5 组横梁组成。每组横梁上包括 4 个 z 向支撑柱。横梁沿导轨在 x 向移动,支撑柱沿 y、z 方向移动。在飞机坐标系下,支撑柱作为数控可调节定位器,可实现空间位置调整,从而适应不同机型或不同结构产品的装配要求。

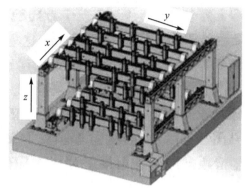

图 11.10　柔性装配平台

(4) 翼面类柔性装配工装

翼面类柔性装配工装适用于翼身整体结构或机翼结构的装配,该工装通常采用分体式结构,如图 11.11 所示,整体结构由 1 个固定内框(C 框)、前后 2 个可移动外框(A 框和 B 框)、3 根驱动导轨和 2 台 AGV 车组成。翼身整体结构装配时,首先将 A 框和 C 框组合在一起,利用框上的定位器进行骨架定位装配;然后再利用 2 个外框进行蒙皮装配;也可以在蒙皮定位后用内框将整个装配件移到自动钻铆工位,进行自动钻铆。

(5) 部件对接柔性工装

大部件自动化对接平台与部件装配柔性工装类似,是一种集成了自动化工装(定位器)、测量系统以及计算机软件的综合系统。

图 11.12 所示为分散式立柱结构组成的典型大部件对接平台。通常来说,立柱一般有柱式、塔式和塔柱混联式等 3 种结构形式,安装在立柱上的定位器能够调整 x、y、z 这 3 个方向的运动,而且安装在工装上的应力传感器可实时监测装配中力的变化。在对接过程中,工装驱动数据采用优化数据,这些数据可利用仿真优化软件和数字化测量设备分别提供的理论数据和实际数据自动计算完成,然后柔性工装在系统的控制下自动完成定位和调整。与分散式部件柔性工装控制架构类似,控制系统采用精度较高的独立式多轴控制系统,其测量系统一般采用激光跟踪仪或 iGPS(室内 GPS),系统中的测量软件通过计算机与其余各种软件集成在一起,可实现整个系统的协同工作。

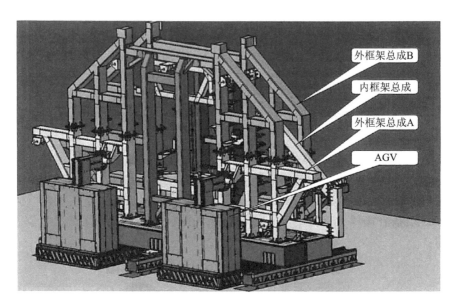

图 11.11　柔性定位工装总体结构

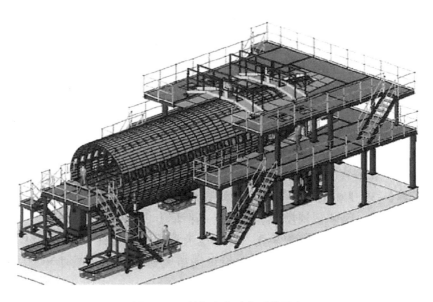

图 11.12　某机身自动化对接平台

11.4　数字化装配生产线规划

11.4.1　产能分析与能力平衡

生产线是指能够按顺序完成设定生产流程的作业线,即从原料进入生产现场开始,经过加工、运送、装配、检验等一系列生产活动所构成的路线。装配生产线是以产品为对象,完成某工艺过程的一种生产组织形式,即按产品专业化原则,配备装配某种产品所需要的各种工装、设备和工人,负责完成某种产品的部装或总装的全部装配工作,对相同类型的产品对象进行不同工艺加工的生产组织和生产布局。

在飞机装配生产线中,工作站位按飞机产品装配工艺路线的先后顺序排列,其功能是使装配对象按规定的速度,在不同的装配工作站位上流转,逐步由零件装配成组合件、段件、部件,再由大部件总装配成整机。

装配生产线的产能指在单位时间周期(如 1 年)内,在生产组织流程划分、资源配置、零件供应等生产条件稳定的前提下,经过综合平衡后所能生产出的质量合格、满足客户要求的最大产品数量。需要注意,生产能力是一种客观的存在,在一定时期内是相对稳定的,但也会随着各方面因素的变化而变化。

产能分析是装配生产线规划与优化的基础工作,是指导生产线规划与现场运行状态控制的依据之一。在布局及组织条件给定情况下,准确求解并预测装配生产线的生产效能,不仅有益于提高生产效率、改善产品质量,同时也有助于辅助现场控制人员快速定位装配系统的制约因素,提高现场对工艺更改的反应能力。多年来,产能分析伴随装配制造模式的变化而不断发展,在规划和控制生产线装配作业方面发挥了重要作用。

装配线的生产能力平衡,是指在严格遵循生产线装配节拍的基础上,将所有生产工序进行分解与组合,调整作业负荷,优化资源配置,使得生产线的全部工序时间平均化,每个站位或工位分配的工作量尽量充足和均衡,作业时间尽可能相近,从而确保装配过程的各个阶段和各道工序都要按照规定的节奏,在相同的时间间隔内生产和交付等量的成品,使各项工作的负荷保持相对稳定,避免发生时松时紧现象,从而均衡地完成生产任务。

这里有两个概念需要加以区分,即装配节拍和装配周期。装配节拍是指在正常的生产环境下,某装配站位连续完成 2 件产品装配的时间间隔(即从第 1 件产品完成到第 2 件产品完成之间的时间间隔)。装配周期是指在正常的生产环境下,某装配站位以单套资源完成单件产品装配所需要的平均时间。在飞机装配生产线上,装配站位的装配周期及节拍时间普遍较长,一般以“天/件”为单位计算。需要注意,装配周期与装配节拍有所区别,在单套资源的条件下,一个装配周期就是一个装配节拍。通过并行增加装配资源数量可以整倍降低装配节拍,而装配周期保持不变。一般可认为,装配节拍等于装配周期与资源套数之商。

11.4.2　生产线工艺布局

生产线工艺布局是以飞机产品产量和生产周期为依据,合理划分工艺分离面,规划工艺组合件和段件装配,确定大型自动化设备、工装数量以及相应的工作区面积,以装配流程为主线,对工作场地、工艺装备、工具、设备、仓库、运输、人员数量及生产作业形式等进行合理规划和布置设计。

(1) 工艺布置规划

工艺布置首先要进行区域规划与划分,确定各类场地的面积和在厂房内的分布区域,其中主要规划内容有:

① 主生产区。主生产区一般是以部件为单元来划分装配生产线的区域,如前机身装配区、后机身装配区、机翼装配区和尾翼装配区等。在生产装配中,应按生产流程的先后顺序确定各部件装配区域及其工艺布置。总装生产线可以根据流程和节拍布置为直线式脉动生产线,也可以按机位并行排列布置,需注意,布置方式对厂房辅助设施建设有一定影响。

② 特殊生产区。在装配中,某些工艺过程对环境有特殊要求,如油箱清洗时对环境有清洁度和防爆要求;密封结构固化时有温度和湿度要求等。对于这些有特殊环境要求的装配过程,需根据实际情况规划特殊生产区。

③ 辅助生产区。辅助生产区主要包括设备与工具维护工作区、库房、配胶间等。维护工作区是供维护组进行设备维修、维护以及刀具集中刃磨的区域。库房一般都需要有零件库、标准件库、材料库、成品库、工具库等。装配中使用的密封胶、密封剂一般需要特定的设备和工具进行配制,并需要在特定环境中进行保存。

④ 办公区。主要包括工艺部门、生产计划调度部门、产品检验部门以及行政管理部门。有些办公区以设立在生产区附近为宜,便于处理生产中的问题,如生产调度和技术支持团队。

⑤ 生活区。主要包括更衣室、盥洗室、学习休息区等。

(2) 主要设备与设施规划

与零件生产线相比,飞机装配生产线上的设备种类较少,规划工作较为简单。主要设备包括自动制孔设备、自动铆接设备、数字化测量设备、油箱清洗设备、密封检漏设备、各种试验用试验台、电源车、油泵车、吊车和地面运输装置等。

① 钻铆设备。应在综合考虑飞机结构特点、质量要求和产品产量的前提下,配备相应的钻铆设备。首先需要确定采用自动制孔或自动钻铆的装配部位,然后选择钻铆设备。例如,对于一般的壁板组件,可选用带自动托架的 C 形或环框形钻铆设备;对于翼面类部件,可选用五坐标机床式钻铆设备;对于小型机身部件,可选用机器人钻铆设备。而且,为了提高生产效率、稳定产品质量,在批量生产中的钻铆设备通

常都专用于某个装配部位。此外,如果选择大型固定式钻铆设备作为通用设备,并将其用于不同装配件的钻铆,应考虑该设备对不同装配部件的适用性,需根据产量分析设备的利用率。设置工位时,应以几个组件运输的最短路径为原则,可与地面运输设备统一规划,形成一条以自动钻铆为核心、几个组件装配为一体的专用生产线。

② 油箱清洗设备。飞机油箱装配后必须进行清洗,以达到清洁度要求。为此,在厂房规划时,必须注意油箱清洗的方式,常用的有地面泵站和清洗油车:采用地面泵站方式时,可清洗比较大的油箱,清洗工位固定,可长时间连续工作;采用清洗油车方式时,使用方便、灵活,工位可以调整,但只能清洗较小的油箱,且不能长时间连续工作。

③ 数字化测量设备。数字化测量设备是装配生产线的必备设备,根据不同装配过程的测量需求,一般需配备激光跟踪仪、照相或激光扫描等设备。

④ 运输设备。运输设备通常用于大型产品零部件在各装配工位之间的周转,常用的选择有空中吊运方式和地面运输装置。

- 采用空中吊运方式时,应充分考虑吊具的尺寸,厂房的高度要适宜,须保证足够的高度空间,满足产品在空中行走的要求。吊车的运输方式简单灵活,适用范围广。
- 采用地面运输装置时,一般可选用电动驱动运输装置或气垫运输装置:电动驱动运输装置体积小、承载力大,可以前后运动和左右运动,运动方式灵活,不需要大的转弯移动空间;气垫运输装置结构简单、使用灵活方便,特别适用于不能承受振动、对平稳性要求很高的精密设备搬运,而且气垫运输装置运动所需的驱动力小,比较省力,但是,对厂房地面的平整度要求较高。

思考题

1. 飞机数字化装配有哪些关键技术?
2. 简述飞机装配仿真的一般流程。
3. 柔性装配工装的基本原理是什么? 举例说明柔性装配工装的应用。

参考文献

[1] 薛红前. 飞机装配工艺学[M]. 西安:西北工业大学出版社,2015.

[2] 《航空制造工程手册》总编委会. 航空制造工程手册:飞机装配[M]. 2 版. 北京:航空工业出版社,2010.

[3] 《航空制造工程手册》总编委会. 航空制造工程手册:飞机结构工艺性指南[M]. 北京:航空工业出版社,1998.

[4] 《航空制造工程手册》总编委会. 航空制造工程手册:飞机工艺装备[M]. 北京:航空工业出版社,1994.

[5] 王云渤,等. 飞机装配工艺学[M]. 北京:国防工业出版社,1984.

[6] 王海宇. 飞机装配工艺学(上册)[M]. 西安:西北工业大学出版社,2012.

[7] 冯子明. 飞机数字化装配技术 [M]. 北京:航空工业出版社,2015.

[8] 何胜强. 大型飞机数字化装配技术与装备[M]. 北京:航空工业出版社,2013.

[9] 范玉青. 现代飞机制造技术 [M]. 北京:北京航空航天大学出版社,2001.

[10] 张平,罗水均,等. 民用飞机自动化装配系统与装备[M]. 上海:上海交通大学出版社,2016.

[11] [波兰]Andrzej Skorupa, Malgorzate Skorupa. 飞机机身铆接搭接接头设计分析与性能 [M]. 于佳,钟业盛,史丽萍,译. 北京:国防工业出版社,2015.

[12] 贾玉红,何景武. 现代飞行器制造工艺学[M]. 北京:北京航空航天大学出版社,2010.

[13] 王明明. 飞机柔性装配方法在飞机装配中的应用研究[J]. 科学技术创新,2020(18):17-19.

[14] 王华. 飞机先进复合材料结构装配协调技术研究现状与发展趋势[J]. 航空制造技术,2018,61(7):26-33.

[15] 唐健钧. 基于精度控制的飞机装配工艺设计与优化技术研究[D]. 西北工业大学,2014.

[16] 喻龙,章易镰,王宇晗,等. 飞机自动钻铆技术研究现状及其关键技术[J]. 航空制造技术,2017(9):16-25.

[17] 马志明. 民机机头装配序列规划及虚拟装配仿真训练系统设计与实现[D]. 电子科技大学,2020.

[18] 张旭,张树国,李炯轶,等. 飞机装配过程中的电磁铆接技术概述[J]. 科技广场,2014(5):86-90.

[19] 高雪松. 基于某型飞机机身装配的技术研究[D]. 沈阳航空航天大学,2017.

[20] 陈绪国.飞机工艺装备及其标准化发展研究[J].中国标准化,2019(23):64-70.

[21] 邹冀华,刘志存,范玉青.大型飞机部件数字化对接装配技术研究[J].计算机集成制造系统,2007(7):1367-1373.

[22] 刘志存,孟飙,范玉青.飞机制造中数字化标准工装的定义与应用[J].计算机集成制造系统,2007(9):1852-1858.

[23] 孔令天.某机复合材料后机身装配工艺分析[D].沈阳航空航天大学,2019.

[24] 黄建.新型零泊松比蜂窝结构力学性能及其变弯度机翼应用研究[D].哈尔滨工业大学,2018.

[25] 邹婷婷.用于自适应变形结构的柔性蒙皮设计与分析[D].南京航空航天大学,2018.

[26] 刘现伟,钱炜.气动锤铆自动铆接的工艺研究[J].有色金属材料与工程,2017,38(03):154-159.

[27] 刘凯宇.可变形机翼柔性蒙皮蜂窝芯设计与分析[D].哈尔滨工业大学,2015.

[28] 李天齐.蒙皮蜂窝芯板结构的稳定性分析与优化设计[D].中国科学技术大学,2015.

[29] 卓彬,姬书得,王磊,等.焊接技术在大飞机机体研制中的应用及展望[J].航空制造技术,2014(17):50-53.

[30] 张平,周丽,邱涛.一种新的柔性蜂窝结构及其在变体飞机中的应用[J].航空学报,2011,32(01):156-163.

[31] 李洋.计算机辅助飞机装配型架概念设计技术研究与实现[D].南京航空航天大学,2007.

[32] 姜润波,李学锋.铆接用顶把质量计算新公式[J].航空工艺技术,1985(8):16.